杂交籼稻高产形成与
精确定量机械化轻简栽培

任万军 等 著

科学出版社

北京

内 容 简 介

本书是作者研究团队历经 20 余年，在深入研究弱光生态区杂交籼稻高产形成、精确定量栽培理论与机械化轻简栽培关键技术的基础上凝练而成的著述。全书共分 7 章，紧扣弱光生态区的典型特点，全面论述了杂交籼稻根系发生与生长、分蘖发生与成穗、颖花建成与结实、籽粒灌浆与充实等高产形成的规律，以及高产品种、生育进程、养分调控的高产定量化诊断指标和精确定量技术参数，进而结合机械化轻简栽培的关键环节，阐述了杂交籼稻精确定量栽培区域化集成技术与高产栽培实践。

本书可供作物栽培学、农业生态学、植物营养学、农业机械化等有关领域的科技工作者和高等院校有关学科的师生参阅，也适合各级政府部门从事农业生产的干部、农业技术推广人员和有一定知识的水稻种植业主阅读。

图书在版编目（CIP）数据

杂交籼稻高产形成与精确定量机械化轻简栽培/任万军等著. —北京：科学出版社，2020.6
　ISBN 978-7-03-065322-2

Ⅰ. ①杂… Ⅱ. ①任… Ⅲ. ①杂交–籼稻–高产栽培 Ⅳ. ①S511.2

中国版本图书馆 CIP 数据核字(2020)第 091090 号

责任编辑：李秀伟　王　好　闫小敏 / 责任校对：郑金红
责任印制：吴兆东 / 封面设计：刘新新

科 学 出 版 社 出版
北京东黄城根北街 16 号
邮政编码：100717
http://www.sciencep.com

北京建宏印刷有限公司 印刷
科学出版社发行　各地新华书店经销
*
2020 年 6 月第 一 版　　开本：B5 (720×1000)
2020 年 6 月第一次印刷　　印张：15 1/4
字数：307 000
定价：149.00 元

(如有印装质量问题，我社负责调换)

《杂交籼稻高产形成与精确定量机械化轻简栽培》
著者名单

任万军　　陈　勇　　邓　飞

陶有凤　　周　伟　　王　丽

李刚华　　钟晓媛　　雷小龙

前　　言

　　光能是一种可再生的自然资源，是水稻生长发育的能量源泉。水稻有机物的积累过程就是将二氧化碳和水等无机物在光能的作用下合成糖、淀粉、脂肪等有机物的过程。然而，受纬度、地形、地貌等自然条件的影响，四川盆地属于弱光生态区，典型的气候特点是"弱光、寡照、高湿"。弱光生态条件给区域杂交稻生长发育和产量形成带来极大的不利影响。研究弱光生态条件下杂交稻生长发育的规律和产量形成的机制，挖掘其绿色高产高效栽培的技术措施，实现有限光能的高效利用，是促进该地区水稻可持续发展和保障粮食安全的重要途径。

　　本书作者及研究团队从1998年开始针对四川特有的弱光寡照气候特征，开展杂交稻高产形成及优化定抛技术的研究；从2005年开始研究杂交稻机械化育插秧的理论与技术，积累了较丰富的资料和方法。受制于特殊的气候生态条件，弱光生态区杂交稻一直存在产量不高且不稳定、机械化难度大等限制，2008年起在凌启鸿教授的指导下，本研究团队以精确定量栽培基本原理为基础，阐释了弱光生态区杂交稻高产品种的生育进程、生育模式、高产群体形态生理特点、高产定量化诊断指标等生物学基础理论，以及机械化轻简栽培关键技术的定量化参数和方法。相关研究结果先后在国内外学术刊物发表论文100余篇。本书是在对以四川为代表的弱光生态区的杂交稻高产形成及精确定量栽培理论与机械化轻简栽培关键技术进行深入研究、大量试验和应用推广的基础上凝练而成的，旨在为弱光生态区水稻产业可持续发展提供理论支持和技术保障。

　　全书共分七章，第一章介绍弱光稻作区的特点及四川杂交稻栽培现状和展望；第二章主要从杂交稻根系发生与生长、分蘖发生与成穗等方面介绍弱光生态区杂交稻根蘖生长规律；第三章主要阐述弱光生态条件下的杂交稻颖花建成与结实、籽粒灌浆与充实，以提高结实率，促进籽粒充实；第四章主要介绍杂交稻高产品种的生育进程、生育模式和高产群体形态生理特点及高产定量化诊断指标；第五章主要阐述氮素吸收利用与优化管理、肥料配施与钾素优化管理和精确定量施肥参数与技术；第六章主要通过介绍秸秆还田保育土壤与整田、机插秧高产高效播栽期、健康适栽秧苗培育、田间配置与栽插密度等研究，阐明杂交稻机械化轻简栽培关键技术和精确定量技术参数；第七章通过介绍区域化集成与高产栽培技术规程、超级稻品种精确定量栽培技术、四川精确定量超高产栽培典型案例及杂交稻精确定量栽培技术推广应用，阐述杂交稻精确定量栽培区域化集成技术与高产栽培实践。

本书相关研究得到了"十五"、"十一五"和"十二五"国家科技支撑计划"粮食丰产科技工程"课题（2013BAD07B13、2011BAD16B05、2006BAD02A05、2004BA520A05）、"十三五"国家重点研发计划"粮食丰产增效科技创新专项"课题（2018YFD0301204、2017YFD0301702、2017YFD0300105、2016YFD0300506）、农业部公益性行业（农业）科研专项（201303102、201303129）、国家自然科学基金项目（31871564、31901442）和四川省育种攻关项目（2016NYZ0051、2011YZGG-24）等的资助。20 余年来在弱光生态区杂交籼稻高产形成与精确定量机械化轻简栽培领域的理论探索、技术研究和模式推广过程中，得到了四川农业大学在人、财、物等方面给予的大力支持，也得到了南京农业大学、扬州大学、四川省农业技术推广总站、成都市农业技术推广总站、郫都区农业农村和林业局、射洪市农业农村局等单位的帮助，在此由衷地表示感谢！

本书由任万军等著，其中任万军参与第二章、第三章、第四章、第五章、第六章、第七章的撰写，陈勇参与第一章的撰写，邓飞参与第四章、第五章、第六章的撰写，陶有凤参与第四章的撰写，周伟参与第五章的撰写，王丽参与第三章的撰写，李刚华参与第四章的撰写，钟晓媛参与第二章、第三章、第六章的撰写，雷小龙参与第二章的撰写。撰写过程中部分采用了本研究团队先后毕业的研究生姚雄、胡剑锋、陈德春、伍菊仙、吴锦秀、杨波、肖启银、兰平、卢庭启、黄云、刘磊、张培培、刘利、刘波、田青兰、赵敏、蒲石林、胡慧等的相关试验研究资料。还要特别感谢四川农业大学杨文钰教授、南京农业大学凌启鸿教授和丁艳锋教授、扬州大学张洪程院士和戴其根教授、四川省农业技术推广总站刘代银推广研究员长期以来对课题研究工作的指导与帮助。

弱光是四川稻作区典型的气候生态特点，弱光生态条件是杂交稻绿色高产高效栽培面临的主要难题，而水稻高产高效栽培是一个十分复杂的系统。本书的成果是针对四川弱光生态区的杂交稻机械化育插秧高产高效栽培和精确定量栽培研究进行的探索与总结。由于我们的水平有限，经验不足，书中不足之处在所难免，恳请读者批评斧正。

著　者
2019 年 9 月

目　　录

第一章 区域概况与杂交稻栽培现状

　　光能是水稻生长发育的能量源泉，太阳辐射为水稻的光合作用提供能量。然而，受纬度、地形、地貌、山脉等自然条件的影响，我国各个生态区域光照条件不同，四川是我国日照低值区，其是典型的弱光生态区，其独特的地域生态环境，对区域杂交稻的分布和栽培技术产生了较大的影响。

第一节 弱光稻作区的特点

一、弱光稻作区概况

（一）中国弱光生态区概况

　　光能来源于太阳辐射，地球截获的太阳辐射能是引起地球表面温度变化的重要因素，光能资源和温度资源组成了地球上最基本的适合生物生长发育的能量环境，并影响着生物的分布。绿色植物通过光合作用将水和二氧化碳同化成有机物贮存在有机体内，形成了陆地生态系统的初级生产力，这是生物圈万物赖以生存和发展的重要资源。然而绿色植物仅能利用太阳辐射光谱的一个有限带，即 380～710 nm 波长的光合有效辐射能。光合有效辐射能的多寡对绿色植物的形态建成、光合作用、生长发育等均能产生显著的影响。

　　太阳辐射量和日照时数是衡量一个地区光能多寡的重要指标。我国光能资源分布不仅受纬度高低的影响，也受到地形地貌、大气环流等因素的共同影响。我国太阳辐射量总体表现为西多东少，大部分地区年太阳辐射量为 335～1005 kJ/cm^2，然而川渝黔地区常年阴雨多雾，是我国太阳辐射量低值区，大部分地区小于 586 kJ/cm^2，四川盆地西部甚至不足 377 kJ/cm^2（沈振剑和熊筱红，1998）。我国日照时数总体表现为西部多东部少，北部多南部少。全国多年年均日照时数为 1200～3400 h，以四川盆地为代表的川黔是全国日照时数低值区，年均日照时数一般为 1000～1400 h，其中四川峨眉山为极低值区，年均仅为 946.8 h，日均 2.6 h，该区域日照百分率也仅为 30%～40%，远低于我国其他区域（王得鼎，1994；沈振剑和熊筱红，1998）。以 2015 年为例，年日照时数最低的三个地区分别是贵阳、成都和重庆，仅为 942.3 h、1038.4 h 和 1129.8 h，远低于光能资源十分丰富的北方地区，也低于同属长江流域的其他城市（图 1-1）。就西南地区水稻主要生长季（5～9 月）的日照时数来看，贵阳、成都和重庆仍然是我国日照时数最低的三个地区，分别仅为 403.5 h、579.3 h 和 621.1 h（图 1-2）。

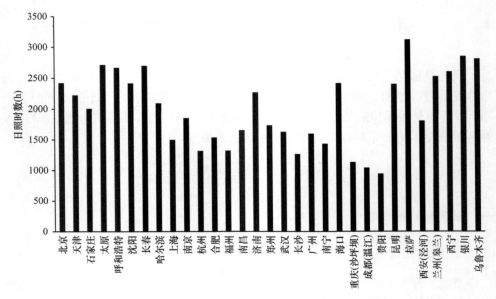

图 1-1　2015 年全国 31 个地区年日照时数图

（根据 2016 年《中国统计年鉴》数据整理）

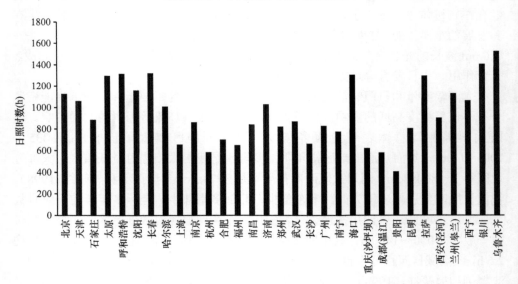

图 1-2　2015 年全国 31 个地区水稻生长季（5～9 月）日照时数图

（根据 2016 年《中国统计年鉴》数据整理）

（二）四川弱光生态区概况

1. 地理特征

四川省位于我国西南，地处长江上游，位于北纬 26°03′～34°19′，东经 92°21′～108°12′，面积约 48.6 万 km²，与重庆、云南、贵州、西藏、青海、甘肃和陕西 7 省（自治区、直辖市）相邻。全省地形地貌复杂多样，西高东低的特点十分明显，西部为高原、山地，东部为盆地、丘陵。全省可分为四川盆地区、川西北高原区和川西南山地区。其中，四川盆地区是我国四大盆地之一，气候温暖湿润，冬暖夏热，属于亚热带湿润季风气候，盆地西部为川西平原，为都江堰自流灌溉区，土地肥沃，盆地中部为紫色丘陵区，盆地东部为川东平行岭谷区。川西北高原区和川西南山地区分别属于青藏高原与横断山脉的一部分，海拔较高，植被垂直地带性明显（四川年鉴编纂委员会，2014）。

2. 年均日照时数

从 2015 年四川省各地区年均日照时数分布来看（图 1-3），川西高原的甘孜、阿坝、凉山及攀枝花，以及川东北地区巴中的光能资源丰富，其他地区日照时数均较低。其中雅安仅为 856.6 h，宜宾、成都、德阳、眉山均在 1000 h 左右。

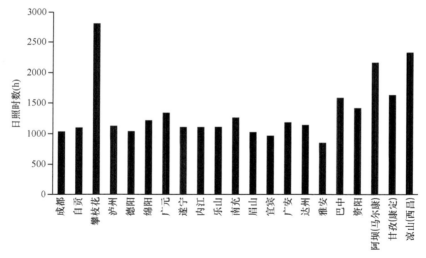

图 1-3　2015 年四川省各地区平均日照时数图
（根据 2016 年《四川统计年鉴》数据整理）

3. 水稻生长季日照时数

5～9 月是四川省的水稻生长季，这 5 个月的日照资源对水稻的生长发育和产量形成具有重要的影响，图 1-4 表明全省除了川西高原的阿坝、凉山及攀枝花，川中丘陵地区的资阳及川东北地区的巴中外，其余各地在水稻生长季日照时数均在600 h 左右，其中雅安是全省日照时数最少的地区，仅为 491.6 h，其余日照时数低于 600 h 的地区分别是成都、德阳、内江、宜宾。

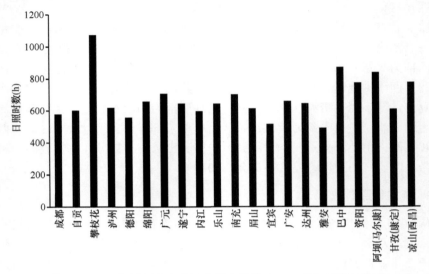

图 1-4 2015 年四川省各地区水稻生长季（5～9 月）日照时数图
（根据 2016 年《四川统计年鉴》数据整理）

二、四川弱光稻作区农业资源特点

（一）气候资源

四川弱光稻作区位于亚热带区域，处于我国东部季风气候区和青藏高寒气候区的交界地带，气候区域差异很大，区域内山脉多，海拔差异大，气候垂直地带性变化十分明显（四川省农业资源与区划编辑组，1986）。根据水热和光照条件差异，全省分为四川盆地中亚热带湿润气候区、川西南山地亚热带半湿润气候区和川西北高山高原高寒气候区三大气候区（四川年鉴编纂委员会，2014）。四川盆地中亚热带湿润气候区总热量丰富，四季分明,亚热带气候特征明显,年均温 16～18℃，积温 4000～6000℃，无霜期长达 230～340 天，但该区云雾多、日照少，是全国日照时数低值区（四川年鉴编纂委员会，2014；李世奎等，1988）。该区受东南季风、龙门山等山脉和西太平洋副热带高压活动的影响，年降水量 900～1200 mm，西部可达 1500～1800 mm，降水主要集中于夏秋季，冬春季较少，盆东伏旱易发生，盆西春旱较重。川西南山地亚热带半湿润气候区全年气温较高，年均温 12～20℃，日较差大，年较差小；河谷地段，焚风效应显著，形成干热河谷气候，光照充足，为全省光照最充足的地区之一；年降水量 900～1200 mm，主要集中于夏季,有长达半年以上的干季(四川年鉴编纂委员会,2014;四川省农业资源与区划编辑组,1986)。川西北高山高原高寒气候区位于全省西北部,海拔差异大,气候立体变化明显,冬寒夏凉,水热不足,年均温 4～12℃,年降水量500～900 mm。川西南山地亚热带半湿润气候区和川西北高山高原高寒气候区光照资源相对较为丰富,不属于弱光生态区。四川弱光稻作区主要指四川盆地中亚热带湿润气候区。

(二)水资源

四川稻作区水资源丰富,人均水资源占有量高于全国平均水平,多年平均降水量约为 4889.75 亿 m³,区域内共有大小河流近 1400 条,水资源总量约为3489.7 亿 m³,其中:多年平均天然河川径流量为 2547.5 亿 m³,占水资源总量的73%;上游入境水 942.2 亿 m³,占水资源总量的 27%。地下水资源量 546.9 亿 m³,可开采量为 115 亿 m³。但是该区域水资源时空分布不均,出现区域性缺水和季节性缺水,地表径流主要集中于夏季。

(三)土壤资源

四川土地总面积 4861.16 万 hm²,其中耕地 674.08 万 hm²,林地 2216.32 万 hm²(四川省国土资源厅,2015)。全省有山地、丘陵、平原和高原 4 种地貌类型,分别占全省总面积的 77.1%、12.9%、5.3% 和 4.7%,土壤类型共有 25 个土类 66 个亚类 137 个土属 380 个土种,土类和亚类数分别占全国总数的 43.48% 和 32.60%(四川年鉴编纂委员会,2014)。稻作区稻田土壤系紫色土,冲积土和红、黄壤母土等经过长期淹水种植水稻发育而成的水稻土。紫色母土分布在盆地内海拔 800 m 以下地区,含钾丰富;冲积母土主要集中于盆西平原和各河流两岸,土层厚,耕作特性较好;红、黄壤母土在平原、丘陵和山地均有分布,耕作特性相对较差;此外,还有棕壤、褐色土等母土,主要分布在川南山地(中国水稻研究所,1989)。

三、四川稻作区稻田耕作制度

(一)稻田耕作制度类型

四川稻作区耕地面积呈现递减趋势,近年来基本保持稳定。全区水田与旱地比例长期保持在 1:1 左右,由于缺少灌溉条件且季节性干旱严重,冬水田面积比例大,旱地复种指数高于水田。据统计(四川省农业厅,2013),全区稻田面积206.51 万 hm²,熟制从一年一熟制到三熟制均有,以两熟制和三熟制占主体。其中一年一熟制稻田为 31.93 万 hm²,主要种植模式有冬水田-水稻、冬炕田-水稻等;一年两熟制稻田为 92.38 万 hm²,种植模式有油菜-水稻、小麦-水稻、水稻-再生稻、绿肥（饲料）-水稻、马铃薯-水稻、萝卜-水稻、多花黑麦草-水稻、光叶紫花苕-水稻、蚕豆-水稻、烤烟-水稻、大蒜-水稻等；一年三熟制稻田为 82.20 万 hm²，主要种植模式有马铃薯-水稻-马铃薯、蔬菜-水稻-蔬菜、小麦-水稻-秋甘薯、小麦（油菜）-水稻-秋大豆、小麦（油菜）-水稻-秋马铃薯等。

（二）四川稻作区主要种植模式生产经营特点

通过对四川稻作区主要稻作模式的调研分析发现，全区稻田轮作生产者务农老龄化趋势十分明显，平均年龄为 56 岁，最大为 83 岁。决策人受教育程度普遍较低，初中及以下文化程度人员占 95.5%。较低的文化素质和老龄化导致农民接受稻作新技术与管理方法的效果较差。全区稻田耕地十分零散，为该地区农业机械化水平的提高带来很大的负面影响，户均耕地面积为 0.29 hm²，其中水田面积为 0.17 hm²，田块数平均为 4.22 块，最多为 17 块。由于粮食生产比较效益低和生产效率低下，农村居民外出务工现象十分普遍，家庭外出务工的人数平均为 1.08 人/户。

通过对区域水稻生产函数的研究发现，全区耕地面积对水稻产量具有显著影响，增加水田面积能显著提高农村家庭稻谷产量，进而解决小规模农户劳动力投入过量、较大规模农户劳动力投入不足的问题。农户分散生产可以通过自有劳动力投入实现水稻正常生产，而对于规模较大的农户来说，他们则会通过雇佣工人或提高机械化水平来解决劳动力不足的问题。农村家庭决策人的年龄对水稻产量的影响表现为倒"U"形曲线，即随着年龄的增加水稻产量表现为先升高后降低的趋势，主要原因是农村中的中年劳动力由于经验丰富，易于接受新的农业技术知识（如新品种、新栽培技术、新的管理手段等），因而能维持较高的水稻产量，而青年不愿意留在农村，即使在农村也不愿意参与农田种植，因而会导致产量下降，老年人往往因身体条件不如中年，因而生产管理较为粗放，同时，老年人对新技术和新管理手段的接受能力较差。由于该地区丘陵山地较多，耕地分布十分零散，机械化水平仍然较低，农业机械对该地区水稻生产的贡献仍亟待提高。

（三）稻田轮作模式规模效应

调研和计量分析发现，全区稻田生产的要素投入已经失去了规模效应。通过对本区川芎-水稻、大蒜-水稻、小麦-水稻、油菜-水稻、马铃薯-水稻、冬水田-水稻 6 种模式稻季的生产进行分析（表 1-1），表明川芎-水稻种植模式水稻产量呈现出规模收益不变的状态，大蒜-水稻模式下水稻产量呈现出规模收益递增的趋势，小麦-水稻、油菜-水稻、马铃薯-水稻和冬水田-水稻 4 种模式均出现规模收益递减的趋势。

表 1-1　6 种轮作模式水稻生产的规模效应比较

变量	系数					
	川芎-水稻	大蒜-水稻	小麦-水稻	油菜-水稻	马铃薯-水稻	冬水田-水稻
C	27.952** (2.13)	19.990 (1.44)	−18.177** (−2.06)	1.946 (0.29)	9.696 (1.20)	−16.367 (−0.61)
ln$LAND$	0.939*** (14.07)	1.213*** (8.24)	0.644*** (11.66)	0.893*** (15.83)	0.980*** (10.86)	1.097*** (6.88)
ln$LABOR$	0.029 (0.56)	−0.098 (−1.27)	0.088** (2.07)	−0.056 (−1.07)	−0.054 (−0.46)	−0.221* (−1.89)
ln$PESTICIDE$	0.076*** (2.75)	0.033 (0.77)	0.028 (1.10)	0.088*** (3.10)	0.145* (1.71)	0.023 (0.27)
ln$FERTILIZER$	−0.052 (−1.03)	0.116** (2.59)	−0.035 (−0.79)	−0.029 (−0.90)	−0.083 (−1.05)	−0.048 (−0.55)
lnAGE	−10.987 (−1.65)	−6.842 (−0.97)	12.481*** (2.84)	2.478 (0.72)	−1.169 (−0.28)	11.797 (0.89)
lnAGE×lnAGE	1.413* (1.68)	0.877 (0.98)	−1.557*** (−2.85)	−0.308 (−0.71)	0.130 (0.24)	−1.454 (−0.88)
$MACH$	2.52E-05 (0.15)	−0.001** (−2.4)	0.0003*** (3.05)	−0.0001 (−0.59)	−0.0003 (−1.22)	0.000 (0.19)
$DISTRICT$	—	—	0.263*** (3.45)	−0.062 (−1.33)	0.148 (0.59)	0.220 (0.83)
F	57.63***	22.82	72.70	90.42	26.23	18.35
R^2	0.82	0.71	0.80	0.69	0.89	0.88
样本量	96	73	157	335	35	29
要素规模效应	1.00	1.26	0.72	0.90	0.99	0.85

注：C 为常数项；$LAND$ 表示家庭水稻种植面积（667 m²）；$LABOR$ 表示水稻生产劳动力投入（工日）；$PESTICIDE$ 表示水稻生产农药投入（元）；$FERTILIZER$ 表示水稻生产肥料投入（元）；AGE 表示家庭户主的年龄（岁）；$MACH$ 表示水稻生产农业机械投入（元）；$DISTRICT$ 为四川稻作区地形特征虚变量。***、**、*分别表示在 1%、5%和10%水平显著；括号中数据为 t 检验值，"—"表示该模式仅一种地形特征

第二节　四川杂交稻栽培简史与现状

一、水稻栽培简史

四川水稻种植历史悠久，春秋战国时期，四川地区就已有水稻栽培的记载。战国以后，安宁河流域的濮人已经以"有耕田、邑聚"见著于世，在他们的墓葬里也发现了稻壳和稻草的痕迹（陈虹，2004）。随着都江堰等水利工程的建立，水田的面积不断扩展，水稻种植面积也不断扩大。西汉、晋、唐、宋、元、明、清等朝代均有水稻种植的记载或炭化水稻遗物出土（陈虹，2004；徐鹏章，1998）。其中清朝康乾时期，四川实施大规模的移民政策，并劝垦和免田赋税，都江堰每年也得到岁修，农业生产有了较快的发展。乾隆时期，都江堰灌区呈现"沟洫夹道，流水潺潺"，"菜甲豆肥，稻麦如云"的美丽繁荣景象（灌县都江堰水利志编

辑组，1983）。新中国成立后，四川水稻生产发展快速，面积持续扩大，以一季中稻栽培为主。双季稻仅在盆南沿长江河谷和浅丘地带种植。20 世纪 50 年代中期和晚期与 70 年代早期和中期是四川推广双季稻的两个高峰时期，面积最高曾达59.7 万 hm^2。1977 年开始，全省先后调整了稻田种植制度，除在热量条件较好的盆南浅丘和盆东沿长江低谷地带保留双季稻种植外，其余地区均改种一季中稻。

四川稻作区栽培技术上，经历了 20 世纪 50 年代的"好种壮秧、少秧密植、合理施肥"三大技术，60 年代的矮秆水稻"主攻穗多，争取穗大；依靠主穗，争取分蘖"技术，70 年代的多蘖壮秧技术，80 年代的杂交水稻"在一定基本苗基础上依靠分蘖成穗，在一定穗数水平上争取穗大"技术，90 年代的杂交水稻"降低群体基数，提高成穗率，保证穗数；通过提高成穗质量以增加单位面积总实粒数，从而提高产量"超高产栽培技术（谭中和等，1998），以及 2000 年以后的多蘖壮秧稀植、优化定抛、强化栽培和机插栽培等技术，促使四川水稻生产上了几个台阶。

二、杂交稻栽培现状

全省在稳定加大"三农"投入补贴力度的同时，逐步完善了农业的补贴政策，实施了水稻良种补贴、种粮直补、农资综合补贴等政策，实施了稻谷保护价收购制度，提高了农民种稻积极性。

（一）栽培品种

四川稻作区作为我国重要的水稻主产区之一，历年在全国水稻商品粮生产中扮演着重要的角色。全省审定推广的品种众多，2011～2015 年全省审定推广了 76个水稻品种，其中杂交稻品种 75 个，常规稻品种 1 个（表 1-2）。

表 1-2　2011～2015 年四川省审定的水稻品种

年份	品种
2011	宜香优 2115、川优 6203、宜香优 1108、花香优 1618、川谷优 918、龙优 8 号、川谷优 399、宜香优 800、蓉优 918、川香优 506、花香 7 号、冈优 169
2012	内 5 优 306、乐优 198、花香优 1 号、川农优华占、内 7 优 39、泸优 908、Y 两优 973
2013	旌优 127、华优 1199、成丰优 188、德香优 146、广优 9939、川谷优 2348、川香优 308、乐丰优 536、蓉优 908、内 6 优 816、内 5 优 828、川农优 445、川谷优 7329、乐 5 优 177、川香优 37、川谷优 6684、赣香优 702、川作 6 优 178
2014	蓉 18 优 609、全优 357、乐优 808、德优 4727、乐优 709、川谷优 642、福伊优 188、内 5 优 979、B 优 268、乐优 5 号、旌优 727、中 1 优 188、泸香优 177、广优 66、泸优 137、川作优 619、泸香优 104、赣香优 510、糯优 962
2015	嘉优 968、冈 8 优 316、蓉优 808、II 优 558、泸优 727、冈优 558、蓉 18 优 1015、宜香优 2905、旌 3 优 177、蓉优 3324、川绿优 188、蓉 18 优 9 号、川谷优 208、川谷优 908、绵优 5323、蜀优 727、川谷优 1800、天优 863、五山丝苗、谷优 3663

注：资料来源于历年的四川省农作物品种审定委员会公告

（二）主推技术

表 1-3 显示，近年来四川省主推的水稻栽培技术主要有杂交稻机械化育插秧技术、再生稻综合栽培技术、水稻超高产强化栽培技术、水稻走道式秸秆还田生态种植新技术、水稻直播技术、水稻全程机械化生产技术等。其中，杂交稻机械化育插秧技术可实现水稻生产机械化、集约化、规模化及产业化的有机融合，大大降低水稻栽秧的劳动强度，提高劳动生产率，是一项节本、省工、省秧田、增效的技术；再生稻综合栽培技术主要是针对川东南热量充足的冬水（闲）田区，通过提高复种指数增加水稻产量的重要技术；水稻超高产强化栽培技术是采取三角形或正方形种植，合理稀植，以达到增产增效的技术；水稻走道式秸秆还田生态种植新技术是一种农作物秸秆全量就地还田的科学简便、节本高效的生态环保技术；水稻直播技术是一种省时省工、轻便简单、增产增收的技术；水稻全程机械化生产技术是在耕整地、育秧、栽植、植保、收获、干燥等主要生产环节实现了机械化操作的技术，可大大节约劳动力，提高劳动生产率。从 2011～2016 年的水稻主推技术发展来看，轻简化、机械化、生态化正在成为全省杂交稻栽培的主要技术措施。

表 1-3　2011～2016 年四川省水稻主推栽培技术

年份	技术名称
2011	杂交稻机械化育插秧技术、再生稻综合栽培技术、水稻超高产强化栽培技术
2012	杂交稻机械化育插秧技术、水稻优化定抛技术
2013	杂交稻机械化育插秧技术、再生稻综合栽培技术、水稻优化定抛技术、水稻超高产强化栽培技术、水稻走道式秸秆还田生态种植新技术
2014	杂交稻机械化育插秧技术、再生稻综合栽培技术、水稻优化定抛技术、水稻超高产强化栽培技术、水稻走道式秸秆还田生态种植新技术
2015	杂交稻机械化育插秧技术、再生稻综合栽培技术、水稻优化定抛技术、水稻超高产强化栽培技术、水稻走道式秸秆还田生态种植新技术
2016	水稻优化定抛技术、水稻超高产强化栽培技术、水稻走道式秸秆还田生态种植新技术、水稻全程机械化生产技术、水稻直播技术

注：资料来源于历年四川省农业厅公告

（三）播种面积

水稻是四川播种面积最大的作物。图 1-5 表明，1980～2015 年，四川水稻播种面积总体呈现减少的趋势。与 1980 年相比，2015 年水稻播种面积下降了 11.71%，由 1980 年的 225.5 万 hm² 降低至 2015 年的 199.1 万 hm²。从具体变化趋势来看，1980～1984 年全省水稻播种面积保持较快增长，1984 年达到 233.90 万 hm² 的最高值。此后播种面积开始减少，尤其是 1999～2003 年，由于国家实施了农业结构战略性调整的政策，水稻播种面积从 1999 年的 217.6 万 hm² 快速下降到 2003 年的 193.00 万 hm²，降幅高达 11.31%。2004 年以后，在国家粮食直补、免除农业税的政策及连续 14 个重点关注三农问题的"中央一号"文件的驱动下，全省水稻播种面积有所回升，并基本稳定在 200 万 hm² 的水平。2015 年全省水稻播种面积 199.1 万 hm²，占全省粮食播种面积的 30.85%，占谷物播种面积的 42.50%。全省稻谷总产量为 1552.60 万 t，占全省谷物总产量的 54.93%。

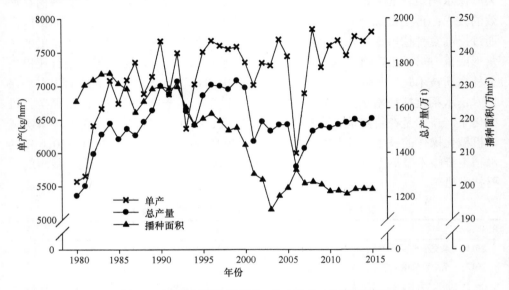

图 1-5　四川水稻播种面积、单产和总产量变动趋势

数据来源于历年《四川统计年鉴》、《全国农产品成本收益资料汇编》及
《建国以来全国主要农产品成本收益资料汇编（1953～1997）》

（四）水稻总产量

全省水稻总产量在 20 世纪 80 年代增长迅速，90 年代后基本保持稳定。全省水稻总产量从 1980 年的 1207.40 万 t 增加到 2015 年的 1552.60 万 t，增幅达 28.59%（图 1-5）。其中，1980～1992 年全省水稻总产量增长最快，1992 年达到 1720.40 万 t。经过 1993 年和 1994 年回落后，1995 年开始逐渐恢复，并于 1999 年达到 1724.40 万 t 的最高水平。经历 2000 年、2001 年的总产量快速下降后，从 2002 年逐步开始恢复，除 2006 年受到严重旱灾影响外，全省水稻总产量基本保持稳定。

（五）水稻单产水平

自 20 世纪 80 年代以来，四川稻作区水稻单产总体表现为增加的态势，由

1980 年的 5572.50 kg/hm² 提高到 2015 年的 7798.90 kg/hm²,增长了 39.95%(图 1-5)。其中,1980~1990 年全省水稻单产提升十分迅速,1990 年达到 7672.50 kg/hm² 的水平,此后水稻单产总体保持稳定。1993 年和 2006 年水稻单产出现大幅下滑,分别仅为 6365.93 kg/hm² 和 5997 kg/hm²,分别比上年单产水平降低 15.05% 和 19.43%,其原因主要是当年出现了严重的自然灾害。

（六）水稻生产成本

1980~2015 年,四川水稻生产物质和服务投入总体表现为先增加后降低再增加的趋势（图 1-6）。物质和服务投入水平从 1980 年的 489.15 元/hm² 增加到 1998 年的 652.50 元/hm² 后,波动下降到 2006 年的 522.45 元/hm²,之后再继续上升至 2015 年达 710.75 元/hm²。人工投入表现为持续下降的趋势,从 1980 年的 738.00 工日/hm² 下降到 2014 年的 135.30 工日/hm²,减少了 81.67%。

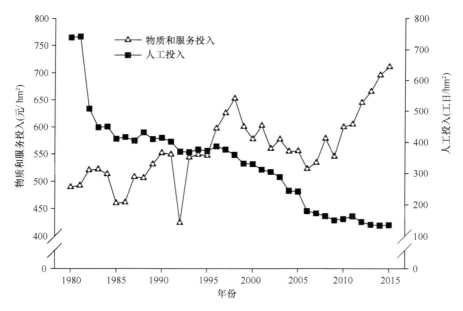

图 1-6　四川水稻生产物质和服务及人工投入变化

数据来源于历年《全国农产品成本收益资料汇编》及《建国以来全国主要农产品成本收益资料汇编（1953~1997）》

从投入结构上看（表 1-4）,2015 年全省水稻生产总成本为 2402.55 元/hm²,其中土地成本、物质和服务成本、人工成本三项分别占总成本的 9.70%、29.58%、60.72%,人工成本占比最大。从 2011~2015 年生产成本变动看,2015 年全省水稻生产总成本较 2011 年增加了 38.51%,其中人工成本增长最快,从 2011 年的 935.72 元/hm² 增加到 2015 年的 1458.83 元/hm²,增加了 55.90%,同期的物质和服务成本、土地成本分别增加 17.63% 和 19.67%。

（七）水稻生产效益

从产值和效益来看，2011～2015 年全省水稻单位面积总产值变动较小，最高年份出现在 2013 年，总产值达到 2800.73 元/hm²，2014 年和 2015 年均有所降低。由于成本的快速增加而产值变动较小，2011～2015 年全省水稻生产净利润逐年降低，从 2011 年的 941.85 元/hm² 降低至 2015 年的 351.40 元/hm²，降低了 62.69%，成本利润率从 2011 年的 54.30% 降低至 2015 年的 14.63%（表 1-4）。因此，目前全省水稻生产面临着十分严峻的形势，越来越呈现出"高投入、低收益"的态势，如若不加紧提升产量水平或控制生产成本的快速增长，水稻生产将出现亏本的局面。

表 1-4　近 5 年四川省水稻生产成本利润构成情况

年份	总产值（元/hm²）	生产成本（元/hm²）			土地成本（元/hm²）	总成本（元/hm²）	净利润（元/hm²）	成本利润率（%）
		物质和服务成本	人工成本	合计				
2011	2676.47	604.23	935.72	1539.95	194.67	1734.62	941.85	54.30
2012	2765.26	644.38	1095.51	1739.89	198.80	1938.70	826.56	42.63
2013	2800.73	665.03	1227.48	1892.50	202.49	2094.99	705.74	33.69
2014	2666.13	695.41	1354.70	2050.12	220.98	2271.10	395.03	17.39
2015	2753.95	710.75	1458.83	2169.58	232.97	2402.55	351.40	14.63

注：数据来源于 2012～2016 年《全国农产品成本收益资料汇编》，并以 1980 年可比价格折算

第三节　四川杂交稻栽培潜力

一、气候资源潜力

气候资源主要指为农业生产提供物质、能量和生态环境的气候。农业气候资源中的光、热、水、气等要素数量、质量的匹配和分布，在很大程度上决定了当地农业生产的性质特点及其水平（谢立勇和冯永祥，2009）。水稻在生长发育过程中需要一定的温度、湿度、光照等气候资源。

（一）水热同季高度匹配

1. 降水特征

四川稻作区属亚热带湿润气候，全年温暖湿润，夏无酷暑，四季分明。受季风

影响，盆地区年均降水充沛，大部分地区降水量为 900～1200 mm；受特殊的地形特征影响，该地区多夜雨。表 1-5 说明，2015 年全省各市年降水量在 711.0～1388.6 mm，其中水稻生长季降水量占全年降水量的 65.7%～88.2%。从各月降水量分配来看，水稻生长需水最旺盛的 6～8 月降水均较充沛，尤其在 7～8 月；9 月受华西秋雨这一气候的影响，降雨量也较大。

表 1-5　2015 年四川大部分城市水稻生长季降水量及分配

城市	全年降水量（mm）	5～9 月降水量（mm）	5～9 月降水量占全年比例（%）	各月降水量占生长季降水总量比例（%）				
				5 月	6 月	7 月	8 月	9 月
成都市	880.2	732.4	83.2	7.1	12.4	12.6	39.9	28.1
自贡市	994.8	833.2	83.8	11.6	15.5	24.7	22.0	26.3
泸州市	1290.6	930.9	72.1	15.8	12.8	29.5	18.9	23.0
德阳市	711.0	583.2	82.0	5.0	12.6	14.7	18.6	49.1
绵阳市	717.6	611.3	85.2	10.6	12.5	13.9	15.1	47.9
广元市	892.8	700.5	78.5	5.7	41.8	11.4	16.7	24.4
遂宁市	1127.1	799.9	71.0	9.8	26.0	13.7	30.9	19.7
内江市	1128.0	936.7	83.0	9.2	25.0	21.4	17.5	26.9
乐山市	1066.8	844.5	79.2	15.2	8.1	24.0	28.3	24.4
南充市	1093.8	823.0	75.2	10.3	15.7	7.7	47.7	18.6
眉山市	990.2	873.2	88.2	13.4	9.8	11.5	24.5	40.8
宜宾市	866.3	569.3	65.7	11.3	15.3	15.3	37.4	20.8
广安市	1071.2	777.8	72.6	19.5	27.1	10.5	22.5	20.5
达州市	1086.1	734.2	67.6	19.8	37.9	7.1	13.8	21.5
雅安市	1388.6	1109.4	79.9	9.2	18.1	22.7	34.9	15.1
巴中市	983.1	738.2	75.1	11.5	42.1	11.3	7.2	27.9
资阳市	807.8	674.1	83.4	10.1	32.1	7.9	27.9	22.0

注：根据 2016 年《四川统计年鉴》数据整理

2. 热量特征

由表 1-6 可知，四川各市在水稻生长季的平均气温在 25℃左右，热量较为充足，比较适合水稻的生长发育，加之前述该区在水稻生长季具有较多的降水供给，呈现出雨热同季的特征，这使水稻的生长发育和水分供应形成了良好的匹配。

（二）气候生产潜力

据庞艳梅等（2015）研究预测，未来四川水稻生育期内的≥10℃积温和日照时数都将呈增加趋势。积温的增加可使原来热量条件较好的地区的水稻生育期缩短，通过品种选择、栽培时间的调整，结合积温增加带来的有利热量资源，实现产量潜力的提高；同时积温增加有可能改变四川稻作区现有水稻生产和分布的格局，可能使原来单季稻发展区域变得更加适合再生稻的发展，大大提高稻田复种指数。日照时数的增加，将有利于延长水稻光合作用的时间，生产更多的有机物，有利于水稻产量的提高。同时，张玉芳等（2014）认为，1961～2010 年四川水稻光温生产潜力除川西南山地部分区域出现增加趋势外，其余大部呈减少趋势，但减少速率明显小于光合生产潜力，主要是由于大部农区增温趋势明显，农业生长季活动积温增加显著，呈现出正效应。

表1-6   2015 年四川大部分城市水稻生长季温度情况 （单位：℃）

城市	5 月	6 月	7 月	8 月	9 月	平均温度
成都市	22.0	23.9	25.1	23.9	21.1	23.2
自贡市	23.6	25.6	27.2	26.4	22.7	25.1
泸州市	22.4	25.0	26.2	25.9	22.3	24.4
德阳市	23.2	24.9	26.2	25.1	21.6	24.2
绵阳市	23.6	25.4	27.0	25.9	22.0	24.8
广元市	22.3	24.2	26.0	24.5	20.8	23.6
遂宁市	22.7	24.8	27.2	26.2	22.3	24.6
内江市	23.0	25.0	26.6	25.8	22.4	24.6
乐山市	23.5	25.5	26.8	25.9	22.6	24.9
南充市	23.1	25.5	28.5	27.5	23.1	25.5
眉山市	23.4	25.5	26.6	25.5	22.3	24.7
宜宾市	23.7	25.9	27.2	26.4	22.6	25.2
广安市	21.5	24.2	27.0	26.1	22.3	24.2
达州市	22.1	24.8	28.0	27.5	23.4	25.2
雅安市	22.1	23.9	25.3	24.3	21.0	23.3
巴中市	22.4	24.7	27.1	26.7	22.5	24.7
资阳市	23.5	25.6	27.2	26.0	22.4	24.9

注：根据 2016 年《四川统计年鉴》数据整理

二、栽培技术潜力

（一）栽培方式提升技术潜力

20 世纪 80 年代以来，全省水稻育插秧栽培技术不断变迁，育秧环节从 80 年代的两段育秧、90 年代的旱育秧发展到目前适宜于优化定抛栽培的抛秧盘育秧及适宜于机械栽插的塑盘育秧。育秧机械化水平的提升大大提高了杂交稻的育秧效率。据研究，机械化和工厂化育秧手段解决了传统育秧手段人工耗费大、秧苗素质参差不齐、秧苗栽插尤其机插效果较差、不适合新型经营体系等诸多技术与经济问题,为杂交稻规模化育秧、商品化和社会化供秧体系的建立提供了重要的技术支撑。经过 0.7 万盘工厂化和 3.12 万盘大田育秧秧苗的成本效益核算,工厂化育秧有效降低了育秧成本,播种效率高达 400 盘/h。

在杂交稻栽植方式上,从 20 世纪 80～90 年代的宽窄行栽培发展到 21 世纪的优化定抛、三角强化栽插、机械栽插、机械直播等栽植技术,总体呈现为从过去单纯的人工作业过渡到机械化程度更高、更加轻简化的栽植方式,大大提高了生产效率。在田间管理技术上,从 20 世纪 80～90 年代的"在一定基本苗基础上依靠分蘖成穗,在一定穗数水平上争取穗大"高产栽培管理到 21 世纪的"育插秧一体化,肥料综合运筹"高产高效生产技术,肥料运筹管理上从传统的"底追一道清"向"氮肥后移、钾肥中移"、"高效缓控释肥优化运筹"等高产环保管理技术转变,有效实现了"穗多、穗大、抗倒"。整体来说,近年来全省水稻栽培与管理呈现向轻简化、高效化、环保化方向发展。

（二）推广技术提升栽培管理潜力

四川稻作区农业推广体系经历了 1979～1985 年的重建恢复,1986～1989 年的巩固发展,1990～2000 年的健全完善,2001～2005 年的调整创新和 2006 年后的加快发展阶段,推广体系不断健全。政府部门主导研发的水稻优良品种,以及育插秧、田间肥水管理、病虫害防控等新技术的示范与推广得到快速推进,新品种、新技术、新模式、新方法得到快速扩散。据统计,2013 年四川支持了 70 个水稻生产大县集中育秧,全省集中育秧大田面积达 32.1 hm^2。农业技术推广方法上,四川完善了以政府推广机构公益性服务为主导,龙头企业和合作组织为骨干,社会力量广泛参与的"一主多元"农技推广体系。可以界定清晰产权的农业物化技术,如品种、化肥、农药等,充分依托专利制度和知识产权制度的保护,通过市场机制交由种子公司、农资经营公司等私人农业推广部门进行供给。对于具有准公共物品属性的水稻高产高效生产技术培训、水稻生产技术咨询与信息服务等环节,则由政府财政给予技术和信息提供者适当的补贴,实现了高效的推广。而对于稻田保护性耕作、机械化育插秧及管理、优化定抛栽培及管理、秸秆还田、节肥节药栽培、病虫害预报等具有典型公共物品属性的稻作生产管理技术,在扩散和转移过程中很难做到排他性,导致技术效益的外溢,私人推广部门很难得到应有的收益,政府在实践过程中通过财政转移支付或政府购买服务的形式实现高效推广。

（三）经营方式转变提升栽培技术应用潜力

长期以来,四川稻作区由于土地十分零散,水稻生产经营规模过小,生产效益十分低下。随着城镇化不断推进,农村劳动力大量转移,在农村家庭经营正面临着前所未有的挑战的背景下，四川稻作经营呈现规模化和专业化发展趋势。目前，全省水稻规模化经营虽然仍是以农户家庭经营为主体，但水稻生产专业合作社、农业企业、家庭农场等新型经营主体得到了快速发展。稻作经营方式的转变对栽培技术有更多的需求，全程机械化技术、育插秧机械化技术等正在成为新型生产经营主体的主要栽培方式。

第四节　四川杂交稻栽培展望

过去几十年，四川稻作区在发展有特色、适合区域实际的杂交稻生产经营与栽培技术方面取得了举世瞩目的成就，形成了具有区域特色的品种体系和适应不同生态区的多种高产栽培技术或模式，并不断探索了适应区域实际的稻作机械化路径。随着国民经济不断发展，生产资源日益短缺，消费需求升级和农业生产方式变革，四川稻作生态区杂交稻生产总体将向绿色提质高效和机械化的方向发展。

一、杂交稻种植制度与经营方式

（一）稻田种植制度发展趋向多元化

为了充分利用稻田周年的光温资源，提高稻田的经济效益和生态效益，不断探索与推广以杂交中稻为核心的稻田多元化高产高效种植模式，形成以油-稻、麦-稻、薯-稻等为主的纯粮型规模化种植模式，以及类型十分丰富的粮经复合型种植模式和富有生态效益的粮饲型种植模式。近年来，四川广大地区积极建设推广"千斤粮万元钱"、"吨粮五千元"等高效粮经复合农业产业基地，大春种植水稻以保障粮食生产和供应，并因地制宜筛选具有广阔市场前景的蔬菜、水果、中药材等高效经济作物，如榨菜、大蒜、草莓、川芎等，大大促进了稻作农田的集约化生产。

（二）杂交稻生产经营方式趋向规模化

随着城镇化的持续推进和农村剩余劳动力的不断转移，农业从业人口快速下降，农业正面临着"谁来种田"的困境，而持续了几千年的传统农户分散生产经营方式正面临着生产投入越来越高、效益越来越低的残酷现实。在此背景下，水稻支持政策正逐步由20世纪80～90年代重点支持个体家庭户向重点支持种植大户、农业合作社、家庭农场、农业企业等新型经营主体转变。2013年，四川已有农民合作组织3.7万个，覆盖了56%左右的行政村（四川省农业厅，2013）。农机专业合作社、农事服务超市、农业科技特派员等技术服务组织的出现和壮大则大大降低了新型经营主体的生产经营成本，提升了适度规模经营的效率。四川崇州探索的以土地股份合作为核心，以农产品公共品牌服务、农业"专家大院"科技服务、"农业服务超市"社会化服务、农村金融服务四大服务体系为支撑的"农业共营制"模式实现了农民、合作社和农业职业经理人三者互动共赢的利益联结，成为全国农业发展方式转变的典型。随着政策的深入实施，四川稻作经营还将继续呈现适度规模化和专业化发展的趋势，稻作经营主体数量还将继续增加，尤其是四川丘陵地区的生产经营主体将进一步支撑区域的水稻生产发展。

二、杂交稻品种应用的趋势

国家在贯彻农业供给侧结构性改革政策时提出了要增加绿色优质农产品供给，使农产品的品种、品质结构更加优化。近年来杂交稻品种在产量和品质上都有了很大进步，选育出了达到国颁一级标准米质的品种川优8377，达到外观品质一级标准的品种旌3优177，碾米品质较高的品种旌3优177、宜香2905等，也选育和推广了被农业部（现称农业农村部）认定为超级稻的水稻品种宜香优2115、F优498、宜香优4245、德香4103、德优4727等，高产优质潜力品种得到进一步挖掘。

三、杂交稻栽培技术发展

（一）机械化轻简栽培技术进一步发展

"十三五"规划纲要提出：推广高产优质适宜机械化品种和区域性标准化高产高效栽培模式，推进主要作物生产全程机械化，促进农机农艺融合。在农村劳动力越来越稀缺的严峻现实下，杂交稻栽培将进一步实现农机农艺深度融合。水稻机械化育秧过程是一种规范化、集约化、商品化、社会化的利用现代农业装备进行的大生产，其省工、节地、节本、增效的优势将使该技术成为未来四川杂交稻育秧环节的主要技术手段。机械化插秧将继续作为四川水稻栽插的主要方式推动全省水稻生产轻简化。从近5年四川水稻主推栽培技术的遴选来看，主推技术正在从过去需要劳动力较多的杂交稻强化栽培技术向育插秧机械化和全程机械化方向转变。

四川丘陵稻作区还面临着劳动力稀缺、田块分散、生产条件较差的三重制约，而适宜丘陵地区的水稻机型机具少，导致该区域存在育秧机械化程度低、育秧环节较多而成本高、中大苗移栽比例大等问题。因此，在该地区加大适宜机器的选型和研究、推进育插秧机械化和轻简化发展是必然趋势。

（二）低耗绿色栽培技术进一步发展

"十三五"规划纲要提出：大力发展生态友好型农业，实施化肥农药使用量零增长行动。随着环境约束越来越紧，水稻栽培不能再走粗放式管理的道路，未来四川水稻栽培研究应重点探索在控肥条件下，通过肥料的优化运筹来有效提高既有肥料利用率，研发实现水稻高产稳产的栽培技术措施；探索低农药投放情况下，通过采取物理防治、生物防治和化学防治相结合的手段来提升防控病虫害的田间管理措施，如2018年四川将"优质稻保优提质绿色高产高效栽培技术"列为当年的水稻主推技术之一。针对秸秆污染的问题，将逐步建立和推广秸秆高效还田的水稻栽培管理技术，如2016年四川将"水稻走道式秸秆还田生态种植新技术"列为当年的水稻主推技术之一。

参 考 文 献

陈虹. 2004. 四川水稻发展小史[J]. 农业考古, (1): 41-43.

灌县都江堰水利志编辑组. 1983. 灌县都江堰水利志[R]. 灌县县志编辑部.

李世奎, 侯光良, 欧阳海, 等. 1988. 中国农业气候资源和农业气候区划[M]. 北京: 科学出版社: 240-241.

庞艳梅, 陈超, 马振峰. 2015. 未来气候变化对四川省水稻生育期气候资源及生产潜力的影响[J]. 西北农林科技大学学报(自然科学版), 43(1): 58-68.

沈振剑, 熊筱红. 1998. 中国自然资源地理[M]. 郑州: 河南大学出版社.

四川年鉴编纂委员会. 2014. 四川年鉴(2014年)[M]. 成都: 四川年鉴社: 27.

四川省国土资源厅. 2015. 2014年四川省国土资源公报[R]. 四川省国土资源厅.

四川省农业厅. 2013. 四川省农业统计年鉴[R]. 四川省农业厅.

四川省农业资源与区划编辑组. 1986. 四川省农业资源与区划(上篇)[M]. 成都: 四川省社会科学院出版社: 5.

谭中和, 方文, 郑家国, 等. 1998. 四川水稻栽培研究六十年[J]. 西南农业学报, (S1): 18-25.

王得鼎. 1994. 中国自然资源经济评价[M]. 北京: 中国农业科技出版社.

谢立勇, 冯永祥. 2009. 北方水稻生产与气候资源利用[M]. 北京: 中国农业科学技术出版社.

徐鹏章. 1998. 四川成都凤凰山出土的西汉炭化水稻及有关遗物[J]. 农业考古, (3): 105-109.

张玉芳, 庞艳梅, 刘琰琰, 等. 2014. 近50年四川省水稻生产潜力变化特征分析[J]. 中国生态农业学报, 22(7): 813-820.

中国水稻研究所. 1989. 中国水稻种植区划[M]. 杭州: 浙江科学技术出版社: 93-97.

第二章　杂交稻根蘖生长与优化

四川盆地具有典型的"弱光、寡照、高湿"生态特点，杂交稻分蘖发生率高，群体数量大，出现分蘖成穗率低、无效分蘖恶化群体结构、后期易倒伏等生理与生产问题。因此，研究揭示杂交稻根蘖发生和生长等杂交稻高产形成规律，对促进低位分蘖发生、减少无效分蘖、提高分蘖成穗率具有十分重要的意义。

第一节　杂交稻根系发生和生长的生态机制

根系是植物体的一个重要组成部分，植物体正常生命活动所需要的水分和矿质营养都是由根系从土壤中吸收而来，同时根系对植物体具有机械支撑作用。虽然目前直播稻有所发展，但水稻栽培的主要模式仍是育苗移栽。大多数移栽作物会因移栽而伤根，生长发育出现短暂的停滞。移栽大田新环境后产生新根，植株又开始生长发育便是成活。成活与否或成活时期的迟早会影响作物在大田阶段的生长与产量。水稻移栽大田后，新根的发生和生长是成活的前提条件。水稻根系研究虽取得了长足的进步，但这些研究侧重于根系的分布、生长和衰老等方面，对于移栽后新根发生过程，以及影响发根的生态和栽培因子研究较少。同时，近年来虽然许多新型栽培技术在生产上得到了应用，如旱育秧、抛秧、免耕抛秧和机械化育插秧，但这些新型栽培技术在秧苗移栽成活方面出现了新的问题，如发根迟缓、根系生长受阻等。因此，深入研究水稻移栽后根系发生和生长的生态机制，对于指导水稻秧苗移栽，进而取得高产具有重要的实践价值。

一、秧苗发根与温度的关系

（一）秧苗发根的温度区间

发根力是指秧苗移栽后发生新根的能力，表现为新根的数量，根长、根重的增长速率等，常用植株（秧苗）剪根后在自来水中培养一定时间（通常为 5～10 天）所发新根长度（单株根数×平均单根长）或所发新根重量等指标来衡量（徐富贤等，2003）。本书采用发根株率以及新发根的单株根长、根数、平均根长和根重等指标来表征秧苗发根力的强弱。

控制性试验研究表明，秧苗发根力与温度存在密度关系，发根株率（长出新根植株数占供试植株数的比例)在15℃下仅为21.0%，在20℃则达到了95.5%，在 25～35℃时则为 100%，38℃下降到 94.0%，40℃为 0，即不能发根。去除不发根植株后，温度与单株根长、根数、平均根长和根重的关系如图 2-1 所示。由图 2-1 可知，单株根长在 35℃时为最大，显著或极显著高于其他各个温度处理，比 32℃处理高 21.6%，其后依次是 31℃、30℃两个处理，40℃单株根长为 0 cm，15℃的单株根长仅有 0.49 cm，仅为 35℃根长的 1%，温度与单株根长可拟合为凸二次曲线（R^2=0.7999**）；在 15℃下，单株根长的变异系数为 70.0%，25～35℃时变异系数为 11.9%～24.9%，38℃时又达到了 44.2%，说明温度过低或过高，单株根长不但短，而且整齐度差。根数以 31℃时最多，然后依次是 35℃和 32℃，15℃的根数为 1.56 条，为 31℃所发根数的 13.8%，温度与根数的二次回归曲线的相关系数 R^2=0.7823**；低温下根数的变异系数较大，15℃和 20℃分别为 72.8%和 46.3%，25～38℃为 11.2%～29.2%。平均根长以 30℃最高，为 4.09 cm，其次是 35℃，15℃为 0.145 cm，仅为 30℃时平均根长的 3.6%，温度与平均根长的二次回归曲线的相关系数 R^2=0.8054**；平均根长的变异系数也是在低温下较大，15℃和 20℃分别为 45.9%和 28.9%，而在 35℃时仅为 5.4%。各处理的平均根重随温度升高而增大，在 35℃时达到最大，然后急剧下降，温度与根重的二次回归曲线的相关系数 R^2=0.8977**，拟合度较好。

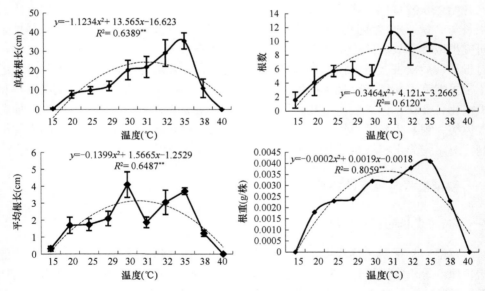

图 2-1　温度对秧苗发根力的影响

杂交稻品种为冈优 22，秧龄 30～43 天，剪根培养 5 天测量；**表示达到 0.01 显著水平

在 40℃下培养 1 天后再放在室温（温度 30℃左右）下培养，则单株根长为 10.1 cm，单株根数为 8.1，平均根长为 1.2 cm，说明在高温下放置一定时间，秧

苗仍能发根，但发根力降低，而温度过高及放置时间过长则不能再发根，44℃放置 4 天后取出放置在室温下则不能发根。另外，40℃以上的几个处理不但均没有新根发生，并且 3~4 天后叶片全部枯死，在 15℃以下的处理中，也没有新根发生，但叶片仍保持绿色。

总体看来，秧苗移栽发根的下限温度是 15℃，上限温度是 40℃，最适温度为 25~35℃，低于 25℃或高于 35℃，发根株率降低，根系生长缓慢。因此生产上要考虑过低或过高温度对发根的抑制作用，应避免栽秧过早或在夏季最热时栽秧。

（二）低温下秧苗发根力在秧龄和品种间的变异

近年来各地异常气候频繁发生，水稻苗期常常遭遇低温冷害。由表 2-1 可以看出，低温（白天 20℃，晚上 15℃）下秧苗发根力在不同秧龄与不同品种间存在显著差异。秧龄 10 天的发根株率为 97.7%，比秧龄 20 天的发根株率高 20.8 个百分点。去除不发根植株后的平均根长、根长和根重也均是秧龄 10 天处理极显著高于秧龄 20 天处理，分别高出 3.68 倍、4.39 倍和 2.91 倍，而且秧龄 20 天时秧苗发根的整齐度差，单株根长的变异系数为 90.3%，比秧龄 10 天处理的 44.2%高出 1 倍多，平均根长的变异系数前者为 83.0%，也比后者的 39.7%高出 1 倍多。但由于 20 天秧苗比 10 天秧苗的单株干物重高得多，因而其根数较多，多出 24.23%。

表 2-1　低温下秧苗发根力在秧龄和品种间的变异

处理	品种	发根株率（%）	全株重（g/100 株）	单株根长（cm）	根数	平均根长（cm）	根重（g/100 株）
秧龄 10 天	冈优 22	98.0	0.939	9.40Aa	4.11a	2.29Aa	0.0941Aa
	II 优 162	100	1.129	7.07Bb	3.83a	1.75Bb	0.0902Aa
	K 优 047	95.2	0.919	6.57Bb	3.69a	1.77Bb	0.0643Bb
	平均	97.7	0.996	7.68Aa	3.88Bb	1.94Aa	0.0829Aa
秧龄 20 天	冈优 22	87.5	2.305	1.33a	6.03Aa	0.22a	0.0174Aa
	II 优 162	80.0	2.964	1.79a	3.99Bb	0.47a	0.0246Aa
	K 优 047	63.3	2.674	1.78a	4.42Bb	0.39a	0.0216Aa
	平均	76.9	2.647	1.64Bb	4.82Aa	0.36Bb	0.0212Bb

注：育秧方式为湿润育秧，培养 10 天，培养温度为白天 20℃，晚上 15℃，白天光强为 2250 lx，晚上黑暗；不同小写字母和大写字母分别表示在 0.05 和 0.01 水平差异显著，下同

秧龄 10 天时，冈优 22 的单株根长极显著高于 II 优 162、K 优 047，比后者分别高 32.96%和 43.07%，后两者差异不显著；三个品种的根数差异不显著，平均根长也以冈优 22 最高，为 2.29 cm，比后两个品种高 30.86%和 29.38%；根重冈优 22 与 II 优 162 差异不显著，但两者均极显著高于 K 优 047。秧龄 20 天时，发

根株率从高到低依次为冈优 22、Ⅱ优 162 和 K 优 047，单株根长三个品种差异不显著，根数冈优 22 显著高于另两个品种，平均根长和根重三者差异也不显著。

以上结果表明，低温下秧龄 10 天秧苗的发根力较强，主要原因在于秧龄 10 天时母体胚乳物质还没有消耗完，发根所需能量由母体胚乳供应，而到 20 天时，胚乳营养已消耗完，秧苗耐低温能力很低，根生长很慢。同时，不同品种在低温下的发根力也不一样，总体看来，冈优 22 的发根力最强，因此低温下小龄栽插并结合发根力强的品种可望早生根出蘖。

二、根系生长与光强的关系

（一）光强与秧苗根系发生

光照强度影响叶片光合作用和光合产物向根系的运转，从而对根系的生长及功能产生影响。苗期水培遮荫试验表明（表 2-2），随遮荫程度增加，秧苗发根力的各指标均呈下降趋势。培养 5 天时，发根株率只有在 70%遮荫时才低于 100%。自然光强（CK）的单株根长极显著高于 50%遮荫和 70%遮荫，分别高出 1.99 倍和 2.60 倍，50%遮荫显著高于 70%遮荫，高 20.45%。根数以 CK 最高，比后两个处理均高 28.57%，差异达显著水平。平均根长随光强降低显著或极显著变短，50%、70%遮荫比 CK 分别低 56.14%和 61.75%，70%遮荫比 50%遮荫低 12.8%。根重变化趋势与单株根长一致，CK 比 50%遮荫、70%遮荫分别高 2.31 倍和 3.82 倍。培养 8 天与培养 5 天时规律一致，但培养后期根系生长量较小，可能与当时秧苗较小，营养消耗较多有关。

表 2-2　不同遮荫程度对秧苗发根的影响

处理		发根株率（%）	单株根长（cm）	根数	平均根长（cm）	根重（g/100 株）
培养 5 天	CK	100	27.12Aa	9.0Aa	2.85Aa	0.530Aa
	50%遮荫	100	9.07Bb	7.0Ab	1.25Bb	0.160Bb
	70%遮荫	93.2	7.53Bc	7.0Ab	1.09Bc	0.110Bc
培养 8 天	CK	100	27.99Aa	9.04Aa	2.89Aa	0.592Aa
	50%遮荫	100	10.44Bb	6.46Bb	1.45Bb	0.208Bb
	70%遮荫	92.6	7.88Bb	5.12Bb	1.27Bc	0.142BC

注：品种为冈优 22，育秧方式为湿润育秧，秧龄 30 天，室外培养

进一步分析暗箱和恒定光强下培养的秧苗，表明完全黑暗的情况下，秧苗也能发根，但发根力显著低于有光条件（表 2-3）。培养 5 天时，单株根长在 0 lx 光强比 6000 lx 低 72.45%，根数差异不显著，平均根长在 0 lx 比 6000 lx 低 70.36%，根重 0 lx 比 6000 lx 低 67.83%。培养 10 天时，除根数外，其余性状变化规律与培

养 5 天时一致，根数 0 lx 处理比 6000 lx 处理低 21.47%，差异达显著水平。以上分析表明，光并不是秧苗发根的必要条件，在没有光的完全黑暗条件下，秧苗也能发根，只是发根力显著或极显著降低。随光强降低，单株根长、平均根长和根重均大幅度下降，仅根数变化相对较小，表明弱光抑制发根力首先影响到平均根长，进而影响单株根长和根重。

表 2-3 不同光强对秧苗发根力的影响

处理		发根株率（%）	单株根长（cm）	根数	平均根长（cm）	根重（g/100 株）
培养 5 天	6000 lx	100	45.88Aa	12.50Aa	3.61Aa	1.43Aa
	0 lx	100	12.64Bb	12.25Aa	1.07Bb	0.46Bb
培养 10 天	6000 lx	100	95.01Aa	17.70Aa	5.29Aa	2.15Aa
	0 lx	100	48.08Bb	13.90Ab	3.37Bb	1.06Bb

注：品种为冈优 22，育秧方式为旱育秧，秧龄 45 天，6000 lx 为置于光照培养箱中培养，0 lx 为置于暗箱中处于完全黑暗

（二）根系生长对不同生育时期弱光的响应

光照是对水稻根系的生长发育影响较大的环境因子之一。光照强度影响叶片光合作用和光合产物向根系的运转，从而对根系的生长及功能产生影响。遮荫处理阻碍了根、叶的同伸生长，促进了根系衰老（程兆伟等，2006）。不同生育时期盆栽控光试验表明（表 2-4），遮荫处理严重影响了杂交稻品种冈优 906 根系的生长，不同生育时期和遮荫程度处理表现不同（图 2-2）。分蘗期和拔节期遮荫导致水稻根系体积显著降低，且随遮荫程度的升高，降低幅度加大；孕穗期遮荫导致水稻根系体积显著降低，但随遮荫程度的升高，降低幅度减小；灌浆期 53%遮荫显著提高水稻的根系体积，73%遮荫则显著降低根系体积。拔节期和孕穗期遮荫导致水稻根系总吸收面积极显著降低，且随遮荫程度的增加，降低幅度变大；分蘗期 53%遮荫导致水稻根系总吸收面积显著降低；灌浆期 53%遮荫使根系总吸收面积显著高于对照，增加了 17.5%，73%遮荫则导致根系总吸收面积显著降低。

表 2-4 遮荫的生育时期（引自王丽等，2012）

生育时期	遮荫过程	遮荫时间（天）
分蘗期	移栽至拔节（10%植株基部第一节间伸长 1~2cm）	36
拔节期	拔节（50%植株基部第一节间伸长 1~2cm）至孕穗（10%植株剑叶叶枕露出下一叶叶枕）	20
孕穗期	孕穗（50%植株剑叶叶枕全部露出下一叶叶枕）至始穗期（10%水稻植株抽穗）	15~18
灌浆期	抽穗期（50%植株抽穗）至乳熟止	21

不同生育时期遮荫条件下，水稻根系 α-萘胺氧化力变化不同（图 2-2）。分蘖期和孕穗期遮荫均可使水稻根系氧化能力增强，且随遮荫程度的升高，α-萘胺氧化力增强幅度降低；拔节期 53% 和 73% 遮荫均导致根系 α-萘胺氧化力显著降低，分别比对照降低了 78.1% 和 85.1%；灌浆期 53% 遮荫对水稻根系 α-萘胺氧化力影响不显著，而 73% 遮荫则显著降低 α-萘胺氧化力。遮荫处理后，不同生育时期根冠比变化不同。分蘖期遮荫根冠比与对照比显著降低，且随遮荫程度的提高降低幅度增加；拔节期遮荫导致根冠比下降，但趋势与分蘖期变化不同；孕穗期遮荫后，73% 遮荫处理根冠比与对照比显著增加，53% 遮荫与对照差异不显著；灌浆期遮荫，根冠比变化则与孕穗期趋势相反。由此可知，前期遮荫对根系生长的抑制作用比地上部更强，而后期遮荫对根系生长的抑制减弱，光照不足限制了水稻合理根冠配比的建成，阻碍了水稻的正常生长。

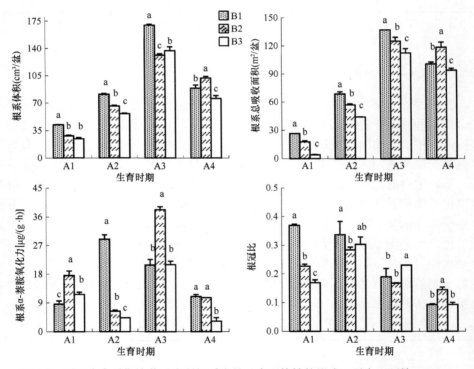

图 2-2　不同生育时期遮荫对水稻根系生长及生理特性的影响（引自王丽等，2012）

A1：分蘖期；A2：拔节期；A3：孕穗期；A4：灌浆期；B1：自然光强；B2：53% 遮荫；B3：73% 遮荫；不同小写字母表示差异达 0.05 显著水平

水稻抽穗前遮荫处理，根系体积、总吸收面积和活跃吸收面积均降低，且随遮荫强度增加，趋势更加明显。研究同时发现，分蘖期（根系形态建成重要时期）和孕穗期（根系发生最盛时期）遮荫能增强冈优 906 根系 α-萘胺氧化力，从而提高其对营养物质的吸收转换力，降低弱光胁迫的不利影响。始穗后遮荫处理使干物质分配到穗的比例降低，分配到茎鞘和叶片的比例增加，同时根系生长所需的营养元素一部分来自地上部成熟叶片（Tatsumiet and Kono，1981），轻度遮荫下根系体积、总吸收面积和活跃吸收面积增加，促进根系生长，延迟衰老；而生理活性较高的根系形成强大的"次库"，与籽粒争夺光合产物（蔡永萍等，2000），更多的干物质向根部转运，表现为根冠比显著增加，不利于作物整体生长发育。而重度遮荫处理，超出根系的自我调节范围，严重破坏了根系正常生长。

（三）品种对弱光胁迫根系生长的响应

遮荫处理阻碍了根、叶的同伸生长，促进了根系衰老。分蘖期遮荫后，水稻根冠比及根系体积、总吸收面积、活跃吸收面积和 α-萘胺氧化力均降低，但不同品种降低程度不同（表 2-5）。根系总吸收面积反映根系表面吸附营养矿质元素的能力，而根系活跃吸收面积则反映的是根系活跃部分将表面甲烯蓝吸收到细胞内后继续吸附甲烯蓝的能力。遮荫处理后，II 优 498、冈优 188 和冈优 527 根系总吸收面积与活跃吸收面积降低幅度均达显著水平，而川香 9838 根系总吸收面积减少不明显，根系活跃吸收面积降低程度达显著水平。由此可知，分蘖期作为根系建成的关键时期，该时期遮荫严重降低根系活力，最终阻碍根系形态的正常建成。而耐荫性较强的品种能保持较高的根系矿物质吸附能力，从而减少遮荫对根系建成的不良影响。

表 2-5　分蘖期遮荫对不同品种根系生长的影响（引自王丽等，2012）

品种	处理	根冠比	根系体积 （cm^3/盆）	根系总吸收面积 （m^2/盆）	根系活跃吸收面积 （m^2/盆）	根系 α-萘胺氧化力 [$\mu g /(g\cdot h)$]
II 优 498	CK	0.51a	57.67a	32.66a	9.66a	15.64a
	遮荫 53%	0.32b	31.33b	24.47b	4.94b	6.82b
冈优 188	CK	0.40a	56.67a	35.04a	9.39a	28.30a
	遮荫 53%	0.28b	36.33b	21.15b	3.63b	18.80b
冈优 527	CK	0.51a	58.33a	49.00a	20.11a	16.86a
	遮荫 53%	0.29b	33.00b	26.01b	7.51b	12.97b
川香 9838	CK	0.49a	38.00a	31.53a	10.36a	29.12a
	遮荫 53%	0.35b	28.00b	28.10a	8.74b	13.61b

孕穗期遮荫显著降低根系活力，而对根系形态影响相对较小（表 2-6）。遮荫处理后，不同品种杂交稻根冠比均不同程度增高，冈优 527 增幅最大，较对照高 59.3%，差异显著；根系体积均减少，但未达显著水平。该时期遮荫显著降低了根系 α-萘胺氧化力，根系总吸收面积、活跃吸收面积大幅降低，均达显著水平。不同品种杂交稻间降低幅度不同，根系总吸收面积和 α-萘胺氧化力均以

Ⅱ优 498 最大，分别降低 24.1%和 49.4%；而根系活跃吸收面积则以冈优 188 降低最多。表明在水稻根系最发达的孕穗期，遮荫主要降低水稻根系活力，削弱根系对营养矿质元素的吸收利用能力，阻碍地上部物质积累，而遮荫对根系形态的影响相对较小。

表 2-6　孕穗期遮荫对不同品种根系生长的影响（引自王丽等，2012）

品种	处理	根冠比	根系体积（cm³/盆）	根系总吸收面积（m²/盆）	根系活跃吸收面积（m²/盆）	根系 α-萘胺氧化力[μg /(g·h)]
Ⅱ优 498	CK	0.26a	159.33a	175.70a	67.34a	29.11a
	遮荫 53%	0.28a	135.33a	133.49b	51.09b	14.74b
冈优 188	CK	0.16a	150.33a	167.45a	63.14a	17.80a
	遮荫 53%	0.19a	124.33a	130.78b	46.74b	13.36b
冈优 527	CK	0.27b	209.33a	192.70a	61.55a	24.85a
	遮荫 53%	0.43a	178.00a	153.81b	48.03b	18.06a
川香 9838	CK	0.26a	163.33a	138.01a	49.68a	18.31a
	遮荫 53%	0.28a	140.00a	123.77b	40.49b	11.96b

参考兰巨生（1998）的方法计算产量耐荫指数和总干重、根干重、根冠比以及根系体积、总吸收面积、活跃吸收面积、α-萘胺氧化力的耐荫系数，进行灰色关联度分析（表 2-7），关联度大，表示该参考指标重要。试验结果表明分蘖期和孕穗期，与水稻耐荫性密切相关的指标分别是根系 α-萘胺氧化力和活跃吸收面积，因此这两个指标可以作为耐荫性敏感鉴定的有效指标。遮荫处理，冈优 906 根系 α-萘胺氧化力和活跃吸收面积高于对照或减少幅度较小，耐荫性较强；冈优 188、冈优 527 和川香 9838 次之；Ⅱ优 498 根系 α-萘胺氧化力和活跃吸收面积减少幅度较大，耐荫性较弱。

表 2-7　水稻产量耐荫指数与根系生理指标耐荫系数的灰色关联度及关联序（引自王丽等，2012）

项目	分蘖期		孕穗期	
	关联度	关联序	关联度	关联序
总干重	0.5194	6	0.5908	6
根干重	0.5787	4	0.5286	7
根冠比	0.5783	5	0.5909	5
根系体积	0.6818	2	0.6184	4
根系总吸收面积	0.5083	7	0.7355	3
根系活跃吸收面积	0.6343	3	0.8395	1
根系 α-萘胺氧化力	0.7697	1	0.7724	2

注：产量耐荫指数=（处理产量均值/对照产量均值）×处理产量/所有品种产量均值，根系耐荫系数=遮荫处理指标/对照处理指标

三、秧苗发根与水分的关系

不同程度的干旱胁迫对秧苗发根存在显著影响（表 2-8），干旱 1 天后复水的发根株率、单株根长、根数、平均根长和根重均远远高于干旱 2 天后复水处理，分别高出 1.5 倍、7.75 倍、1.88 倍、3.0 倍和 12 倍。同时，干旱 2 天后复水处理的各种发根性状的变异程度更大，单株根长、根数和平均根长的变异系数分别为 125.8%、70.7% 和 70.3%，而干旱 1 天后复水处理仅为 18.8%、13.5% 和 10.3%。干旱 3 天后复水几乎不再发根，发根株率仅 5%，而且已发根的植株仅有 1 条根。

表 2-8　不同程度干旱胁迫对秧苗发根力的影响

处理		发根株率（%）	单株根长（cm）	根数	平均根长（cm）	根重（g/100 株）
剪根干旱	1 天后复水	100	28.0Aa	11.5Aa	2.36Aa	0.65Aa
	2 天后复水	40	3.2Bb	4.0Bb	0.59Bb	0.05Bb
	3 天后复水	5	0.5Cc	1.0Cc	0.50Cc	0.00Cc
剪根	浇水 1 次/天	90	19.9Bb	8.1Bb	2.20Aa	0.533Bb
	浇水 3 次/天	100	46.3Aa	17.2Aa	2.65Aa	0.955Aa
	平均	95	33.1Aa	12.7Aa	2.40Bb	0.744a
不剪根	浇水 1 次/天	70	26.4Aa	7.9Aa	3.07Aa	0.543Bb
	浇水 3 次/天	100	30.9Aa	8.7Aa	3.53Aa	0.775Aa
	平均	85	28.6Aa	8.3Bb	3.30Aa	0.659Aa
	不浇水	0	0	0	0	0

注：品种为冈优 22，育秧方式为旱育秧，秧龄 45 天，室内培养，处理前各处理均在水中浸 10 min，10 天后测量

由表 2-8 可看出，在一定程度干旱胁迫下，剪根处理的发根株率、单株根长、根数和根重均高于不剪根处理，但只有根数差异较大，前者比后者多 53.01%，达到极显著水平，其余均不显著。相反，平均根长不剪根处理极显著高于剪根处理，高 37.5%。说明剪根处理有利于促进根数的增加，而不剪根则利于根的伸长生长。在剪根处理下，每天浇水 1 次的单株根长、根数和根重均极显著低于每天浇水 3 次处理，分别低 57.02%、52.91% 和 44.19%，但平均根长差异不显著。在不剪根处理中，每天浇水 1 次处理的单株根长、根数和平均根长均低于浇水 3 次处理，但差异没有达到显著水平，前者仅根重极显著低于后者，低 29.94%。另外，在不浇水处理中，没有根长出。

由表 2-9 可看出，在土培条件下，一定程度的干旱胁迫也限制了秧苗移栽后根的生长。干旱处理的单株根长、根数、平均根长和根重均极显著低于对照，分别比对照低 91.27%、78.21%、64.02% 和 84.64%，根系生长受抑会影响地上部的

生长，株高和分蘖数也极显著小于对照。

表 2-9 土培条件下干旱胁迫对秧苗发根的影响

处理	株高（cm）	分蘖数	单株根长（cm）	根数	平均根长（cm）	根重（g/株）
干旱处理	17.9Bb	2.17Bb	45.3Bb	9.0Bb	4.35Bb	0.045
CK	48.8Aa	3.67Aa	518.8Aa	41.3Aa	12.09Aa	0.293
增减幅度（%）	−63.3	−40.87	−91.27	−78.21	−64.02	−84.64

注：干旱胁迫处理为在盆栽桶底打一小孔，渗漏速度为灌满 1 桶水在 10 min 渗漏完，除栽秧时外，整个培养期内不再补充水分，只靠天然降水补给；品种为 K 优 047，塑盘育秧并抛秧，培养时期为 2013 年 5 月 5 日至 6 月 10 日；CK 为培养期全部淹水，培养期间降水量为 121.5 mm

以上结果表明，秧苗受到 1 天的干旱胁迫，发根尚比较正常，但干旱胁迫 2 天，发根力则急剧下降，干旱胁迫 3 天，则几乎不能发根。在剪根情况下，适度干旱胁迫严重影响了发根，不剪根则忍耐适度胁迫的能力要强一些。同时，不剪根每天浇 3 次水处理的叶片没有萎蔫，其余在第 2 天就萎蔫了。表明土壤干旱胁迫极显著抑制根的生长。

四、根系生长与土壤的关系

土壤质地对根系生长发育的影响如表 2-10 所示。用于培养秧苗的 2 种土壤理化性状差异较大，砂壤土的母质为新积土，全磷、全钾和速效钾、有效磷含量均高，重壤土的母质为紫色土，全氮、碱解氮和有机质含量高。砂壤土培养的秧苗生长很快（图 2-3），移栽至 36 天，其株高、分蘖数均一直大于重壤土培养的秧苗。

表 2-10 不同质地土壤的理化性状

质地	母质	全氮（g/kg）	碱解氮（mg/kg）	全磷（g/kg）	有效磷（mg/kg）	全钾（g/kg）	速效钾（mg/kg）	有机质（g/kg）	pH
砂壤	新积土	1.32	113.82	0.85	98.85	8.48	117.99	23.67	5.03
重壤	紫色土	2.54	222.72	0.24	7.94	6.12	65.79	47.44	5.42

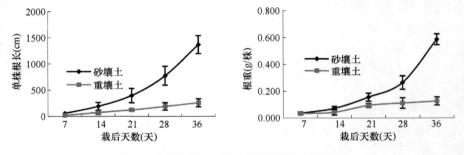

图 2-3 不同质地土壤对水稻根系生长的影响

两处理的单株根长在移栽后几乎呈直线增长，栽后 36 天两处理与栽后 7 天相比，分别增加了 23.54 倍和 12.40 倍，砂壤土处理增长的速率更快，随栽后天数的推移，差距越来越大，36 天时比重壤土处理高出 4.32 倍。根数、平均根长和根重的变化规律与单株根长一致，至 36 天时，砂壤土处理分别比重壤土处理高 1.60 倍、1.05 倍和 3.65 倍。说明质地疏松、养分容易释放出来的土壤更有利于秧苗栽后发根和根系的生长，根数或平均根长都要显著高于质地黏重的土壤。

秧苗移栽时带土与否对秧苗发根力有显著影响（表 2-11），带土移栽的单株根长比不带土的高 1 倍多，平均根长比不带土高 94.48%，根重也要高 51.18%，但对根数影响较小，仅高 8.26%。同时，带土移栽秧苗的地上部生长也明显优于不带土秧苗，株高高 41.60%，分蘖数多 28.80%。

表 2-11　带土移栽对秧苗发根的影响

处理	株高 （cm）	分蘖数	单株根长 （cm）	根数	平均根长 （cm）	根重 （g/10 株）
带土移栽	42.38Aa	3.22Aa	296.9Aa	43.78a	6.69Aa	0.703Aa
不带土移栽	29.93Bb	2.50Ab	131.1Bb	40.44a	3.44Bb	0.465Bb
增减幅度（%）	41.60	28.80	126.5	8.26	94.48	51.18

注：品种为 D 优 116，秧龄 32 天，将不带土处理秧苗的根系洗净，带土处理每株带土 50 g 培养，处理后用自来水在培养箱中培养 10 天

栽插在有机质含量高、含有有毒硫化物的深脚烂田土壤中的秧苗，平均根长和根重均很低，且根系呈黑色，明显受到了毒害，其中冈优 22 受到的危害最大，K 优 047 表现出的受害症状最轻。在含有硫化物的重壤条件下，发根节分布较深的插秧处理的平均根长和根重均很低，且根系大多呈黑色。抛秧处理由于发根节裸露，受到的危害均较轻，深水抛秧在栽后 14 天左右有部分黑根，覆盖抛秧和湿润抛秧没有黑根出现。干湿交替灌溉的湿润抛秧单根生长快，且长度大，但根数较少。

五、根系生长与矿质营养及秸秆腐解的关系

（一）秧苗发根适宜的矿质营养水平

研究矿质营养对水稻根系发生和生长的影响。水培试验表明（图 2-4），N 对平均根长、根数、单株根长和根重等发根性状有明显的促进作用，在低浓度时随浓度的变大促进作用增强，而浓度过高时促进作用减弱，适宜于发根的最佳浓度为 40 mg/L NH_4NO_3。另外，在秧苗的生长前期，高浓度的 N 处理效果较好，生长后期则低浓度的效果更明显。K 处理各性状规律较一致，均以 40 mg/L 最佳，而且各浓度间存在明显差异，说明秧苗发根对 K 浓度较为敏感。KH_2PO_4 的各浓度处理均表现了良好的促进发根作用，而且随培养时间的增加这种促进作用显著

增强。从田间试验来看，增加追氮次数，对上位根的生长有显著的促进作用，施钾能提高根系活力。

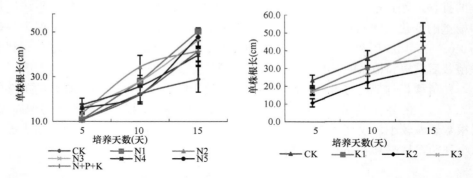

图2-4　氮素（左）和钾素（右）水平对秧苗发根力的影响（彩图另见封底二维码）

品种为冈优22，湿润育秧，秧龄35天；CK：蒸馏水培养；N1：10 mg/L NH$_4$NO$_3$；N2：20 mg/L NH$_4$NO$_3$；N3：40 mg/L NH$_4$NO$_3$；N4：80 mg/L NH$_4$NO$_3$；N5：1000 mg/L NH$_4$NO$_3$；N+P+K：20 mg/L NH$_4$NO$_3$+40 mg/L KH$_2$PO$_4$；K1：20 mg/L KCl；K2：40 mg/L KCl；K3：80 mg/L KCl

（二）秸秆腐解抑制秧苗根系发生

从表2-12可看出，在秸秆腐解过程中抛栽秧苗，发根受到严重抑制，发根各性状均极显著地低于对照，单株根长仅为对照的1/11.73，根数不到对照的一半，平均根长为对照的1/6.07，根鲜重和根干重则为对照的1/12.85和1/6.94，受到影响最大的是平均根长。说明秸秆快速腐解对抛秧或栽秧极为不利，主要原因是秸秆分解过程中会产生有机酸等有毒物质，并且秸秆分解过程与秧苗争氮，抑制了秧苗生长。

表2-12　秸秆腐解对秧苗发根力的影响

处理	单株根长（cm）	根数	平均根长（cm）	根鲜重（g/10株）	根干重（g/10株）	地上部重（g/10株）
秸秆（S）	17.9**	18.5**	0.88**	0.66**	0.096**	5.606
CK	209.9	39.6	5.34	8.48	0.666	4.744
S/CK	1/11.73	1/2.14	1/6.07	1/12.85	1/6.94	1.18/1

注：品种为D优116，秧龄35天，秸秆处理为在培养盆钵中堆放厚度为10 cm的小麦干秸秆，然后用自来水将秸秆浸透，对照不堆放秸秆；各处理剪根秧苗用自来水在培养箱中培养10天；**表示与CK差异极显著

在水稻高产栽培中，分蘖早生快发可提高成穗质量，进而形成大穗，对提高群体质量和产量十分重要。而秧苗栽后由于植伤等，生长发育会出现短暂的停滞，而后产生新根，再长出新叶和新蘖。因此，新根发生的快慢和多少直接关系到成活的早迟、分蘖的多少和分蘖成穗质量。只有气温超过20℃秧苗才能正常发根，温度超过25℃则发根成活较快，因此适期栽插显得十分重要。在低温下，小龄秧

苗发根较好，结合忍耐低温能力强的品种，栽后易成活。秧苗栽后良好的光照、适宜的水分和土壤条件对新根的快速发生十分重要。不同水平的氮、磷、钾等矿质营养溶液培养均大幅度提高了秧苗的发根力，且钾元素提高秧苗发根力的效果尤其明显，在秧苗移栽时，要注意底肥和面肥的施用，特别要重视钾肥施用。

第二节　杂交稻根系生长的形态生理基础及与产量的关系

一、稻株器官与根系发生

（一）地上部器官与发根力的关系

新根的发生与地上部器官间存在密切关系，反映发根力的指标单株根长、根数、根重与分蘖数、株高、茎鞘重、叶重和剪根植株水培期间的绿叶面积具有良好的线性关系，回归方程的相关系数均达到了极显著水平（表 2-13）。其中，单株根长和根数与分蘖数的回归模型的相关系数最大，自由度为 77 的基础上，其相关

表 2-13　秧苗地上部器官与发根力指标的直线回归模型（$y=ax+b$）

发根力指标（y）	地上部特征（x）	模型参数		相关系数	自由度
		a	b		
单株根长	分蘖数	24.574	14.028	0.9279**	77
	株高	9.145	−86.901	0.8558**	104
	茎鞘重	886.0	21.917	0.6482**	45
	叶重	900.4	22.735	0.6900**	43
	培养后绿叶面积	4.606	29.753	0.6964**	38
根数	分蘖数	4.918	4.907	0.9233**	77
	株高	1.759	−14.384	0.8589**	104
	茎鞘重	162.5	5.307	0.7748**	45
	叶重	161.2	5.783	0.8051**	43
	培养后绿叶面积	0.691	8.780	0.6841**	38
平均根长	分蘖数	0.115	3.929	0.3403**	77
	株高	0.069	3.024	0.4136**	104
	茎鞘重	3.650	4.614	0.1039	45
	叶重	5.412	4.476	0.1619	43
	培养后绿叶面积	0.0520	4.210	0.3071	38
根重	分蘖数	0.0065	0.0149	0.6605**	55
	株高	0.0020	0.0125	0.4755**	55
	茎鞘重	0.2561	0.0056	0.7118**	45
	叶重	0.2502	0.0067	0.7285**	43
	培养后绿叶面积	0.0012	0.0100	0.7089**	38

注：地上部性状均为培养结束时的测量值，各性状的单位分别为：单株根长：cm；平均根长：cm；根重、茎鞘重、叶重：g/株；株高：cm；培养后绿叶面积：cm²/株；**表示相关性达 0.01 水平

系数在 0.92 以上，说明其线性关系良好，因此可用分蘖的多少来预测新根发生的数量和总长度。同时，单株根长、根数与株高的回归方程的相关系数也在 0.85 以上，表明在同等条件下，株高越高，越有利于发根。

茎鞘重、叶重与单株根长的回归方程的斜率分别为 886.0 和 900.4，与根数的回归方程的斜率也较大，均在 160 以上，说明茎鞘重和叶重也是影响秧苗发根的重要因素，而且回归直线的斜率较大，说明发根对茎鞘重和叶重的增减反应十分敏感，茎鞘和叶片重量的微弱增减将导致单株根长与根数的大幅度变化。

对于剪根植株而言，新根的发生对吸收水分和保持叶片不失绿十分重要，同时绿叶的多少又反过来影响新根的进一步发生。单株根长、根数和根重与培养后绿叶面积的相关系数分别为 0.6964**、0.6841** 和 0.7089**，数值均较大，且三者均随培养后绿叶面积的增加而呈现一致增高的趋势。

同其他几个指标相比，平均根长与地上部形态指标的直线回归方程的相关系数就显得较小，且只与分蘖数、株高间的相关关系达到了极显著水平，与茎鞘重、叶数重和培养后绿叶面积间的相关性不显著，说明地上部形态特征影响发根力（根重和单株根长）的关键是影响了根数的增减，而对平均根长的大小影响较小。

（二）苗质对发根的影响

选择壮苗和弱苗进行培养，观察发根力强弱，壮苗表现为株高较高、分蘖较多、地上部干重高；而弱苗植株矮小、分蘖少、地上部干重低（表 2-14）。冈优 22、Ⅱ优 162、K 优 047 壮苗的单株根长均显著或极显著高于弱苗，3 个品种分别高出 4.18 倍、0.43 倍和 0.37 倍。根数、根重的变化趋势与单株根长一致。平均根长在品种间有差异，冈优 22 壮苗显著高于弱苗，高出 2.58 倍，Ⅱ优 162、K 优 047 的平均根长均以弱苗为高，但差异未达到显著水平。说明壮、弱苗发根力的差异主要由根数的多少决定，而不是单株根长。

表 2-14　壮苗与弱苗发根力比较

处理		株高（cm）	分蘖	地上部干重（g）	单株根长（cm）	根数	平均根长（cm）	根重（g/株）
冈优 22	壮苗	24.3Aa	2.94Aa	0.187Aa	31.1Aa	8.3Aa	3.80Aa	0.0062Aa
	弱苗	21.5Bb	0.36Bb	0.103Bb	6.0Bb	4.7Bb	1.06Ab	0.0021Bb
Ⅱ优 162	壮苗	22.9Aa	3.01Aa	0.207Aa	27.2Aa	8.9Aa	2.93a	0.0079Aa
	弱苗	17.9Bb	0.35Bb	0.074Bb	19.0Bb	5.9Bb	3.22a	0.0046Bb
K 优 047	壮苗	26.3Aa	2.92Aa	0.263Aa	11.1Aa	7.6Aa	1.13a	0.0039Aa
	弱苗	17.8Bb	0.44Bb	0.065Bb	8.1Ab	5.6Bb	1.33a	0.0025Ab

注：湿润育秧，秧龄 36 天，室内水培 10 天测量

进一步选择分蘖数为 2、3、4 的秧苗进行发根力观察（表 2-15），表明单株根长、根数与根重均随分蘖数的增加显著或极显著增加，其中 4 分蘖的秧苗单株根长比 3 分蘖和 2 分蘖的秧苗长 31.85% 与 115.62%，根数分别多 2.93 和 12.43，根重分别高 39.73% 和 214.39%，说明分蘖多少可作为衡量秧苗素质优劣的重要指标，苗质优的壮苗发根力更强。

表 2-15　不同分蘖秧苗发根力比较

分蘖数	株高 （cm）	单株根长 （cm）	根数	平均根长 （cm）	根重 （g/株）	根鲜重 （g/株）
4 分蘖	23.99Aa	124.76Aa	24.95Aa	5.09Aa	0.0415Aa	0.5686Aa
3 分蘖	21.55Bb	94.62Bb	22.02Ab	4.32Bb	0.0297Bb	0.3973Bb
2 分蘖	16.89Cc	57.86Cc	12.52Bc	4.88ABb	0.0132Cc	0.1604Cc

注：品种为 D 优 116，旱育秧秧苗，秧龄 30 天，光照培养箱（温度为 29℃）中水培 5 天测量

（三）器官去除对秧苗发根的影响

去除植株的器官一方面可反映植伤对发根力的影响，另一方面可初步揭示各器官对秧苗根系发生的贡献大小。采用剪除不同部位器官模拟植伤对根系发生影响的结果表明，去除器官越多，发根力越弱，地上部器官去除对发根力的影响大于根系去除的影响，去根、去叶和去根叶处理的单株根长比对照大幅减少（表 2-16）；另一个试验中去根叶茎处理的单株根长比去根叶蘖和去根叶处理分别低 34.03% 和 39.84%，比对照低 57.56%（表 2-17），说明不同程度地剪除秧苗的主要

表 2-16　根叶去除对秧苗发根力的影响

处理		发根株率 （%）	地上部重 （g/10 株）	单株根长 （cm）	根数	平均根长 （cm）	根重 （g/10 株）
冈优 22	去叶	100	0.402Bb	15.0ABb	6.4Bb	2.15Bb	0.052Bb
	去根	85	0.950Aa	17.1ABb	6.5Bb	1.95Bb	0.048Bb
	去根叶	82.5	0.518ABb	13.6Bb	5.7Bb	2.10Bb	0.037Bc
	CK	100	0.898Aa	31.9Aa	10.9Aa	2.68Aa	0.084Aa
II 优 162	去叶	90	0.464Cb	21.2Bb	7.5Bbc	2.67ABab	0.058Bb
	去根	83.3	0.973ABa	18.3Bb	8.8ABb	1.72Bc	0.045BCbc
	去根叶	75	0.537BCb	13.0Bc	5.4Bc	1.91ABbc	0.034Cc
	CK	100	1.241Aa	40.0Aa	12.2Aa	2.95Aa	0.187Aa
K 优 047	去叶	100	0.606Bbc	46.6Aa	8.6BCb	5.49Aa	0.125Bb
	去根	85	0.883Bb	50.1Aa	11.9ABa	4.17Bb	0.125Bb
	去根叶	70	0.448Bc	28.0Bb	7.9Cb	3.29Bb	0.050Cc
	CK	100	3.171Aa	46.5Aa	12.1Aa	3.61Bb	0.283Aa

注：湿润育秧，秧龄 30 天，CK 为不剪叶，培养 8 天后测量

表 2-17　主要器官去除对秧苗发根力的影响

处理	单株根长（cm）	根数	平均根长（cm）	根重（g/10 株）	茎重（g/10 株）	叶重（g/10 株）
去根叶茎	53.3Cc	9.9Cc	5.40Bc	0.100Cd	0.628Cd	0.068Cc
去根叶蘖	80.8Bb	13.5Bb	5.96Bb	0.143BCc	0.851BCc	0.141Bb
去根叶	88.6Bb	12.7BCb	6.81Aa	0.174Bb	1.073Ab	0.159Bb
CK	125.6Aa	17.7Aa	7.05Aa	0.213Aa	1.255Aa	1.174Aa

注：品种为冈优 22，旱育秧，秧龄 37 天，去根叶茎处理为剪除所有根、叶片和大部分茎，仅留下发根节和约 1 cm 的茎段；去根叶蘖处理则为剪除所有根、叶片和分蘖

器官均对发根力产生显著影响，去除器官越多，发根力越弱。在不含养分的自来水中培养，新根的发生和伸长全靠体内积累的养分，当根系剪除后秧苗对水分的吸收量减少，发根力下降；而地上部器官不同程度地被剪除，减少了新根发生的物质能量来源，发根力大幅度降低。

在植株生长后期去除器官则有利于根系的发生。抽穗 15 天时，CK 的根数为 0，而去穗处理则达到了 139.3，极显著高于去茎处理的 52.5，是去茎处理的 2.65 倍。同样，去穗处理的单株根长和根重均极显著高于去茎处理，分别高 1.75 倍和 1.69 倍（表 2-18）。主要原因在于生长后期植株的生长中心为籽粒部分，光合产物主要向籽粒运转，抑制了根系的发生。当将穗去掉后，贮藏性光合产物立即转向其他器官，则有利于根系的发生，但去除器官增多时，贮藏性碳水化合物减少，发根力相应减弱。

表 2-18　灌浆期植株器官去除对发根力的影响

处理	单株根长（cm）	根数	平均根长（cm）	根重（g/株）	茎叶重（g/株）	穗重（g/株）
去穗	530.6Aa	139.3Aa	3.84Aa	0.180Aa	26.95	0
去茎	192.7Bb	52.5Bb	3.55Aa	0.067Bb	3.59	0
CK	0	0	0	0	26.32	18.02

注：品种为冈优 22，生长时期为抽穗后 15 天，去穗处理为剪除所有穗，去茎处理为剪去植株距地面 10 cm 以上的所有部分，CK 为不去除器官，室内培养 10 天测量

二、根系发生和生长的物质基础

（一）返青期根系生长的同化物来源

光合产物的合理运转分配是作物生长的基础。采用 ^3H 同位素示踪法，研究了水稻移栽后根系发生和生长的物质来源。结果表明（表 2-19），栽后 4 天标记茎

表 2-19　植株 ^{3}H 同位素在各器官中的分配（%）（引自任万军等，2011）

植株器官	标记后 10 天			标记后 30 天		
	冈优 22	II 优 162	K 优 047	冈优 22	II 优 162	K 优 047
主茎茎鞘	28.4a	18.5b	10.3c	6.3a	4.7ab	1.9b
分蘖茎鞘	4.1ab	3.4b	4.3a	7.0a	2.8b	5.7b
标记鞘	32.2b	31.9b	48.5a	40.b	42.9ab	47.7a
主茎老叶	9.5a	9.0a	10.5a	8.5a	8.3a	10.0a
主茎新叶	8.5b	15.6a	6.7b	9.8a	13.4a	5.5b
分蘖叶片	4.2ab	3.5b	5.6a	7.5a	7.8a	7.9a
黄叶	1.5a	1.4a	0.8b	2.3a	1.7b	2.5a
发根节	3.6b	6.1a	3.7b	5.4a	5.5a	6.0a
老根	0.4b	0.7a	0.4b	0.5a	0.5a	0.5a
新根	7.6b	9.8a	9.2a	12.1a	12.5a	12.4a
合计	100	100	100	100	100	100

鞘的 ^{3}H 同化物，在标记后 10 天，有 7.6%～9.8% 运往新根，6.7%～15.6% 运往主茎新叶，6.9%～9.9% 运往分蘖茎鞘和叶片；标记后 30 天，约 12% 分配至新根，10.0%～14.5% 分配至分蘖茎鞘和叶片。标记后 10～30 天参与再分配的同化物主要来自主茎茎鞘，输入器官主要为分蘖和新根，满足了分蘖与新根大量发生和生长对物质的需求。移栽后 20 天标记叶片的 ^{3}H 同化物，在标记后 10 天，19%～28% 分配至主茎新叶，4.6%～13.4% 分配至分蘖茎鞘和叶片，3%～5% 运往新根，说明返青后的苗期生长阶段，叶片是主要的"源"器官，此时标记叶片的 ^{3}H 同化物主要运往生长最快的器官，如主茎新叶、分蘖茎鞘和叶片和新根，其中，主茎的分配比例大于分蘖，茎鞘和叶片的分配比例大于新根。

用剪根结合 ^{3}H 同位素示踪法进一步研究了秧苗移栽后叶鞘同化物的运转分配对新根发生的影响。剪根处理秧苗多数器官干重低于对照，而 ^{3}H 同化物的比活度却高于对照，标记后 10 天主茎、主茎老叶、主茎新叶、发根节高出对照 1 倍左右，分蘖高 2 倍左右，新根高 4 倍左右（表 2-20）。剪根处理发根节和新根的放射性总活度与 ^{3}H 同化物的分配比例均高于对照。剪根秧苗因为没有老根吸收功能的支撑，在新发根承担吸收功能之前，新生器官的生长更加依赖于主茎的物质输出，因而新根的放射性比活度大幅度高于对照，分配比例也比对照高。

^{3}H 同位素示踪法揭示了水稻秧苗栽后恢复性生长阶段的物质代谢关系，此时，叶鞘是生长的供给源，生长过程可概括为栽前叶鞘的贮藏性光合产物输出，为新根发生和分蘖提供物质、能量，保证秧苗的恢复性生长。剪根秧苗叶鞘输出同化物的比例更高，输出的同化物在新生器官（新根、新蘖）中所占比例更大，对新生器官的生长也更加重要。

表 2-20　剪根对标记后 10 天时 ^3H 同化物在植株体内分配的影响（引自任万军等，2007a）

项目	干重（g/株）		增减幅度（%）	比活度（dpm/100 mg）		增减幅度±（%）	总活度（dpm/器官）		增减幅度（%）	占整株（%）		增减幅度（%）
	剪根	CK		剪根	CK		剪根	CK		剪根	CK	
主茎	0.0184	0.0459	−59.91	12 954	7 622	69.96	2 384	3 574	−33.30	18.70	28.39	−9.69
分蘖	0.0552	0.1624	−66.01	1 998	635	214.65	1 103	998	10.52	8.65	8.28	0.37
标记鞘	0.0396	0.0359	10.31	8 697	10 962	−20.66	3 444	3 869	−10.98	27.01	32.21	−5.20
主茎老叶	0.0366	0.0578	−36.68	4 857	2 026	139.73	1 778	1 169	52.10	13.94	9.53	4.41
主茎新叶	0.0022	0.0266	−91.73	6 808	3 772	80.49	150	1 032	−85.47	1.17	8.51	−7.34
衰老器官	0.0550	0.0478	15.06	2 677	486	450.82	1 472	221	566.06	11.55	1.83	9.72
发根节	0.0464	0.0520	−10.77	2 027	906	123.73	941	448	110.04	7.38	3.61	3.77
新根	0.0176	0.0563	−68.74	8 395	1 674	401.49	1 478	935	58.07	11.59	7.62	3.97
合计	0.271	0.485	−44.12	—	—	—	12 750	12 247	4.11	100	100	—

（二）移栽后根系增重与地上部生长的关系

以冈优 22、Ⅱ优 162 和 K 优 047 为材料，设常耕手插、常耕抛秧和免耕高留茬抛秧 3 种栽植方式，通过大田试验研究了水稻秧苗移栽后根系增重与地上部的关系。研究结果表明，水稻植株地上部与根系间呈现明显的协同生长特征，移栽至拔节，地上部干重和根重均能很好地拟合为指数模型，且动态曲线形状的相似度很高。根重与茎鞘重、叶片重和地上部重间具有良好的直线回归关系，相关系数均在 0.97 以上（表 2-21），充分证明地上部生长与地下部生长具有良好的协调一致性。

表 2-21　地上部指标与根重的直线回归关系（$y=ax+b$）（引自任万军等，2010）

地上部指标 x	模型参数		相关系数	自由度
	a	b		
茎鞘重	0.3159	0.0613	0.9775[**]	19
叶片重	0.3842	0.0391	0.9749[**]	19
地上部重	0.1740	0.0503	0.9781[**]	19

注：**表示相关性达到 0.01 水平

但地上部与根系的这种协同生长不是一成不变的，秧苗栽后初期根系生长速度快于地上部，根冠比呈上升态势，在栽后 10～15 天达到顶点，而后地上部生长速度快于根系，根冠比开始以较快速度下降，至栽后 25 天后趋于稳定，此时其值在 0.2 左右徘徊（图 2-5），且不同品种和种植方式间存在差异，3 个品种中，冈优 22 和 K 优 047 的两条曲线几乎重合，其根冠比差异很小，Ⅱ优 162 根冠比总体上要高于另两个品种，平均高 8.43% 和 9.33%，且在栽后 15 天时差异最大。3 种种植方式中，常耕手插从移栽至拔节根冠比最低，平均比常耕抛秧和免耕高留茬抛秧分别低 17.36% 和 11.08%，常耕抛秧在栽后 5～10 天根冠比低于免耕高留茬抛秧，其高峰值出现时间迟于另两个处理，但其峰值比另两个处理高出较多，且移栽 15 天之后根冠比一直最高。说明在生长过程中，根系和地上部不仅存在协同生长关系，也存在竞争。

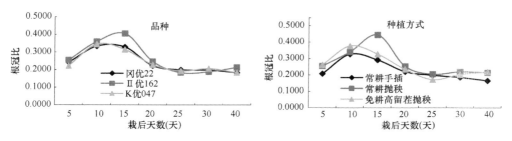

图 2-5　不同处理根冠比（R/T）动态（引自任万军等，2010）

三、根系发生和生长的生理特点

（一）发根力与秧苗营养及内源激素的关系

碳、氮代谢是植物体内两大基本代谢，为植物的生长发育提供物质和能量，通过研究碳、氮代谢与秧苗发根力的关系发现，秧苗氮含量与发根力存在密切关系，根系、茎鞘的氮含量与新发根数呈显著正相关（表 2-22）。总根长、根数、根重与茎叶氮积累量的相关系数均达到了显著或极显著水平，说明秧苗地上部器官氮含量和氮积累量高则发根力强，移栽后成活快。因此，水稻移栽前施用适量起身肥（送嫁肥），可提高移栽秧苗体内的氮含量和氮积累量，促进新根和分蘖早生快发，提高分蘖成穗率、有效穗数和产量。秧苗发根力与叶鞘淀粉的高度聚集有关，而叶鞘中的淀粉先被淀粉酶分解，再用于秧苗发根（Tanaka，1992），秧苗各器官淀粉酶活性与秧苗发根力诸指标间存在大小不一的正相关关系，其中，根系淀粉酶活性与新发根总根长、根重间的相关系数达到了极显著水平。ATP 是植株代谢过程中的"货币"，ATP 酶活性高低可反映能量代谢的活跃程度，秧苗根系和发根节的 ATP 酶活性与剪根培养后的单株根长、根重和根数呈不显著的正相关，根系 ATP 酶活性与根比重的相关系数达到了极显著水平，新根发生与根系和发根节的能量代谢关系密切。以上分析表明，秧苗发根的能量代谢过程为叶鞘等器官的淀粉通过淀粉酶的作用分解成低糖或单糖如蔗糖，再通过 ATP 酶进行能量释放，促进新根发生，发根节和根系中的 ATP 酶活性与叶鞘中的淀粉酶活性有显著的相关性，r 分别为 0.7039[*] 和 0.7319[*]。

表 2-22　发根力与秧苗营养及内源激素的关系（引自任万军等，2009，2011）

	项目	总根长	根重	根数
根系	N 含量	0.5697	0.5432	0.7065*
	N 积累量	0.4055	0.2589	0.5542
	淀粉酶活性	0.7999**	0.8409**	0.6535
	ABA	−0.6711*	−0.5814	−0.5594
	GA	0.8461**	0.8691**	0.6898*
	IAA	−0.2669	−0.2052	0.0626
	ZR	−0.4634	−0.4571	−0.5256
发根节	淀粉酶活性	0.0794	0.0928	0.4204
	ABA	−0.2879	−0.379	−0.2579
	GA	0.4422	0.4689	0.3114
	IAA	0.2205	0.1156	0.3080
	ZR	0.0434	0.0089	0.4389
茎鞘	N 含量	0.4475	0.4511	0.6721*
	N 积累量	0.8070**	0.7192*	0.8901**
叶片	N 含量	0.5289	0.5366	0.7871
	N 积累量	0.8325**	0.7783*	0.9311**

注：ABA：脱落酸；GA：赤霉素；IAA：生长素；ZR：玉米素核苷；*、**分别表示相关性达 0.05、0.01 水平

　　苗期根、叶和蘖的发生与生长无一不受内源激素的调节，通过研究内源激素与根系发生的关系表明，GA 对于启动 α-淀粉酶基因有重要作用，能增强 α-淀粉酶活性，促进萌发；ABA 则诱导抑制萌发基因，延迟萌发；细胞分裂素刺激细胞分裂；而 GA 则促进细胞伸长，对根芽生长有促进作用。相关分析发现（表 2-22），秧苗根系和发根节的内源激素 ABA 含量与秧苗发根力均呈负相关，而 GA 含量与发根力则呈正相关，进一步证明秧苗发根力与内源激素关系十分密切，ABA 对发根力有抑制作用，GA 对发根力有促进作用。

（二）移栽后根系生长与植株碳、氮营养的关系

　　碳代谢主要通过影响植物的光合作用和呼吸作用来影响植物的生长发育，以及有机物的合成、转运和积累，最终影响作物产量和品质。以冈优 22、Ⅱ优 162 和 K 优 047 为材料，设常耕手插、常耕抛秧和免耕高留茬抛秧 3 种栽植方式，研究了水稻秧苗移栽后根系增重与植株碳、氮代谢的关系。结果表明，水稻秧苗在栽后 5～10 天各器官的可溶性糖含量升高，然后降低，栽后 20 天时达到可溶性糖含量的低谷，而后又渐渐升高。拔节前茎鞘和发根节的可溶性糖含量与根系生长具有密切的关系，同根重的相关系数分别为 0.6570** 和 0.5170**（df=34），茎鞘和发根节的可溶性糖含量是根系生长的物质能量来源，对促进根系生长具有重要作用。叶片和根系

的可溶性糖含量与根重分别呈极显著和显著的负相关关系，$r_{叶片}=-0.5750^{**}$（df=25），$r_{根系}=-0.3538^{*}$（df=34），叶片和根系的可溶性糖含量均随生育进程推进逐渐降低，而根重则逐渐增高。从拔节期至成熟期，茎鞘和发根节的可溶性糖含量呈抛物线形趋势变化，在抽穗期或孕穗期达到最大值，然后下降，至成熟期降为最低。拔节后茎鞘和发根节的可溶性糖含量与根重有很密切的关系，相关系数分别为 0.3583^{*} 和 0.3886^{*}（df=34），达到了显著水平。叶片、根系的可溶性糖含量与根重的相关性显著。同时，茎鞘的可溶性糖含量与发根节和根系的可溶性糖含量间也存在密切关系，$r=0.7825^{**}$ 和 0.3300^{*}，发根节和根系的可溶性糖可能来源于茎鞘的输出。

　　淀粉酶是催化淀粉分解的关键酶，本研究表明，茎鞘淀粉酶活性在栽后 5 天较高，10 天时则降到了最低点，而后快速回升，在 15～30 天达到最大值并保持较高水平，而后下降。3 种种植方式中，总体上以免耕高留茬抛秧的酶活性最高；而 3 个品种中，Ⅱ优 162 酶活性始终最低（图 2-6）。栽后 15 天时，茎鞘淀粉酶活性与根重的相关系数达到了显著水平，$r=0.7479^{*}$（df=7），其他取样时期均不显著。栽后 5～15 天根系 ATP 酶活性保持在较高水平，15～20 天活性急剧下降，20～30 天有升有降，升降均较缓，之后又快速降低，到栽后 40 天达到最小。发根节能量代谢比根系更活跃，水平更高，ATP 酶活性远高于根的活性，在栽后 5 天较高，然后缓慢下降，至 20 天时迅速升高，在 25 天时达到顶峰，之后又持续降低。3 种种植方式中，免耕高留茬抛秧 ATP 酶活性最高，反映出其能量代谢最活跃的特性。茎鞘淀粉酶活性与发根节的 ATP 酶活性呈极显著的正相关关系，$r=0.3521^{**}$（df=61），而与根系 ATP 酶活性相关性不显著，表明茎鞘淀粉的分解对发根节酶活性的增强具有重要促进作用。

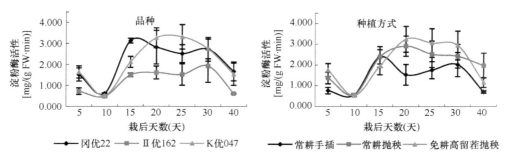

图 2-6　水稻栽后茎鞘淀粉酶活性动态

　　氮代谢在水稻生育期的动态变化直接影响矿质营养的吸收、蛋白质的合成。试验表明，栽后 40 天内，茎鞘、叶片、发根节和根系氮积累量均先缓慢增长，而后快速增长，呈指数模型变化。全株氮积累量变化趋势和各器官一致，其指数模型的决定系数在 0.9866 以上，拟合度很高。苗期氮积累量存在品种差异，冈优 22 全株和各器官氮积累量最高。全株氮积累量呈现拔节至孕穗增长速率较快，抽穗后增长缓慢的态势，可以用 Logistic 曲线来拟合，决定系数在 0.988 以上，可靠程度很高。同时，秧苗栽后氮素积累也存在品种差异，孕穗前冈优 22 优势明显，孕穗后 II 优 162 积累速率最快，K 优 047 整个生育期氮积累量均较低（表 2-23）。根系生长与氮素积累存在密切关系，茎鞘、叶片和发根节氮含量与根重呈极显著相关；并且，茎鞘、叶片、发根节和全株氮积累量与根重的相关系数 r 值（df=62）达到了 0.95 以上，说明植株及各器官氮含量和氮积累量对根系的发生与生长十分重要。从各生育时期全株氮积累量与根重的相关关系可看出，生育期越靠前，相关系数的值越大，植株氮积累量对根系生长影响越大，这与根系的主要生长时期相吻合，根系旺盛生长时期在抽穗开花前。

表 2-23　氮素积累的 Logistic 模型参数估值[$y=a/(1+be^{-cx})$]（引自任万军等，2007b）

处理	a	b	c	R^2
常耕手插	607.18	9.25	1.7435	0.9918
常耕抛秧	569.96	22.27	2.3373	0.9996
免耕高留茬抛秧	595.62	21.92	1.8601	0.9960
冈优 22	606.74	11.99	1.8268	0.9880
II 优 162	611.31	20.91	2.0771	0.9906
K 优 047	550.18	15.04	1.9050	0.9986

四、根系生长对杂交稻产量的影响

（一）根系生长与籽粒灌浆及产量的关系

地上部生长促进了根系生长，良好的根系反过来又推动地上部进一步生长。不定根数与分蘖数和穗数呈显著正相关（石庆华等，1995），不同种植方式试验表明，3 种种植方式中常耕手插和抛秧的有效穗数均较高，而免耕高留茬抛秧有效穗数较低，这与整个生育期根系生长和分蘖消长一致。用 Richards 模型参数衡量籽粒充实过程的结果表明，3 种种植方式强势粒物质积累过程差异较小，弱势粒后期籽粒重以免耕高留茬抛秧最高，常耕抛秧最低，免耕高留茬抛秧处理后期的秸秆分解可补充作物生长所需要的养分，从而延缓根叶衰老，提高弱势粒的灌浆强度，从而增加弱势粒粒重（表 2-24）。强势粒的终极生长量 A 与各生育时期的根重均呈不显著的正相关，与抽穗期根重的相关系数（$r=0.5602$）最大，而弱势粒的终极生长量与成熟期的根重却呈不显著的负相关，可能与根系存在一定的冗余有关（蔡昆争等，2003）。拔节期、孕穗期、抽穗期和成熟期根重与着粒数和实粒数呈不显著的正相关关系，而抽穗期和成熟期的根重与产量呈不显著的负相关关系，说明根系对产量的影响依据选用材料和作物生长条件的不同而异。

表 2-24　水稻籽粒灌浆的 Richards 方程参数估值及特征参数（引自任万军等，2008）

处理	粒位	终极生长量 A	初值参数 B	生长速率参数 K	形状参数 N	决定系数 R^2	实灌时间（天）	平均速率 $\overline{G}$ [mg/（粒·天）]
CTT 冈优 22	强（S）	25.246	0.2612	0.2642	16.401	0.9964	22.921	1.101
	弱（I）	20.483	4.628×10^{66}	5.7617	0.030	0.9917	26.801	0.764
II 优 162	强（S）	28.255	0.2741	0.2434	14.710	0.9935	24.626	1.147
	弱（I）	19.465	3.483×10^{9}	0.8780	0.251	0.9972	28.665	0.679
K 优 047	强（S）	24.976	0.1384	0.2619	27.549	0.9965	22.674	1.102
	弱（I）	21.150	5.18×10^{297}	27.1871	0.006	0.9974	25.160	0.841
CTB 冈优 22	强（S）	26.143	5.0675	0.3809	1.810	0.9943	17.889	1.461
	弱（I）	19.174	3.99×10^{168}	14.9251	0.011	0.9988	25.982	0.738
II 优 162	强（S）	28.162	0.6711	0.2176	6.145	0.9878	27.647	1.019
	弱（I）	18.595	2.231×10^{25}	2.0330	0.058	0.9901	29.532	0.630
K 优 047	强（S）	25.510	1.1408	0.3010	4.586	0.9931	20.779	1.228
	弱（I）	19.401	1914.9	0.3407	0.624	0.9932	34.270	0.566
BSNT 冈优 22	强（S）	26.472	0.4085	0.3018	11.420	0.9982	20.344	1.301
	弱（I）	21.528	5.708×10^{48}	3.7363	0.031	0.9958	30.308	0.710
II 优 162	强（S）	27.957	10.5785	0.3008	1.186	0.9876	23.686	1.180
	弱（I）	22.727	5.987×10^{5}	0.5351	0.352	0.9989	31.476	0.722
K 优 047	强（S）	24.759	0.382	0.3210	11.840	0.9967	19.032	1.301
	弱（I）	20.649	5.071×10^{4}	0.4459	0.398	0.9971	32.520	0.635

注：CTT：常耕手插；CTB：常耕抛秧；BSNT：免耕高留茬抛秧

（二）弱光环境下根系与产量的关系

中后期根系特征主要通过结实性状和籽粒充实过程来影响产量。弱光处理试验表明（表 2-25），孕穗期根系活力与结实率呈显著正相关，与颖花数和产量呈不显著的正相关；根干重、根体积、根系总吸收面积和根系活跃吸收面积均与千粒重呈显著或极显著正相关。反映根系总量和活性的指标总干重、根系总吸收面积和根系活跃吸收面积与产量呈显著正相关。表明后期应采用合理的栽培措施以保证较高的根系活力，延缓根系衰老，保持根系总量，促进物质积累，是杂交稻在弱光环境中高产的基础。

表 2-25 水稻根系特征与产量及构成因素的相关系数（引自王丽等，2012）

项目	分蘖期					孕穗期				
	穗数	颖花数	结实率	千粒重	产量	穗数	颖花数	结实率	千粒重	产量
总干重	0.2286	−0.8461**	0.1907	0.4982	−0.5858	0.2621	0.4920	−0.1994	0.5525	0.7338*
根干重	0.2404	−0.7886**	0.2907	0.4829	−0.5171	0.1988	−0.0802	−0.3520	0.6043*	0.2128
根冠比	0.1961	−0.7270*	0.3529	0.4950	−0.4816	−0.0842	−0.4457	−0.1758	0.2182	−0.3653
根系体积	0.1421	−0.3056	0.7181*	0.5904	−0.0012	0.2724	0.2010	−0.2207	0.7305*	0.5865
根系总吸收面积	0.3801	−0.6448*	0.2087	0.6902*	−0.1104	−0.0147	0.2857	0.0475	0.8511**	0.6160*
根系活跃吸收面积	0.4248	−0.6414*	0.0588	0.6345*	−0.0648	−0.1919	0.5262	0.2916	0.8309**	0.6770*
根系活力	0.2824	−0.0204	0.4415	−0.2290	0.1337	−0.2446	0.4513	0.7240*	0.2199	0.3940

注：*、**分别表示相关性达到 0.05 和 0.01 水平

（三）不同移栽方式下根系与产量的关系

以宜香优 2115 和 F 优 498 为材料，设置机械精量穴直播、机插、精确定量手插等移栽方式，研究了根系性状与产量的关系。结果表明，直播早期根系有更大的生长空间，并且生长迅速；机插苗期根系由于生长受限，处于弱势；移栽后，机插和手插根系的生长呈现出暴发效应，生长速度远快于直播，根系活力也大幅提高，这为水稻返青存活及中后期根系的生长奠定了基础；直播则由于有稳定、发达的根系，地上部生长较快。分蘖盛期前总根长、根系体积、根尖数、根干重均为直播>手插>机插；机插处理分蘖盛期后根系进入快速生长阶段，具有后发优势；手插处理根系入土深，群体茎蘖数少，抽穗期群体根系总量低于直播和机插。单茎根系的发育在两个品种间表现并不一致，差异主要体现在直播和手插上，抽穗期单茎总根长、根体积宜香优 2115 为机插>直播>手插，F 优 498 为机插>手插>直播；根尖数宜香优 2115 是直播>机插>手插，F 优 498 是直播>手插>机插。抽穗期根尖数直播高于机插和手插，其根系多而细，根冠比大；手插的根系少而粗，根冠比小；机插的根系具有后发优势，抽穗期根系多而粗，根冠比大于手插。

关于根系形态特征与产量之间的关系，由表 2-26 可以看出，水稻生育前期的根系性状与产量无显著相关性，抽穗期的群体根体积、群体根尖数与产量显著负相关，群体根干重、群体总根长和根冠比与产量呈极显著负相关；成熟期群体根干重和产量呈显著负相关，根冠比与产量呈极显著负相关；抽穗期、成熟期的根系伤流强度与产量无显著相关性，但抽穗后根系伤流强度衰减率与产量呈极显著负相关，由此可见减缓抽穗后根系的衰老对于提高产量有重要意义；抽穗期根系在竖直方向和横向土层中的干重分布比例与产量无显著相关性。生育前期，各种植方式的根系发育速度不一致，与后期产量相关性不显著，抽穗期水稻根系基本建成，群体的根系性状影响灌浆及成穗，由群体根系性状与产量呈负相关可以得

出，冗余根系的生长不利于水稻的高产，减少无效根的生长对于提高水稻产量将起到很大作用。

表 2-26 根系性状与产量的相关系数

根系性状		分蘖盛期	拔节期	抽穗期	成熟期
单茎总根长		0.239	0.066	−0.431	−0.228
单茎根体积		0.221	0.090	−0.295	−0.098
单茎根尖数		−0.093	0.031	−0.422	−0.294
群体总根长		−0.067	−0.358	−0.633**	−0.425
群体根体积		−0.013	−0.369	−0.501*	−0.352
群体根尖数		−0.323	−0.317	−0.583*	−0.450
单茎根干重		0.146	0.153	−0.450	−0.409
群体根干重		−0.188	−0.303	−0.595**	−0.534*
根冠比		−0.258	−0.283	−0.671**	−0.646**
抽穗后根系伤流强度衰减率		—	—	−0.676**	—
单茎根系伤流强度		—	—	−0.369	0.303
群体根系伤流强度		—	—	−0.210	0.225
各土层根干重分布	0～10 cm	—	—	−0.078	—
	10～20 cm	—	—	0.151	—
	>20 cm	—	—	−0.059	—
	0 cm<d<12 cm	—	—	−0.362	—
	12 cm≤d<18 cm	—	—	0.362	—

注：*、**分别表示显著水平达到 0.05 和 0.01

第三节 分蘖发生与成穗

分蘖是水稻在生长发育过程中形成的一种分枝，是水稻的生物学特性之一。水稻分蘖特性是遗传因素与环境条件互作的结果，水稻分蘖不仅具有数量调控作用，还有空间及时间调控作用。分蘖是影响水稻穗数进而决定单产的重要农艺性状，分蘖数太低会降低产量，而过多的分蘖使无效分蘖和小穗增加，结实率降低，导致产量降低，因此将分蘖成穗率作为评价水稻群体质量的重要指标。提高分蘖成穗率和单位面积形成适宜穗数是水稻群体高产的手段（凌启鸿，1993）。

一、分蘖发生特性

水稻主茎出叶和分蘖存在同伸规则，遵从主茎叶位 N 和 N−3 的叶蘖同伸规律。分蘖的构造与主茎基本一致，通常 3 片叶以下的分蘖主要依靠主茎供给营养物质，处于异养状态，3 片叶以上的分蘖才具有独立根系，能独立成活。除了具有叶蘖同伸规律外，水稻分蘖的发生受到种植方式、氮素、激素、水温、栽插深度等多种因素的影响。

（一）种植方式对水稻分蘖发生的影响

由表 2-27 可知，不同种植方式下水稻分蘖发生叶位数及各叶位分蘖发生率差异明显。机直播没有移栽环节，分蘖发生叶位低，早播处理一次分蘖发生在第 1～8 叶位，其中 1/0～6/0 发生率较高，均在 90% 以上；迟播处理则发生在第 1～7 叶位，1/0～5/0 发生率达 95% 以上；二次分蘖在第 1～4 叶位均有发生，集中于第 1 和第 2 叶位。机插用钵形毯状秧盘育秧，育秧环节密度较大，同时受机械植伤的影响，主茎第 1 叶位分蘖缺失，分蘖发生起始于第 2 叶位，但发生率很低；早播处理 4/0～8/0 发生率较高，均高于 90%；迟播处理发生率以 3/0～7/0 较高，不低于 88%；早播处理二次分蘖主要发生在第 4 和第 5 叶位，迟播处理为第 3～5 叶位，发生率在 50% 以上。手插第 1 和第 2 叶位一次分蘖在秧田发生，发生率在 80% 以上，第 3 叶位受移栽植伤的影响，分蘖发生较少；一次分蘖在第 4～9 叶位均有发生，但以第 4～8 叶位为主，第 8 和第 9 叶位一次分蘖发生率随播期延迟而降低；二次分蘖发生主要是在第 1、第 2、第 4 和第 5 叶位。综合来看，3 种种植方式中一、二次分蘖发生叶位数以手插最多，机插次之，机直播最低，且一、二次分蘖发生叶位数随播期延迟而减少。

表 2-27　不同种植方式下分蘖发生叶位及发生率（%）（引自雷小龙等，2014）

叶位		机直播			机插			手插		
		早播	迟播	平均	早播	迟播	平均	早播	迟播	平均
一次分蘖	1/0	100.0	100.0	100.0	—	—	—	96.7	98.3	97.5
	2/0	100.0	100.0	100.0	5.0	26.7	15.8	80.0	85.0	82.5
	3/0	100.0	100.0	100.0	58.3	88.3	73.3	31.7	40.0	35.8
	4/0	98.3	98.3	98.3	93.3	98.3	95.8	95.0	86.7	90.8
	5/0	98.3	100.0	99.2	98.3	98.3	98.3	100.0	98.3	99.2
	6/0	91.7	86.7	89.2	100.0	100.0	100.0	98.3	100.0	99.2
	7/0	43.3	10.0	26.7	100.0	95.0	97.5	100.0	88.3	94.2
	8/0	30.0	—	15.0	92.5	25.0	58.8	91.7	48.3	70.0
	9/0	—	—	—	22.5	—	11.3	25.0	—	12.5
二次分蘖	1	65.8	55.0	60.4	—	—	—	57.9	62.9	60.4
	2	59.4	65.0	62.2	1.7	18.3	10.0	46.3	42.9	44.6
	3	18.4	8.3	13.4	37.5	54.2	36.9	14.2	22.5	10.8
	4	15.0	5.0	10.0	61.9	52.9	57.4	47.5	35.0	41.3
	5	5.0	—	2.5	70.0	55.9	62.9	57.5	24.2	40.8
	6	—	—	—	22.5	10.0	16.3	21.7	10.0	15.8

不同种植方式下分蘖发生数随叶位的变化趋势不一致（图2-7），机直播和机插均为一次高峰型，手插为二次高峰型。机直播全生育期在本田，分蘖发生数随叶位增加呈线性下降的趋势；机插秧田期分蘖极少，主要发生在本田，分蘖发生数随叶位增加呈开口向下抛物线趋势，于第4叶达最高峰；手插在秧田与本田均有分蘖发生，在第1和第4（或第5）叶位出现两个高峰。同一种植方式下，不同播期间变化趋势一致，播期延迟会明显减少分蘖发生叶位和分蘖发生数。

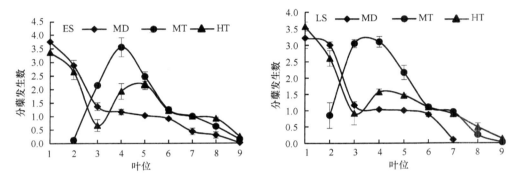

图2-7 不同种植方式下各叶位分蘖发生数（引自雷小龙等，2014）
MD：机直播；MT：机插；HT：手插；ES：早播处理，3月21日；LS：迟播处理，4月10日

（二）播栽期对机插稻分蘖发生的影响

由表2-28可知，不同播栽期下水稻分蘖发生叶位数及各叶位分蘖发生率差异明显。不同播栽期处理下，F优498的3月21日～4月20日播期处理一次分蘖发生率以3/0～7/0较高，平均分蘖发生率达93.5%，4月30日播期处理一次分蘖发生率以3/0～6/0较高，平均分蘖发生率为97.8%；第2和第8叶位一次分蘖发生率表现为3月21日和3月31日播期处理高于后面播栽期处理，第9叶位很少发生一次分蘖；二次分蘖发生率低，主要以第3和第4叶位为主。宜香优2115的3月21日播期处理一次分蘖发生率以3/0～7/0较高，平均分蘖发生率达96.7%，3月31日～4月30日播期处理一次分蘖发生率以3/0～6/0较高，平均分蘖发生率达97.7%；第7叶位一次分蘖发生率表现为3月21日～4月20日播期处理高于4月30日播期处理，第8和第9叶位则很少发生分蘖；二次分蘖发生叶位主要在第2～5叶位，3月21日和3月31日播期处理以第2～5叶位为主，4月10日和4月20日播期处理以第3～5叶位为主，4月30日播期处理则以第3和第4叶位为主。结果表明，随着播栽期推迟，一次分蘖发生优势叶位减少且趋于集中。

表2-28　不同播栽期机插超级杂交籼稻分蘖发生蘖位及发生率（引自钟晓媛等，2016）

叶位		F 优 498					平均	宜香优 2115					平均
		3月21日	3月31日	4月10日	4月20日	4月30日		3月21日	3月31日	4月10日	4月20日	4月30日	
一次分蘖	2/0	31.0	25.6	16.4	6.4	19.7	19.8b	60.3	44.5	26.4	10.4	34.6	35.2a
	3/0	91.5	83.6	74.5	91.1	95.7	87.3b	97.5	93.6	87.0	98.1	98.1	94.8a
	4/0	99.2	98.2	100.0	98.9	100.0	99.3a	100.0	100.0	100.0	99.2	99.2	99.7a
	5/0	99.2	100.0	100.0	100.0	100.0	99.8a	100.0	100.0	100.0	100.0	100.0	100.0a
	6/0	99.1	100.0	99.2	100.0	95.6	98.8a	99.2	97.8	99.2	98.3	88.1	96.5a
	7/0	97.4	98.1	84.7	72.6	58.9	82.4b	86.9	63.9	56.3	64.7	38.3	62.0b
	8/0	52.8	22.6	11.1	15.5	1.7	20.7a	19.7	—	2.0	3.9	—	5.1b
	9/0	6.1	—	—	0.9		1.4a	2.5					0.5b
二次分蘖	2	12.6	10.6	7.0	0.8	6.8	7.6b	30.9	19.6	12.5	4.7	14.6	16.5a
	3	47.0	37.0	33.6	38.5	32.0	37.6b	56.7	48.8	49.3	52.1	51.2	51.6a
	4	44.6	31.8	28.9	39.7	36.9	36.4a	40.6	35.0	38.2	45.8	37.1	39.3a
	5	24.2	12.5	16.8	18.7	11.0	16.6a	25.8	22.5	19.9	24.9	6.4	19.9a
	6	8.1	0.5	0.4	2.5	—	2.3a	1.3	—	—	1.7	—	0.6b

二、分蘖成穗特性

（一）种植方式对水稻分蘖成穗的影响

由表 2-29 可知，一次分蘖成穗率表现为手插>机插>机直播，二次分蘖成穗率呈机插>手插>机直播的趋势。机直播和手插早播处理一次分蘖成穗叶位数较分蘖发生叶位数均减少 2.0 个，而手插和机插迟播处理减少 1.0 个；3 种种植方式下二次分蘖成穗叶位数较分蘖发生叶位数均有所减少。机直播早播处理一次分蘖成穗率为 29.2%~100.0%，平均为 79.9%，以 1/0~5/0 为主，成穗率 75% 以上，迟播处理一次分蘖成穗主要依靠 1/0~4/0；机直播二次分蘖成穗率较低，平均仅为 18.5%，主要集中于第 1 和第 2 叶位，高叶位二次分蘖均未成穗。机插早播处理一次分蘖成穗率以 2/0~6/0 较高，成穗率达 95.0% 以上，迟播处理一次分蘖成穗集中于第 3~6 叶位；机插二次分蘖成穗主要为第 2~5 叶位。手插早播处理一次分蘖成穗以 1/0、2/0、4/0 和 5/0 为主，成穗率均在 85% 以上；二次分蘖成穗主要是第 1、第 2 叶位，其余高叶位二次分蘖成穗率均较低；一次分蘖迟播与早播处理规律一致，二次分蘖迟播较早播处理减小 23.7%。

表 2-29　不同种植方式下分蘖成穗叶位及成穗率（%）（引自雷小龙等，2014）

叶位		机直播			机插			手插		
		早播	迟播	平均	早播	迟播	平均	早播	迟播	平均
一次分蘖	1/0	100.0	95.0	97.5	—	—	—	100.0	98.3	99.2
	2/0	98.3	93.2	95.8	100.0	65.9	83.0	100.0	94.7	97.4
	3/0	96.6	74.4	85.5	100.0	100.0	100.0	60.0	76.9	68.4
	4/0	79.6	77.5	78.5	97.5	100.0	98.8	94.4	98.0	96.2
	5/0	75.4	5.3	40.4	100.0	98.3	99.2	85.0	93.3	89.2
	6/0	29.2	—	14.6	95.0	86.7	90.8	68.4	68.3	68.4
	7/0	—	—	—	62.5	24.9	43.7	50.0	13.1	31.6
	8/0	—	—	—	18.9	—	9.5	—	—	—
	9/0	—	—	—	11.1	—	5.6	—	—	—
	平均	79.9	69.1	74.5	73.1	79.3	76.2	79.7	77.5	78.6
二次分蘖	1	21.6	16.9	19.3	—	—	—	64.0	27.8	45.9
	2	22.5	12.8	17.6	100.0	70.8	85.4	30.6	28.8	29.7
	3	—	—	—	37.0	32.2	34.6	—	14.3	7.1
	4	—	—	—	44.9	23.3	34.1	—	—	—
	5	—	—	—	29.8	10.0	19.9	—	—	—
	6	—	—	—	11.1	—	5.6	—	—	—
	平均	22.0	14.9	18.5	44.6	34.1	39.3	47.3	23.6	35.5

　　由图 2-8 可见，不同种植方式下分蘖成穗数和分蘖发生数与叶位的关系趋势一致。机直播第 1～4 叶位分蘖成穗数高，机插为第 3～6 叶位，手插为第 1、第 2、第 4 和第 5 叶位，各叶位分蘖成穗数均高于 0.6。3 种种植方式下高叶位分蘖成穗数随播期延迟而减少，但主要叶位的分蘖成穗数差异较小。

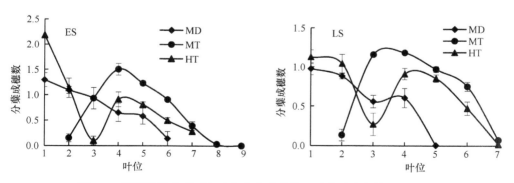

图 2-8　不同种植方式下各叶位分蘖成穗数（引自雷小龙等，2014）

MD：机直播；MT：机插；HT：手插；ES：早播处理，3 月 21 日；LS：迟播处理，4 月 10 日

（二）播栽期对机插分蘖成穗的影响

由表 2-30 可知，播栽期推迟，分蘖成穗叶位趋向集中。除 3 月 21 日播期处理外，其他 4 个播期处理二次分蘖成穗叶位数较分蘖发生叶位数均减少。F 优 498 在 3 月 21 日播期处理一次分蘖成穗率以 2/0～6/0 较高，3 月 31 日播期处理以 2/0～5/0 较高，4 月 10 日～4 月 30 日播期处理以 3/0～5/0 较高，这 5 个播期处理的分蘖成穗率均在 85%以上；二次分蘖成穗率较低，二次分蘖成穗 3 月 21 日播期处理主要为第 2～4 叶位，3 月 31 日和 4 月 10 日播期处理主要为第 3 叶位，4 月 20 日播期处理主要为第 3 和第 4 叶位，而 4 月 30 日播期处理的第 2～4 叶位二次分蘖成穗率均低于 10.0%。宜香优 2115 的 3 月 21 日播期处理一次分成穗率以 2/0～6/0 较高，3 月 31 日、4 月 10 日和 4 月 30 日播期处理以 2/0～5/0 较高，4 月 20 日播期处理以 3/0～5/0 为主，6/0 一次分蘖成穗率表现为 3 月 21 日>4 月 20 日>4 月 10 日>3 月 31 日>4 月 30 日；二次分蘖成穗 3 月 21 日播期处理以第 2～5 叶位为主，3 月 31 日和 4 月 20 日播期以第 2～4 叶位为主，4 月 10 日和 4 月 30 日播期以第 2 与第 3 叶位为主。结果表明随着播栽期推迟，一次分蘖成穗叶位数较分蘖发生叶位数少 1.0 个，分蘖成穗优势叶位减少且趋于集中，早播栽处理分蘖成穗叶位主要集中在 2/0～6/0，中间播栽处理分蘖成穗叶位集中在 2/0～5/0，而迟播栽处理分蘖成穗叶位则主要集中在 3/0～5/0；二次分蘖成穗叶位数随着播栽期推迟而减少。

表 2-30　不同播栽期机插超级杂交籼稻分蘖成穗蘖位及成穗率（%）（引自钟晓媛等，2016）

叶位		F 优 498					平均	宜香优 2115					平均
		3 月 21 日	3 月 31 日	4 月 10 日	4 月 20 日	4 月 30 日		3 月 21 日	3 月 31 日	4 月 10 日	4 月 20 日	4 月 30 日	
一次分蘖	2/0	95.2	80.0	63.9	56.0	64.8	70.8a	93.1	76.9	97.6	58.3	80.8	81.3a
	3/0	97.8	94.7	96.0	96.9	95.3	96.1b	99.1	99.1	100.0	98.9	99.1	99.2a
	4/0	99.1	98.1	97.8	100.0	100.0	99.0a	98.3	100.0	99.1	98.9	100.0	99.3a
	5/0	98.9	97.2	98.9	97.5	90.3	96.5a	99.2	100.0	99.1	100.0	85.2	96.7a
	6/0	90.6	61.9	69.0	74.9	34.7	66.2a	78.3	47.1	48.3	61.0	31.4	53.2b
	7/0	39.0	8.7	5.6	9.5	2.3	13.0a	15.0	4.0	8.9	1.1	3.2	6.4b
	8/0	11.8	2.1	—	3.3	—	3.4a	7.1	—	—	—	—	1.4a
	9/0	—	—	—	—	—	0.0a	16.7	—	—	—	—	3.3a
二次分蘖	2	26.0	8.2	5.7	0.0	6.4	9.27b	40.3	21.5	27.1	13.4	19.2	24.3a
	3	23.5	13.0	17.0	16.2	8.7	15.7b	32.5	29.1	26.0	33.0	29.9	30.1a
	4	23.1	4.7	4.0	14.4	9.9	11.2a	12.4	11.8	—	15.9	9.1	11.5a
	5	4.8	—	1.7	—	—	1.3a	11.1	1.3	—	—	—	2.5a
	6	6.9	—	—	—	—	0.0a	—	—	—	—	—	1.4a

第四节 叶位分蘖对生产力的贡献与优势叶位利用

一、叶位分蘖对生产力的贡献

（一）不同种植方式各分蘖叶位的生产力

从不同穗源对产量的贡献来看（表2-31），主茎贡献以机直播最大，比机插和手插分别高26.91%和31.55%。主茎对产量的贡献率随播期延迟显著增加，不同种植方式下迟播较早播处理分别高46.65%、11.05%和16.43%。种植方式间一次分蘖群对产量的贡献差异不显著，但叶位间差异明显。种植方式对二次分蘖群对产量的贡献影响显著，表现为机插>手插>机直播，机直播较机插和手插分别低55.99%和46.88%。机直播第1～4叶位一次分蘖群对产量的贡献为63.60%，加上二次分蘖共占70.50%；机插第3～6叶位分蘖对产量的贡献为73.84%，这些叶位

表2-31 不同种植方式下各叶位茎蘗对产量的贡献率（%）（引自雷小龙等，2014）

叶位		机直播		机插		手插		平均			F值		
		早播	迟播	早播	迟播	早播	迟播	机直播	机插	手插	种植方式	播期	种植方式×播期
主茎		18.97b	27.82a	17.47a	19.40a	16.43b	19.13a	23.39a	18.43b	17.78b	28.14**	45.23**	10.70*
一次分蘖	1/0	19.30	22.15	—	—	14.13	16.25	20.72	—	15.19	—	—	—
	2/0	18.01	21.55	0.79	2.66	13.47	14.94	19.78	1.73	14.20	—	—	—
	3/0	13.12	10.98	11.09	18.30		4.99	12.05	14.70	2.49	—	—	—
	4/0	9.33	12.77	13.85	18.10	11.94	13.01	11.05	15.97	12.47	—	—	—
	5/0	9.80	0.37	14.75	15.94	12.86	11.81	5.08	15.35	12.33	—	—	—
	6/0	2.03	—	12.93	11.77	8.47	10.76	1.02	12.35	9.62	—	—	—
	7/0	—	—	8.04	2.68	4.16	1.67	—	5.36	2.92	—	—	—
	8/0	—	—	0.86	—	—	—	—	0.86	—	—	—	—
合计		71.60	67.81	69.45	65.03	65.03	73.43	69.70	65.89	69.23	1.21	3.22	3.15
二次分蘖	1	5.09	3.04	—	—	9.53	4.89	4.07	—	7.20			
	2	4.34	1.33	—	0.43	6.75	2.42	2.83	0.43	4.58			
	3	—	—	5.72	6.09	—	—	—	5.91	—			
	4	—	—	10.64	4.11	2.27	0.13	—	7.38	1.20			
	5	—	—	3.84	0.53	—	—	—	2.18	—			
合计		9.43a	4.37b	20.21a	11.15b	18.54a	7.44b	6.90b	15.68a	12.99ab	5.23*	13.72**	0.57

注：*、**分别表示方差分析在0.05和0.01水平显著

的一次分蘖对产量的贡献达 58.37%；手插第 1、第 2、第 4～6 叶位分蘖对产量的贡献为 76.79%，以一次分蘖群贡献为主，比例达 63.81%。机直播和手插二次分蘖对产量产生贡献的主要是第 1 和第 2 叶位，机插为第 3～5 叶位。不同播期间各叶位对产量的贡献差异明显，高贡献率叶位随播期延迟更集中；早播处理二次分蘖群对产量的贡献较迟播处理分别高 115.79%、81.26%和 149.19%。

由表 2-32 可见，不同种植方式下各茎蘖穗部性状差异明显，手插的穗长显著短于机直播，这可能是因为不同种植方式生育进程不同，手插抽穗期相对较早，温度较低，所以穗部发育速度较慢，枝梗间距较小，穗长较短。一次枝梗数和一次枝梗粒数均以机插最多，机直播次之，手插最低；而主茎和分蘖的二次枝梗数分别表现为手插>机直播>机插和机插>手插>机直播，二次枝梗粒数均呈手插>机插>机直播的趋势；二次枝梗率以手插最高，说明手插单个一次枝梗上的二次枝梗数多。从粒重和结实率来看，粒重差异不显著，结实率表现为机直播显著低于机插和手插。每穗粒数和单穗重则表现为机插>手插>机直播。3 种种植方式的稻穗均以主茎的最大，单穗重最高；从一次分蘖来看，机直播第 1～4 叶位、机插第 3～6 叶位与手插第 1、第 2、第 4 和第 5 叶位的枝梗数及每穗粒数多，粒重大，单穗重高；与主茎和一次分蘖相比，二次分蘖稻穗短，枝梗数和每穗粒数少，粒重较小，单穗重低；一、二次分蘖的大穗均集中在低叶位。随播期延迟，大穗叶位数有所减少，穗长和一次枝梗数显著增加，着粒密度明显下降。综合来看，3 种种植方式的大穗主要来源于主茎和中低叶位一次分蘖，高叶位一次分蘖及二次分蘖稻穗均较小。

（二）不同播栽期各分蘖叶位的生产力

表 2-33 表明，主茎对产量的贡献受播栽期的影响达到极显著水平，二次分蘖对产量的贡献受播栽期和品种的影响达显著水平。不同穗源对产量的贡献，F 优498 主茎表现为 3 月 21 日<4 月 20 日<3 月 31 日<4 月 10 日<4 月 30 日，宜香优2115 主茎表现为 3 月 21 日<3 月 31 日<4 月 20 日<4 月 10 日<4 月 30 日，整体看来主茎表现为（3 月 21 日～4 月 20 日）<4 月 30 日播期处理。3 月 21 日～4 月 20日播期处理一、二次分蘖总和对产量贡献较大，而 4 月 30 日播期对产量贡献较小，二次分蘖对产量的贡献以第 3 和第 4 叶位为主。随着播栽期推迟，高贡献率叶位更集中，3 月 21 日播期处理对产量的贡献以 3/0～6/0 为主，其他播栽期处理以 3/0～5/0 为主，4/0 对产量的贡献最大，而 6/0 表现为 3 月 21 日～4 月 20 日播期处理对产量的贡献较大，4 月 30 日播期处理对产量的贡献小。3 月 21 日播期处理第 3～6 叶位分蘖对产量的贡献为 68.60%，这些叶位一次分蘖对产量的贡献为 61.01%，3 月 31 日～4 月 30 日播期处理第 3～5 叶位分蘖对产量的贡献分别为 61.47%、61.62%、62.73%和 65.89%。

表 2-32 不同种植方式各叶位茎蘖的穗部性状（引自雷小龙等，2014）

处理			穗长(cm)	一次枝梗数	二次枝梗数	二次枝梗率(%)	一次枝梗粒数	二次枝梗粒数	每穗粒数	着粒密度(粒/cm)	粒重(mg)	结实率(%)	单穗重(g)
主茎	机直播	早播	23.17	12.1	29.7	2.46	71.8	98.3	170.1	7.35	31.28	96.20	5.12
		迟播	28.50	12.0	36.8	3.06	66.6	137.3	204.0	7.01	28.55	83.38	4.82
		平均	25.84a	12.03b	33.2	2.76ab	69.2	117.8	185.4	7.18b	29.92	89.79 b	4.97
	机插	早播	22.90	12.5	34.4	2.76	70.5	124.5	195.0	8.52	29.39	94.71	5.42
		迟播	23.83	13.1	30.5	2.32	86.5	101.3	187.7	7.88	30.96	97.00	5.64
		平均	23.87b	12.76a	32.4	2.54b	78.5	112.9	191.4	8.20a	30.17	95.86a	5.53
	手插	早播	20.46	10.6	38.5	3.61	59.2	143.0	202.2	9.94	27.70	90.93	5.09
		迟播	25.53	11.7	29.7	2.54	64.6	108.2	172.8	6.77	30.67	94.69	5.02
		平均	22.99b	11.18c	34.1	3.07a	61.9	125.8	187.5	8.35a	29.18	92.81ab	5.05
	F值	种植方式	11.00**	19.93**	0.39	7.75*	1.48	0.93	0.10	5.16*	0.89	5.62*	1.26
		播栽期	49.27**	7.24**	1.96	7.52*	0.47	0.69	0.03	18.38**	0.92	2.33	0.08
		种植方式×播栽期	7.00*	2.76	8.87	19.67**	0.59	8.96**	2.55	7.70*	7.46**	12.86**	0.23
一次分蘖	机直播	早播 1/0	24.87	11.8	28.2	2.39	72.2	93.6	165.8	6.67	31.37	94.85	4.93
		2/0	24.96	11.8	29.7	2.52	65.6	99.2	164.8	6.60	31.31	93.80	4.84
		3/0	22.75	10.4	18.7	1.79	57.4	61.1	118.5	5.21	31.31	95.71	3.55
		4/0	23.32	10.2	17.5	1.72	60.1	59.1	119.2	5.11	30.80	93.73	3.44
		5/0	22.69	9.7	15.5	1.60	67.5	49.7	117.3	5.17	30.99	95.82	3.48
		6/0	20.53	9.6	14.6	1.55	59.3	47.0	106.3	5.17	30.69	95.47	3.14
		迟播 1/0	27.93	11.1	32.3	2.90	55.0	118.5	173.5	6.20	28.15	81.27	3.97
		2/0	27.16	10.8	31.4	2.90	52.3	116.8	169.1	6.23	28.37	80.05	3.84
		3/0	25.27	9.8	23.3	2.38	48.8	82.2	131.0	5.18	28.03	79.52	2.90
		4/0	24.93	9.5	23.1	2.44	59.7	81.5	141.2	5.67	28.40	77.35	3.10
		5/0	21.17	9.0	13.0	1.44	47.0	50.0	97.0	4.58	24.58	91.75	2.19
		平均	24.67a	10.41b	23.9	2.27	58.22b	83.5	141.8b	5.71b	29.21	87.46b	3.66b

续表

处理			穗长(cm)	一次枝梗数	二次枝梗数	二次枝梗率(%)	一次枝梗粒数	二次枝梗粒数	每穗粒数	着粒密度(粒/cm)	粒重(mg)	结实率(%)	单穗重(g)
机插	早播	2/0	24.90	11.7	29.0	2.64	66.0	100.0	166.0	6.51	27.04	96.39	4.33
		3/0	25.81	12.2	31.7	2.60	68.8	105.1	173.9	6.73	29.16	97.45	4.93
		4/0	26.36	12.0	31.2	2.61	70.9	109.8	180.7	6.86	28.98	91.64	4.80
		5/0	25.91	11.7	31.3	2.64	71.9	108.0	179.9	6.94	28.68	94.04	4.85
		6/0	24.72	10.6	25.4	2.27	81.1	88.0	169.1	6.85	28.47	92.87	4.02
		7/0	23.76	10.5	20.5	1.97	61.4	67.2	128.6	5.41	28.05	93.41	3.36
		8/0	26.60	12.0	28.0	2.33	74.0	84.0	158.0	8.98	29.08	98.74	4.71
	迟播	2/0	25.63	12.8	25.7	2.00	96.2	70.9	167.1	6.48	31.38	96.87	5.09
		3/0	25.60	12.9	29.9	2.33	80.2	103.8	184.0	7.19	30.91	96.30	5.48
		4/0	25.16	12.5	27.7	2.22	77.3	90.2	167.5	6.65	30.98	95.90	4.98
		5/0	24.73	11.5	22.9	1.98	80.6	73.6	154.2	6.24	31.23	96.52	4.65
		6/0	23.23	11.3	16.6	1.47	73.2	54.0	127.2	5.48	31.02	95.14	3.75
		7/0	24.15	11.7	22.7	1.92	77.3	71.0	148.3	6.09	30.47	95.92	4.33
	平均		25.09a	11.83a	26.2	2.21	75.72a	86.2	163.9a	6.50a	29.84	95.11a	4.57a
手插(一次分蘖)	早播	1/0	24.50	10.5	28.2	2.67	61.4	109.5	170.9	6.97	28.34	89.90	4.35
		2/0	24.95	10.3	31.5	3.03	60.5	120.5	181.0	7.23	28.63	93.41	4.86
		4/0	24.43	10.5	28.8	2.79	59.8	103.5	163.3	6.69	29.08	90.15	4.28
		5/0	24.83	9.8	30.3	2.94	63.8	113.0	176.8	7.13	28.38	91.63	4.60
		7/0	22.23	9.0	19.5	2.36	46.5	72.3	118.8	5.34	27.86	94.04	3.10
	迟播	1/0	24.62	11.4	24.6	2.16	63.7	90.7	154.5	6.27	30.58	93.74	4.42
		2/0	24.11	11.2	22.3	1.99	68.8	79.3	148.2	6.15	30.73	93.33	4.25
		3/0	24.53	10.9	24.3	2.25	67.0	85.2	152.2	6.21	30.79	94.38	4.42
		4/0	23.68	10.7	22.7	2.12	56.4	76.6	133.0	5.62	30.49	92.69	3.76
		5/0	22.99	9.8	16.8	1.71	60.9	56.1	117.0	5.09	30.08	93.45	3.29
		6/0	22.96	10.3	19.7	1.93	55.4	67.3	122.7	5.35	30.16	93.73	3.47
		7/0	21.42	7.6	11.5	1.51	43.7	35.3	79.0	3.72	29.03	92.79	2.13
	平均		23.64b	10.02c	23.8	2.36	57.8b	86.5	144.4b	6.03ab	29.21	92.72a	3.90b

续表

处理				穗长(cm)	一次枝梗数	二次枝梗数	二次枝梗率(%)	一次枝梗粒数	二次枝梗粒数	每穗粒数	着粒密度(粒/cm)	粒重(mg)	结实率(%)	单穗重(g)
一次分蘖	F值	种植方式		8.04*	322.45**	3.37	1.11	5.01*	0.19	5.81*	5.78*	0.47	13.05**	14.79**
		播栽期		3.63	13.99**	4.13	6.01*	0.09	3.11	1.63	4.68	0.87	9.08*	2.26
		种植方式×播栽期		11.24**	30.00**	19.47**	26.76**	1.48	17.02**	5.39*	3.32	10.64**	19.15**	4.32
	机直播	早播	1	21.69	9.1	11.2	1.20	51.2	35.7	86.9	3.98	30.43	93.91	2.46
			2	22.76	7.3	8.4	1.52	49.1	50.7	99.8	4.35	30.75	95.18	3.41
		迟播	1	24.62	8.4	15.7	1.74	37.5	71.4	108.9	4.44	27.15	90.36	2.56
			2	24.27	9.0	14.3	1.59	53.8	54.5	108.3	4.44	26.66	93.13	2.71
		平均		22.93	8.51b	12.6	1.45	47.64b	48.7	96.3	4.18	28.96	91.11	2.53
	机插	早播	3	23.00	9.8	17.6	1.79	55.3	55.8	111.1	4.78	28.14	90.77	2.92
			4		9.3	19.8	2.09	56.3	62.5	118.8	4.90	27.93	92.05	3.07
			5	23.20	9.4	15.4	1.62	61.7	44.5	106.2	4.58	28.23	94.56	2.57
		迟播	2	20.00	14.0	29.0	2.07	78.0	89.0	167.0	8.35	30.26	97.01	4.90
			3	21.72	9.9	10.5	1.02	54.2	31.8	86.05	3.94	30.57	95.86	2.53
			4	20.49	8.6	10.5	0.92	64.7	28.8	93.53	4.64	29.22	94.31	2.37
			5	21.70	11.0	10.5	0.93	54.0	31.5	85.5	2.78	29.84	95.98	2.95
		平均		22.52	9.85a	15.4	2.46	60.59a	47.1	107.5	4.63	29.05	93.54	2.86
二次分蘖	手插	早播	1	21.22	7.1	12.6	1.70	43.4	41.2	84.6	4.35	27.32	91.91	2.12
			2	24.20	9.0	20.5	2.16	56.0	79.8	135.8	5.61	28.34	94.39	3.63
			4	21.10	9.0	16.9	1.89	52.5	52.0	104.5	4.98	26.43	89.12	2.46
		迟播	1	21.87	9.7	16.5	1.68	56.39	57.3	113.7	5.18	29.46	91.87	3.10
			2	21.18	8.3	11.3	1.29	47.38	33.8	81.2	3.72	28.27	89.07	2.08
			4	16.20	7.0	5.0	0.71	37.0	15.0	52.0	3.21	28.02	90.38	1.32
		平均		21.08	8.31b	14.2	1.64	49.31b	47.7	97.0	4.57	28.00	90.99	2.50
	F值	种植方式		2.78	7.58*	2.50	1.70	11.00**	0.08	2.55	2.55	0.81	0.37	0.85
		播栽期		0.18	0.68	3.36	13.41	0.22	1.43	4.53	2.27	0.00	0.21	0.77
		种植方式×播栽期		4.98	0.77	10.30*	14.84	0.57	15.33	12.29**	3.15	5.26*	0.84	0.18

注: *、**分别表示方差分析在0.05和0.01水平显著

表 2-33 不同播栽期各叶位茎蘖对产量的贡献率 (%) (引自钟晓媛等, 2016)

叶位	F优498						宜香优2115						F值		
	3月21日	3月31日	4月10日	4月20日	4月30日	平均	3月21日	3月31日	4月10日	4月20日	4月30日	平均	播栽期	品种	播栽期×品种
主茎	20.12d	25.30b	25.97ab	22.79c	27.34a	24.30a	18.54c	21.29b	22.68ab	21.67b	24.71a	21.78b	27.22*	25.96*	1.55
一次分蘖 2/0	3.83	4.80	4.82	10.68	3.31	5.49	8.62	6.70	4.83	1.75	4.45	5.27	—	—	—
3/0	15.94	15.90	15.01	18.99	20.61	17.29	16.86	18.26	18.45	18.61	21.50	18.74	—	—	—
4/0	18.16	21.48	22.26	19.66	23.63	21.04	16.26	21.14	21.75	21.00	21.49	20.33	—	—	—
5/0	14.35	19.00	19.73	12.77	17.12	16.60	14.08	17.41	18.43	18.28	16.93	17.03	—	—	—
6/0	12.56	9.04	9.20	7.20	4.19	8.44	10.16	6.26	6.70	8.08	2.93	6.83	—	—	—
7/0	4.34	1.06	0.43	1.03	0.18	1.41	0.92	0.46	0.49	0.18	0.07	0.42	—	—	—
8/0	0.82	0.07	—	—	—	0.18	0.47	—	—	—	—	0.09	—	—	—
9/0	0.06	—	—	—	—	0.01	0.14	—	—	—	—	0.03	—	—	—
合计	70.07abc	71.35ab	71.44a	70.33abc	69.04bc	70.45a	67.50bc	70.23ab	70.66bc	67.90bc	67.36c	68.73b	2.83	58.91*	0.28
二次分蘖 2	0.54	0.53	0.19	—	0.34	0.32	4.40	1.46	1.45	0.27	0.73	1.66	—	—	—
3	3.82	2.19	1.69	3.69	1.04	2.48	7.12	5.40	4.13	6.00	6.30	5.79	—	—	—
4	4.97	0.63	0.64	2.31	2.25	2.16	1.82	1.45	1.08	3.95	0.90	1.84	—	—	—
5	0.37	0.06	0.06	—	—	0.09	0.62	0.08	—	0.19	—	0.18	—	—	—
6	0.11	—	—	—	—	0.02	—	—	—	—	—	—	—	—	—
合计	9.81a	3.35bc	2.59c	6.00b	3.62bc	5.07b	13.96a	8.40bc	6.66c	10.42ab	7.93bc	9.47a	10.12*	89.77*	0.05

表 2-34 表明，产量和有效穗数受播栽期与品种的影响达到显著水平。两年产量整体表现为随播栽期推迟呈降低趋势，即 3 月 21 日播期处理高于后面 4 个播期，4 月 30 日播期处理产量最低；2014 年有效穗数表现为 4 月 30 日>3 月 21 日>4 月 20 日>3 月 31 日>4 月 10 日播期处理，而 2015 年则随播栽期推迟而呈现降低趋势，表现为 3 月 21 日播期最多，4 月 30 日播期处理最少。不同播栽期处理下，F 优 498 有效穗数均少于宜香优 2115，而产量却均高于宜香优 2115。

表 2-34　不同播栽期下机插超级杂交籼稻产量（引自钟晓媛等，2016）

播期 （月/日）	栽期 （月/日）	品种	2014		2015	
			产量 （t/hm²）	有效穗数 （穗/m²）	产量 （t/hm²）	有效穗数 （穗/m²）
3/21	4/21	F 优 498	12.58a	216.53b	14.18a	261.39b
		宜香优 2115	12.49a	238.24a	12.97b	282.50a
3/31	5/01	F 优 498	12.33a	215.18b	13.55a	231.44b
		宜香优 2115	12.33a	223.70a	11.75b	244.33a
4/10	5/11	F 优 498	12.19a	198.80b	12.00a	213.89b
		宜香优 2115	11.78a	221.30a	11.53a	232.33a
4/20	5/21	F 优 498	12.11a	217.23b	11.98a	209.56a
		宜香优 2115	11.31b	233.99a	10.05b	212.34a
4/30	5/31	F 优 498	11.38a	224.26a	10.64a	196.67b
		宜香优 2115	10.26b	232.31a	9.42b	206.55a

二、优势分蘖叶位及其利用

（一）不同种植方式的优势叶位

适宜的单位面积有效穗数是高产群体的显著特征，与分蘖发生叶位数、分蘖发生率及成穗率密切相关。凌启鸿等（1994）认为主茎最大理论分蘖叶位数为 N−n−1 个，遵循主茎叶位 N 和 N−3 的叶蘖同伸规律。通过叶龄标记及株型特征测定得出，F 优 498 机直播、机插、手插早播处理的主茎总叶数和伸长节间数分别为 15.0、15.8、16.8 和 6.0、6.0、6.0，迟播处理分别为 14.0、14.9、15.6 和 6.0、6.0、6.0。根据 N−n−1 计算，机直播、机插、手插早播和迟播处理主茎最大理论叶位数分别为 8.0 个、8.8 个、9.8 个和 7.0 个、7.9 个、8.6 个，机直播处理实际分蘖叶位数与最大理论叶位数一致，机插早播和迟播处理实际分蘖叶位数比最大理论叶位数分别减少 0.8 个和 0.9 个，手插早播和迟播处理实际分蘖叶位数较最大理论叶位数减少 0.8 个和 0.6 个。说明机直播能够有效利用主茎有效分蘖叶位，机插可能受机械植伤和秧田密度影响低分蘖叶位缺失，手插总叶数大、伸长节间数未增加，叶位分蘖易缺失。二次分蘖高发生率叶位数表现为手插>机插>机直播，手插以第1、第2和第4叶位，机插以第3～5叶位和机直播以第1和第2叶位为主。该结果与李杰等（2011）的研究结果不尽一致，可能由品种和直播方式不同所致。不同种植方式下各叶位分蘖发生率不同，机直播第1～5叶位、机插第3～7叶位和手插第1、第2和第4～7叶位分蘖发生率较高，其余分蘖发生叶位因植伤或叶位高而分蘖发生率较低。

提高分蘖成穗率是优化群体质量的重要途径，研究表明分蘖成穗率以手插最高，机插其次，直播最低（李杰等，2011），机插高成穗率叶位为第4～7叶位。四川本地试验中，机直播一次分蘖成穗叶位数较分蘖发生数减少0.5个，机插和手插均减少2.0个，而一次分蘖成穗率表现为手插>机插>机直播，机直播、机插、手插的高成穗率叶位分别为1/0～4/0、3/0～6/0和1/0、2/0、4/0、5/0。二次分蘖成穗叶位数以机插最高，手插次之，机直播最低，机直播和手插的高成穗率叶位为第1和第2叶位，机插为第3和第4叶位，与前人的结论基本吻合（袁奇等，2007）。综合来看，机直播第1～4叶位、机插第3～6叶位和手插第1、第2、第4与第5叶位分蘖发生率、发生数和成穗率高，生产中应充分利用有效分蘖叶位，在保证一次分蘖发生的基础上提高二次分蘖发生率，增加成穗数。

四川本地试验中3种种植方式主茎均能成穗，且稻穗长，粒多而大，单穗重高；中低叶位一次分蘖枝梗数和每穗粒数多，稻穗较大；高叶位一次分蘖和二次分蘖每穗粒数少与粒重低，稻穗小。机直播第1～4叶位分蘖成穗率高、穗大，对产量的贡献为70.51%；机插主要是第3～6叶位一次分蘖和第3、第4叶位二次分蘖对产量的贡献大，这些叶位分蘖对产量的贡献达73.83%，机插的优势叶位为第3～6叶位，与乔晶等（2010）、袁奇等（2006）和李刚华等（2008）的研究结果不尽相同，他们发现机插优势叶位为第4～7叶位，这可能与选用品种及秧龄不同有关；手插第1、第2、第4～6叶位由于成穗率高，穗大，分蘖对产量的贡献高达75%，这些叶位可作为优势叶位，与李杰等（2011）的结论不同，其原因可能是选用品种分蘖力、栽插秧龄及总叶数不同。以上分析表明，在四川盆地条件下，机直播优势叶位为第1～4叶位，机插为第3～6叶位，手插为第1、第2、第4～6叶位，这些叶位分蘖发生率及成穗率高、稻穗大，对产量的贡的献率高，优化农艺措施，充分利用优势叶位有助于获得高产。

（二）优势叶位的利用

不同种植方式下分蘖发生成穗规律不同，应根据杂交籼稻分蘖发生与成穗特点采取相应的栽培措施调控分蘖发生和提高成穗率。

（1）确定合理的基本苗

随穴苗数增加，分蘖发生叶位减少，且在各叶位分蘖发生率和成穗率均呈下降趋势。每穴栽插5苗时，具有优势生产力的叶位在30天秧龄时降低至3/0，40

天秧龄时为 4/0，叶位升高导致分蘖生产力急剧下降，不利于对具有空间和生长优势的中间节的利用，且花后干物质积累量显著下降，对籽粒灌浆产生不利影响。每穴栽插 1、3 苗时，3/0、4/0、5/0 叶位生产力较高，对单株产量贡献较大，且各叶位分蘖发生率和成穗率相对较高，两者高峰苗相对较少，成穗率显著高于每穴栽插 5 苗，从而更好地避免了无效和小分蘖的发生，减少物质损耗，进而提高抽穗灌浆期的群体质量和成穗率。每穴栽插 3 苗时，30 天秧龄移栽的机插稻各叶位的分蘖发生率和成穗率均高于 40 天秧龄，除 2/0 叶位外，其他叶位的单穗重亦高于 40 天秧龄。30 天秧龄移栽抽穗期中下部透光率、高效叶面积比例以及花后物质积累量和产量构成因素中的每穗粒数、有效穗数、成穗率均大于 40 天秧龄移栽的机插稻。机直播以每穴 3 或 4 苗和机插以每穴 2 或 3 苗（李刚华等，2008）为宜，有利于分蘖在有效分蘖叶龄期充分发生，但植株分蘖发生叶位随播期延迟而降低，应适当增加单穴苗数。

（2）优化育秧技术，提高秧苗质量和播栽质量

机直播应提高播种均匀度（李杰等，2011），有利于通风透光，使植株分蘖均匀，从而提高个体质量；机插通过适宜的稀播、匀播来提高秧苗素质，并在适宜秧龄（27 天左右）移栽，栽插时应注意降低机械植伤和保证栽插均匀度，使低叶位分蘖早发多发（乔晶等，2010）。机插籼稻田间苗床育秧栽后主茎第 1 叶位分蘖缺失，主茎 2～8 叶位均能发生分蘖，2/0 和 8/0 分蘖发生率极低。机条播和稀播分蘖成穗的优势明显，其分蘖发生率和成穗率均高于其余同类处理，机条播和稀播的成穗优势主要通过二次分蘖体现，二次分蘖对产量的贡献更大。而机散播、人工撒播和密播更依赖于主茎与一次分蘖成穗。从不同次级分蘖间产量构成的合理性来看，机条播和稀播下主茎、一次分蘖、二次分蘖间的产量分配更加合理，更利于高产群体的构建。

（3）适度搁田，抑制低效叶位分蘖发生

分析叶龄与成穗叶位的关系发现，机直播和机插分别于 8.0 叶和 9.5 叶左右时开始搁田为宜，且随着播期延迟，搁田时的叶龄需提前。也可按群体茎蘖数达预期穗数 80% 时搁田，降低高峰苗数量且不影响穗数，提高成穗率。同时，机械化种植杂交籼稻应根据实际土壤肥力进行肥料运筹，促进大穗形成。

参 考 文 献

蔡昆争. 2010. 作物根系生理生态学[M]. 北京: 化学工业出版社.

蔡昆争, 骆世明, 段舜山. 2003. 水稻根系在根袋处理条件下对氮养分的反应[J]. 生态学报, 23(6): 1109-1116.

蔡永萍, 杨其光, 黄义德. 2000. 水稻水作与旱作对抽穗后剑叶光合特性、衰老及根系活性的影响[J]. 中国水稻科学, 14(4): 219-224.

程兆伟, 邹应斌, 刘武. 2006. 水稻根系研究进展[J]. 作物研究, (5): 504-508.

兰巨生. 1998. 农作物综合抗旱性评价方法的研究[J]. 西北农业学报, 7(3): 85-87.

雷小龙, 刘利, 苟文, 等. 2013. 种植方式对杂交籼稻植株抗倒伏特性的影响[J]. 作物学报, 39: 1814-1825.

雷小龙, 刘利, 刘波, 等. 2014. 杂交籼稻机械化种植的分蘖特性[J]. 作物学报, 40(6): 1044-1055.

李刚华, 王绍华, 杨从党, 等. 2008. 超高产水稻适宜单株成穗数的定量计算[J]. 中国农业科学, 41: 3556-3562.

李杰, 张洪程, 龚金龙, 等. 2011. 稻麦两熟地区不同栽培方式超级稻分蘖特性及其与群体生产力的关系[J]. 作物学报, 37: 309-320.

凌启鸿. 2000. 作物群体质量[M]. 上海: 上海科学技术出版社: 63-66.

凌启鸿, 张洪程, 苏祖芳, 等. 1994. 水稻叶龄模式[M]. 北京: 科学出版社: 84-85.

刘波, 田青兰, 钟晓媛, 等. 2015. 机械化播栽对杂交籼稻根系性状的影响[J]. 中国水稻科学, 29(5): 490-500.

潘晓华, 王永锐, 傅家瑞. 1996. 水稻根系生长生理的研究进展[J]. 植物学通报, 13(2): 13-20.

潘庆明, 韩兴国, 白永飞, 等. 2002. 植物非结构性贮藏碳水化合物的生理生态学研究进展[J]. 植物学通报, 19(1): 30-38.

乔晶, 王强盛, 王绍华, 等. 2010. 机插杂交粳稻基本苗数对分蘖发生与成穗的影响[J]. 南京农业大学学报, 33(1): 6-10.

任万军, 黄云, 刘代银, 等. 2010. 水稻栽后前期根系与地上部增重模型及相互关系[J]. 四川农业大学学报, 28(4): 421-425.

任万军, 刘代银, 伍菊仙, 等. 2008. 免耕高留茬抛秧稻的产量及若干生理特性研究[J]. 作物学报, 34(11): 1994-2002.

任万军, 卢庭启, 赵中操, 等. 2011. 水稻秧苗发根力与一些碳氮营养生理特性的关系[J]. 浙江大学学报(农业与生命科学版), 37(1): 103-111.

任万军, 王丽, 卢庭启, 等. 2009. 不同育秧方式秧苗内源激素特征及其与植物发根力的关系[J]. 核农学报, 23(6): 1070-1074.

任万军, 杨文钰, 樊高琼, 等. 2003. 始穗后弱光对水稻干物质积累与产量的影响[J]. 四川农业大学学报, 21(4): 292-296.

任万军, 杨文钰, 樊高琼, 等. 2007a. 剪根稻苗移栽后叶鞘 ^{3}H 同化物运转分配特点[J]. 核农学报, 21(4): 401-403.

任万军, 杨文钰, 伍菊仙, 等. 2007b. 水稻栽后植株氮素积累特征及其与根系生长的关系[J]. 植物营养与肥料学报, 13(5): 765-771.

石庆华, 李木英, 徐益群, 等. 1995. 水稻根系特征与地上部关系的研究初报[J]. 江西农业大学学报, 17(2): 110-115.

王丽, 邓飞, 郑军, 等. 2012. 水稻根系生长对弱光胁迫的响应[J]. 浙江大学学报(农业与生命科学版), 38(6): 700-708.

徐富贤, 郑家奎, 朱永川, 等. 2003. 杂交中稻发根力与抽穗开花期抗旱性关系的研究[J]. 作物学报, 29(2): 188-193.

杨文钰, 屠乃美. 2003. 作物栽培学各论(南方本)[M]. 北京: 中国农业出版社: 13.

袁奇, 于林惠, 石世杰, 等. 2007. 机插秧每穴栽插苗数对水稻分蘖与成穗的影响[J]. 农业工程学报, 23(10): 121-125.

钟晓媛, 赵敏, 李俊杰, 等. 2016. 播栽期对机插超级杂交籼稻分蘖成穗的影响及与气象因子的关系[J]. 作物学报, 42(11): 1708-1720.

Tanaka N. 1992. 水稻秧苗素质(尤指淀粉酶活性)与其发根力的关系[J]. 胡为涛译. 丽水农业科技, (2): 13-14, 28.

Ren W J, Lu T Q, Yang W Y. 2011. Analysis of assimilate distribution by ^{3}H-tracing during recovery period after rice seedling transplanting[J]. Russian Journal of Plant Physiology, 58(1): 156-160.

Tatsumi J, Kono Y. 1981. Translocation of foliar-applied nitrogen to rice roots[J]. Japanese Journal of Crop Science, 50(3): 302-310.

第三章　杂交稻颖花建成与籽粒生长

单位面积颖花量的多少是评价水稻群体质量好坏的重要指标，单位面积颖花量越大，越有利于产量水平的提高（凌启鸿，2000）。在"弱光、寡照、高湿"生态环境下，杂交稻常存在颖花退化率高、结实率低、充实不良等生理与生产问题。因此，通过研究揭示杂交稻颖花建成与结实、籽粒灌浆与充实等高产形成规律，从而提高结实率和籽粒充实，具有十分重要的生产意义。

第一节　颖　花　建　成

每穗颖花数是产量形成的重要构成因子，取决于颖花的分化和退化两个过程。已有研究表明，在水稻穗分化期，温度、光照、水、盐、CO_2 和 O_3 等环境因子，干旱、盐碱等逆境，穗茎节间组织、植株碳氮代谢、植株内源激素等植株自身结构及物质代谢，播期、穗肥的施用、种植方式及栽插穴苗数等栽培因子均可影响颖花分化和退化。

一、杂交稻枝梗及颖花分化与退化特点及对播栽方式的响应

（一）每穗总枝梗和颖花特点及对播栽方式的响应

由表 3-1 可以看出，各播栽方式间和品种间的总枝梗与总颖花的分化及退化差异较大。其中，总枝梗现存数和分化数机插显著高于手插与机直播，总枝梗现存数机插较手插和机直播分别高出 1.83% 和 19.32%，总枝梗分化数机插较手插和机直播分别高出 8.19% 和 10.93%，总枝梗退化率机直播极显著高于手插和机插，F 优 498 的总枝梗退化数、现存数、分化数及退化率均极显著高于宜香优 2115；总颖花现存数和分化数机插均显著高于手插，极显著高于机直播，总颖花现存数机插分别比手插和机直播高 10.32% 和 19.70%，总颖花分化数机插分别高出手插和机直播 11.35% 和 18.69%，F 优 498 的总颖花退化数、现存数和分化数均极显著高于宜香优 2115，而总颖花退化率两者无显著差异。从以上分析可知，播栽方式间机插的总枝梗和总颖花分化数及现存数较手插与机直播有优势，具有形成大穗的潜力；品种间比较，F 优 498 枝梗和颖花分化的多，退化的也多，宜香优 2115 则是分化的少，退化的也少，但 F 优 498 较宜香优 2115 有形成大穗优势。

表 3-1　不同播栽方式下杂交籼稻每穗总枝梗及总颖花退化数、现存数、分化数及退化率（引自田青兰等，2016）

播栽方式	组合	总枝梗				总颖花			
		退化数	现存数	分化数	退化率（%）	退化数	现存数	分化数	退化率（%）
机直播	宜香优 2115	21.56Bb	47.86Bb	71.37Bb	30.19Bb	67.34	191.90Bb	259.24Bb	25.86
	F 优 498	34.00Aa	61.13Aa	95.63Aa	35.51Aa	93.23	244.97Aa	338.20Aa	27.53
机插	宜香优 2115	20.31Bb	54.90Bb	75.87Bb	26.79	70.71b	220.03Bb	290.75Bb	24.30
	F 优 498	32.11Aa	75.17Aa	109.39Aa	29.34	115.45a	302.91Aa	418.37Aa	27.42
手插	宜香优 2115	17.50Bb	49.82Bb	68.36Bb	25.60Bb	50.55b	200.82Bb	251.36Bb	20.10
	F 优 498	32.97Aa	66.49Aa	102.87Aa	32.06Aa	98.83a	273.20Aa	372.03Aa	26.10
平均	机直播	27.78	54.50Bb	83.50b	32.82Bb	80.28	218.44Bb	298.72Bb	26.69
	机插	26.21	65.03Aa	92.63a	28.05Bb	93.08	261.47Aa	354.56Aa	25.84
	手插	25.23	58.15ABb	85.62b	28.78Bb	74.69	237.01ABb	311.70Bb	23.03
	宜香优 2115	19.79Bb	50.86Bb	71.87b	27.50Bb	62.86Bb	204.25Bb	267.12Bb	23.37
	F 优 498	33.03Aa	67.60Aa	102.63Aa	32.28Aa	102.51Aa	273.69Aa	376.20Aa	27.01

注：同列中标以不同大、小写字母分别表示差异达 0.01 和 0.05 显著水平，下同

（二）每穗一、二、三次枝梗数对播栽方式的响应

由表 3-2 可知，各播栽方式的每穗枝梗分化及退化差异主要体现在二次枝梗现存数及退化率、三次枝梗分化数方面，且两品种间差异较大。二次枝梗现存数机插>手插>机直播，机插较手插和机直播分别高出 10.22% 和 20.61%，手插较机直播高出 9.43%，机插的二次枝梗退化率最低，而机直播最高，达38.85%；三次枝梗的分化数一般较少，机插的三次枝梗分化数平均为 9.70，显著高于手插，极显著高于机直播，机插三次枝梗现存数平均为 4.15，显著高于手插（1.97）和机直播（1.93），机插总枝梗数多主要是因为其有较高的二次枝梗分化数及现存数。品种间比较可知，除一次枝梗退化数和退化率、三次枝梗退化率外，F 优 498 的一次枝梗、二次枝梗、三次枝梗的退化数、现存数、分化数及退化率均显著或极显著高于宜香优 2115，故 F 优 498 的枝梗分化较宜香优 2115 有较大优势。

（三）每穗一、二、三次颖花数及对播栽方式的响应

比较每穗颖花的分化及退化，由表 3-3 可知，不同种植方式间每穗颖花分化及退化的差异主要体现在二次颖花的现存数及分化数和三次颖花的退化数、现存数及分化数方面。二次颖花现存数和分化数均为机插>手插>机直播，机插的二次

表 3-2 不同播栽方式下杂交籼稻每穗一、二、三次枝梗的退化数、现存数、分化数和退化率（引自田青兰等，2016）

播栽方式	组合	一次枝梗				二次枝梗				三次枝梗			
		退化数	现存数	分化数	退化率(%)	退化数	现存数	分化数	退化率(%)	退化数	现存数	分化数	退化率(%)
机直播	宣香优2115	0.10	12.07b	12.17b	0.27	20.30Bb	34.63Bb	54.93Bb	36.92	3.11	1.16b	4.27	72.42
	F优498	0.17	13.30a	13.47a	1.21	31.13Aa	45.13Aa	76.27Aa	40.80	3.20	2.70a	5.90	54.66
机插	宣香优2115	0	11.73Bb	11.73Bb	0	17.43Bb	40.28Bb	57.71Bb	30.21	3.54b	2.88Bb	6.43Bb	56.37
	F优498	0.03	13.82Aa	13.85Aa	0.08	26.65Aa	55.92Aa	82.58Aa	32.22	7.54a	5.42Aa	12.96Aa	57.8
手插	宣香优2115	0	11.73Bb	11.73Bb	0	15.73Bb	36.32Bb	52.05Bb	30.22b	2.82	1.77	4.59b	61.64
	F优498	0.07	13.35Aa	13.42Aa	0.16	30.73Aa	50.96Aa	81.69Aa	37.63a	5.58	2.17	7.75a	69.46
平均	机直播	0.13	12.68	12.82	0.65	25.72a	39.88Bc	65.60b	38.85Aa	3.16b	1.93b	5.09Bb	63.78
	机插	0.02	12.78	12.79	0.02	22.04b	48.10Aa	70.14a	31.21Bb	5.54a	4.15a	9.70Aa	57.09
	手插	0.03	12.54	12.57	0.04	23.23ab	43.64ABb	66.87ab	33.88ABb	4.20ab	1.97b	6.17ABb	65.6
	宣香优2115	0.03	11.84Bb	11.88Bb	0.03	17.82Bb	37.08Bb	54.90Bb	32.41Bb	3.16b	1.94Bb	5.10Bb	63.62
	F优498	0.09	13.49Aa	13.58Aa	0.36	29.51Aa	50.67Aa	80.18Aa	36.85Aa	5.44a	3.43Aa	8.87Aa	60.74

表 3-3 不同播栽方式下杂籼稻每穗一、二、三次颖花的退化数、现存数、分化数和退化率（引自田青兰等，2016）

播栽方式	组合	一次颖花				二次颖花				三次颖花			
		退化数	现存数	分化数	退化率(%)	退化数	现存数	分化数	退化率(%)	退化数	现存数	分化数	退化率(%)
机直播	宜香优2115	0.79Bb	69.81	70.60Bb	1.11Bb	55.05	121.39Bb	176.44Bb	31.08	11.50	0.70	12.20	94.11
	F优498	14.07Aa	68.90	82.97Aa	16.77Aa	63.37	174.73Aa	238.10Aa	26.62	15.80	1.33	17.13	92.19
机插	宜香优2115	1.41Bb	66.52	67.93Bb	1.81Bb	53.08	150.753Bb	203.83Bb	26.00	16.22b	2.76b	18.98Bb	86.61
	F优498	11.52Aa	72.38	83.90Aa	13.75Aa	71.25	225.46Aa	296.71Aa	23.80	32.68Aa	5.07a	37.75Aa	86.35
手插	宜香优2115	2.09Bb	67.32	69.41Bb	3.00Bb	35.86b	132.86Bb	168.73Bb	21.24	12.59	0.64	13.23b	95.95
	F优498	12.75Aa	70.15	82.90Aa	15.07Aa	65.89a	201.22Aa	267.11Aa	24.20	20.18	1.83	22.01a	91.32
平均	机直播	7.43	69.35	76.78	6.79	59.21	148.06Bc	207.27Bb	28.82	13.65Bb	1.02Bb	14.67Bb	93.18a
	机插	6.46	69.45	75.92	6.48	62.16	188.11Aa	250.27Aa	24.89	24.45Aa	3.91Aa	28.37Aa	86.48b
	手插	7.42	68.73	76.16	7.98	50.88	167.04ABb	217.92Bb	22.70	16.39ABb	1.23Bb	17.62Bb	93.8a
	宜香优2115	1.43Bb	67.88	69.31Bb	1.89Bb	48.00Aa	135.00Bb	183.00Bb	26.00	13.44Bb	1.37b	14.80Bb	92.67
	F优498	12.78Aa	70.48	83.26Aa	15.17Aa	66.84Aa	200.47Aa	267.31Aa	24.86	22.89Aa	2.74a	25.63Aa	90.09

颖花现存数（188.11）分别高出手插和机直播 12.61% 和 27.05%，二次颖花分化数（250.27）较手插和机直播分别高出 14.84% 和 20.75%；三次颖花的退化数、现存数、分化数均为机插显著或极显著高于手插和机直播，而三次颖花退化率三者无显著差异。以上说明，机插二次颖花及三次颖花分化数及现存数较高，因此有较高的总颖花数。此外，两品种颖花退化和分化差异较大。除一次颖花现存数、二次颖花和三次颖花退化率外，F 优 498 的一次颖花、二次颖花、三次颖花的现存数、分化数及退化率均显著或极显著高于宜香优 2115，说明 F 优 498 的颖花分化有较大的优势。由表 3-3 分析可看出，播栽方式与杂交籼稻品种对枝梗和颖花性状无显著互作效应。F 优 498 配合机插有较高的枝梗和颖花分化数与现存数。

（四）二次枝梗分布及对播栽方式的响应

由图 3-1 可以看出，二次枝梗的退化集中在穗的下部，其次是中部，上部退化很少或几乎没有，下部二次枝梗退化数机直播明显高于机插和手插；二次枝梗现存数则主要在穗的中部和上部，下部相对较少；二次枝梗分化数为下部>中部>上部，两品种不同播栽方式间均表现一致。不同播栽方式间比较，下部二次枝梗退化数为机直播>机插>手插，中部二次枝梗退化数宜香优 2115 为机直播>机插>手插，而 F 优 498 为机插最低；下部、中部和上部二次枝梗现存数均为机插>手插>机直播；下部和上部二次枝梗分化数均为机插>手插>机直播，两品种间表现一致。由图 3-1 还可以明显看出，F 优 498 穗下部、中部及上部二次枝梗退化数、现存数和分化数均远高于宜香优 2115。

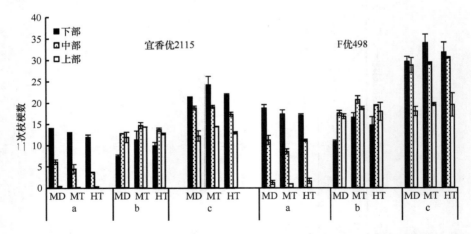

图 3-1　不同播栽方式下杂交籼稻穗部不同部位二次枝梗的退化数、现存数及分化数
（引自田青兰等，2016）

a：退化数；b：现存数；c：分化数；MD：机直播；MT：机插；HT：手插

（五）一次颖花分布及对播栽方式的响应

由图 3-2 中每穗不同部位一次颖花的分化及退化数比较可知，一次颖花的退化主要发生在穗上部。各播栽方式下宜香优 2115 下部、中部、上部的一次颖花现存数及分化数均差异不大；F 优 498 的上部一次颖花现存数为低于中部和下部，下部和上部一次颖花现存数为机插最高，而中部一次颖花现存数为机直播最高，机插最低。宜香优 2115 下部和上部的一次颖花分化数差异不大，中部一次颖花分化数以机直播最高；F 优 498 在机直播和手插条件下的一次颖花分化数均为中部＞上部＞下部，机插的一次颖花分化数在不同部位间差异不大，下部和上部一次颖花分化数均以机插最高，而中部一次颖花分化数以机插最低。另外，一次颖花退化数 F 优 498 高于宜香优 2115。

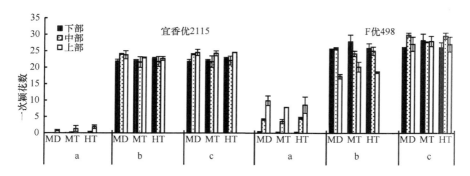

图 3-2　不同播栽方式下杂交籼稻穗部不同部位一次颖花的退化数、现存数及分化数
（引自田青兰等，2016）

a：退化数；b：现存数；c：分化数；MD：机直播；MT：机插；HT：手插

（六）二次颖花分布及对播栽方式的响应

二次颖花是总颖花最主要的组成部分，由图 3-3 中两品种不同插栽方式间每穗不同部位的二次颖花分化及退化数比较可以看出，二次颖花退化数均表现为下部＞中部＞上部，且下部二次颖花退化数以机插最高；下部的二次颖花现存数低于中部和上部，机插的下部、中部、上部二次颖花现存数均高于手插和机直播。除 F 优 498 的机直播外，两品种机直播、机插和手插的二次颖花分化数均为中部＞下部＞上部，下部和中部二次颖花分化数均以机插最高，上部二次颖花分化数差异不大，两品种一致。F 优 498 的二次颖花退化数、现存数和分化数均高于宜香优 2115。

二、颖花建成与产量的关系

水稻产量主要由颖花数（总粒数）与结实率所决定，高产栽培要求有较多的颖花数与较高的结实率。

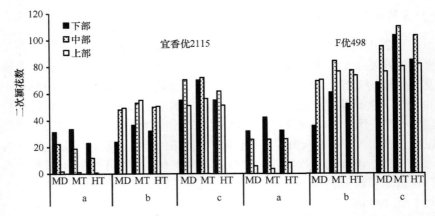

图 3-3　不同播栽方式下杂交籼稻穗部不同部位二次颖花的退化数、现存数及分化数
（引自田青兰等，2016）

a：退化数；b：现存数；c：分化数；MD：机直播；MT：机插；HT：手插

（一）植株非结构性碳水化合物积累与颖花性状的关系

非结构性碳水化合物（NSC）是光合作用的产物之一，也是参与植株代谢过程的重要物质，主要包括淀粉、葡萄糖、果糖、蔗糖和果聚糖等（潘庆明等，2002）。柳新伟等（2005）认为，颖花分化数与穗分化期干物质生产密切相关，不同栽培因子主要是通过影响穗分化期干物质累积来改变每穗一次枝梗分化数，进而影响二次枝梗分化数乃至颖花分化数。穗分化期茎鞘和幼穗竞争光合同化物，由表 3-4 可知，抽穗前 12 天、抽穗前 4 天和抽穗期的茎鞘 NSC 浓度与枝梗及颖花的部分性状呈显著或极显著负相关，抽穗前 12 天幼穗的 NSC 浓度则与一次颖花退化数、分化数及退化率，二次枝梗退化数及分化数，总枝梗退化数呈显著或极显著正相关，而抽穗前 4 天幼穗的 NSC 浓度与二次枝梗及总枝梗分化数、二次颖花分化数及退化数、总颖花分化数及退化数呈显著或极显著负相关；抽穗前 4 天茎鞘 NSC 积累量与除三次枝梗及颖花性状外的大多数枝梗及颖花性状呈显著或极显著负相关，而抽穗期茎鞘 NSC 积累量与大多一次枝梗及颖花性状呈显著或极显著负相关；抽穗前 16 天、抽穗前 12 天及抽穗前 8 天幼穗 NSC 积累量与大多数枝梗及颖花性状呈显著或极显著正相关。说明抽穗前 12 天、抽穗前 4 天及抽穗期茎鞘较高的 NSC 贮藏不利于幼穗枝梗和颖花分化，但也会减少其退化。抽穗前 8～16 天较高的幼穗 NSC 积累量是大穗形成的基础。

（二）枝梗及颖花形成与产量及其构成因子的相关分析

枝梗及颖花的分化与退化数直接影响每穗粒数，从而影响产量。由表 3-5 可以看出，大多枝梗及颖花性状与产量及其构成因子有较高的相关性。千粒重和单位面积有效穗均与大多枝梗及颖花性状呈显著或极显著负相关，而每穗粒数和

表 3-4　植株 NSC 积累与枝梗及颖花性状的相关分析（引自田青兰等，2016）

| 枝梗及颖花性状 | 茎鞘 NSC 浓度 | | | 幼穗 NSC 浓度 | | 茎鞘 NSC 积累量 | | 幼穗 NSC 积累量 | | |
| | 抽穗前天数（天） | | | 抽穗前天数（天） | | 抽穗前天数（天） | | 抽穗前天数（天） | | |
	12	4	0	12	4	4	0	16	12	8
一次枝梗退化数	-0.142	-0.099	-0.057	0.459	-0.152	-0.090	-0.159	0.200	0.138	0.192
一次枝梗现存数	-0.361	-0.583*	-0.645**	0.417	-0.335	-0.696**	-0.472*	0.757**	0.857**	0.466
一次枝梗分化数	-0.364	-0.572*	-0.627**	0.447	-0.343	-0.679**	-0.472*	0.751**	0.840**	0.465
一次枝梗退化率	-0.116	-0.073	-0.030	0.455	-0.147	-0.062	-0.136	0.191	0.122	0.172
一次颖花退化数	-0.590*	-0.727**	-0.726**	0.723**	-0.353	-0.883**	-0.593**	0.774**	0.689**	0.631**
一次颖花分化数	-0.460	-0.663**	-0.703**	0.512*	-0.319	-0.762**	-0.528*	0.808**	0.855**	0.557*
一次颖花退化率	-0.600**	-0.721**	-0.720**	0.724**	-0.350	-0.885**	-0.594**	0.764**	0.667**	0.640**
二次枝梗退化数	-0.645**	-0.551*	-0.557*	0.582*	-0.451	-0.840**	-0.479*	0.805**	0.766**	0.519*
二次枝梗现存数	-0.400	-0.668**	-0.680**	0.419	-0.468	-0.727**	-0.368	0.748**	0.755**	0.669**
二次枝梗分化数	-0.551*	-0.670**	-0.682**	0.537*	-0.495*	-0.848**	-0.454	0.842**	0.830**	0.661**
二次枝梗退化率	-0.506*	-0.101	-0.105	0.386	-0.238	-0.457	-0.270	0.461	0.392	0.075
二次颖花退化数 1	-0.709*	-0.490*	-0.451	0.305	-0.343	-0.637**	-0.393	0.564*	0.527*	0.555*
二次颖花退化数 2	-0.147	-0.117	-0.119	0.089	-0.501*	-0.407	-0.078	0.275	0.512*	0.007
二次颖花退化数 3	-0.265	-0.197	-0.192	0.137	-0.521*	-0.489*	-0.144	0.356	0.565*	0.109
二次颖花现存数	-0.412	-0.675**	-0.699**	0.417	-0.461	-0.734**	-0.382	0.752**	0.741**	0.689**
二次颖花分化数	-0.334	-0.490*	-0.496*	0.403	-0.549*	-0.659**	-0.242	0.722**	0.792**	0.532*
二次颖花退化率	-0.268	-0.170	-0.210	0.001	-0.394	-0.435	-0.240	0.168	0.373	0.004
三次枝梗现存数	0.027	-0.254	-0.545*	0.125	-0.340	-0.287	-0.333	0.413	0.342	0.393
三次枝梗分化数	-0.012	-0.330	-0.465	0.027	-0.350	-0.426	-0.193	0.345	0.624**	0.391
三次颖花退化数 2	0.039	-0.270	-0.554*	0.176	-0.309	-0.386	-0.045	0.160	0.639**	0.200
三次颖花退化数 3	0.003	-0.327	-0.438	-0.007	-0.328	-0.270	-0.387	0.397	0.289	0.323
三次颖花现存数	-0.005	-0.188	-0.401	-0.045	-0.437	-0.196	-0.123	0.330	0.317	0.455
三次颖花分化数	0.138	-0.155	-0.279	-0.010	-0.334	-0.260	-0.044	0.277	0.581*	0.230
三次颖花退化率	-0.360	-0.488*	-0.493*	-0.032	0.024	-0.443	-0.448	0.047	0.130	0.206
总枝梗退化数	-0.555*	-0.546*	-0.547*	0.473*	-0.465	-0.818**	-0.414	0.732**	0.830**	0.509*
总枝梗现存数	-0.349	-0.628**	-0.691**	0.394	-0.459	-0.692**	-0.391	0.734**	0.738**	0.641**
总枝梗分化数	-0.470*	-0.636**	-0.673**	0.459	-0.495*	-0.801**	-0.430	0.787**	0.834**	0.626**
总枝梗退化率	-0.502*	-0.200	-0.159	0.320	-0.311	-0.553*	-0.224	0.467	0.556*	0.165
总颖花现存数	-0.378	-0.649**	-0.687**	0.371	-0.453	-0.698**	-0.368	0.745**	0.756**	0.668**
总颖花退化数	-0.296	-0.390	-0.421	0.250	-0.495*	-0.627**	-0.287	0.484*	0.689**	0.304
总颖花分化数	-0.374	-0.592**	-0.631**	0.350	-0.507*	-0.725**	-0.364	0.696**	0.790**	0.569**
总颖花退化率	-0.210	-0.038	-0.042	0.060	-0.442	-0.349	-0.091	0.191	0.373	-0.046

注：二次颖花退化数 1：现存的二次枝梗上着生的已退化的二次颖花数；二次颖花退化数 2：退化的二次枝梗上着生的分化却已退化的二次颖花数；二次颖花退化数 3：总的二次颖花退化数；三次颖花退化数 2：退化的三次枝梗上着生的分化却已退化的三次颖花数；三次颖花退化数 3：总的三次颖花退化数；*、**分别表示相关性达到 0.05、0.01 水平，下同

表 3-5 枝梗及颖花性状与产量及其构成因子的相关分析（引自田青兰等，2016）

枝梗及颖花性状	千粒重	每穗着粒数	结实率	单位面积有效穗数	理论产量
一次枝梗现存数	−0.799**	0.802**	0.585*	−0.41	0.769**
一次枝梗分化数	−0.795**	0.783**	0.610**	−0.382	0.754**
一次枝梗退化率	−0.258	0.075	0.492*	0.138	0.072
一次颖花退化数	−0.889**	0.893**	0.495*	−0.561*	0.749**
一次颖花分化数	−0.840**	0.824**	0.597**	−0.461	0.752**
一次颖花退化率	−0.889**	0.890**	0.483*	−0.566*	0.734**
二次枝梗退化数	−0.857**	0.796**	0.556*	−0.489*	0.653**
二次枝梗现存数	−0.818**	0.931**	0.374	−0.574*	0.832**
二次枝梗分化数	−0.915**	0.948**	0.502*	−0.583*	0.815**
二次颖花现存数	−0.823**	0.934**	0.358	−0.594**	0.824**
二次颖花分化数	−0.836**	0.886**	0.482*	−0.527*	0.774**
二次颖花退化率	−0.470*	0.441	0.371	−0.324	0.426
二次颖花退化数	−0.589*	0.585*	0.450	−0.364	0.548*
三次枝梗退化数	−0.524*	0.588*	0.371	−0.389	0.568*
三次枝梗现存数	−0.495*	0.625**	0.209	−0.292	0.675**
三次枝梗分化数	−0.633**	0.722**	0.388	−0.413	0.718**
三次颖花现存数	−0.409	0.534*	0.098	−0.239	0.571*
三次颖花分化数	−0.523*	0.587*	0.343	−0.268	0.608**
三次颖花退化数	−0.585*	0.688**	0.393	−0.410	0.708**
总枝梗退化数	−0.874**	0.839**	0.580*	−0.521*	0.714**
总枝梗现存数	−0.807**	0.919**	0.386	−0.544*	0.845**
总枝梗分化数	−0.897**	0.948**	0.505*	−0.573*	0.845**
总枝梗退化率	−0.581*	0.405	0.494*	−0.278	0.263
总颖花现存数	−0.804**	0.909**	0.373	−0.564*	0.816**
总颖花退化数	−0.741**	0.772**	0.505*	−0.476*	0.722**
总颖花分化数	−0.843**	0.925**	0.459	−0.572*	0.843**

结实率及理论产量与大多枝梗及颖花性状呈显著或极显著正相关。故千粒重高的品种每穗粒数相对较少，应注重提高单位面积有效穗数以提高产量；千粒重低的品种每穗粒数和结实率较有优势，故应在保证适宜有效穗数的基础上，通过提高每穗粒数及结实率来获得高产。

由表 3-6 看出，二次枝梗分化数及现存数、二次颖花现存数与拔节期和抽穗期的单茎干物质重呈显著或极显著正相关，且二次颖花分化数与拔节期单茎干物质重呈显著正相关，然而二次枝梗退化数与拔节期群体干物质重呈极显著负相关。一次、二次枝梗及颖花分化数和现存数与拔节期植株含氮量呈显著或极显著正相关，而与抽穗期植株含氮量呈负相关（表 3-6）。杂交稻机械化播栽和常规手插条件下二次颖花分化及退化存在差异可能与穗分化期外界环境条件有关，孕穗期-抽穗期的日积温与二次枝梗及颖花现存数、二次颖花分化数呈显著或极显著负相关关系；而孕穗期-抽穗期的总降水量及日均降水量则与二次颖花退化数呈显著正相关关系（表 3-7）。机插秧作为机械化发展的方向，在种植过程中只要注意养分的供应、品种的选择和适宜的栽培环境等，就有可能使其穗型变大。

表 3-6　氮素积累、干物质积累与枝梗及颖花分化和退化性状的相关分析

指标		一次枝梗			二次枝梗			一次颖花			二次颖花		
		现存数	退化数	分化数	现存数	退化数	分化数	现存数	退化数	分化数	现存数	退化数	分化数
植株含氮量	拔节期	0.79**	−0.65*	0.75**	0.61*	0.24	0.81**	0.65*	0.49	0.80**	0.57*	0.49	0.61*
	抽穗期	−0.42	0.23	−0.47	−0.18	−0.20	−0.32	−0.41	0.14	−0.31	−0.13	0.45	−0.08
植株氮素积累量	拔节期	0.41	−0.74**	0.18	0.77**	−0.68*	0.45	0.17	0.47	0.36	0.77**	0.03	0.75**
	抽穗期	−0.03	−0.05	−0.06	0.10	−0.29	−0.06	−0.05	−0.21	−0.14	0.16	−0.12	0.14
单茎干物质重	拔节期	0.50	−0.66*	0.34	0.75**	−0.44	0.56*	0.15	0.56*	0.39	0.73**	−0.24	0.68*
	抽穗期	0.71**	−0.63*	0.65*	0.65*	0.01	0.72**	0.42	0.44	0.57*	0.60*	−0.28	0.55
群体干物质重	拔节期	0.04	−0.43	−0.17	0.46	−0.79**	0.04	−0.11	0.19	−0.01	0.47	−0.22	0.43
	抽穗期	0.24	−0.19	0.23	0.21	−0.13	0.16	0.19	−0.24	0.06	0.22	−0.34	0.18

表 3-7　气象因素与枝梗及颖花分化和退化性状的相关分析

指标		一次枝梗			二次枝梗			一次颖花			二次颖花		
		现存数	退化数	分化数	现存数	退化数	分化数	现存数	退化数	分化数	现存数	退化数	分化数
孕穗期-抽穗期	总积温	0.30	−0.32	0.25	0.45	−0.08	0.45	0.10	0.45	0.30	0.39	−0.25	0.35
	日均温	−0.37	0.69**	−0.15	−0.75**	0.53	−0.51	−0.16	−0.68*	−0.45	−0.75**	−0.55	−0.79**
	总降水量	−0.2	0.14	−0.20	−0.18	0.01	−0.19	−0.03	−0.17	−0.11	−0.17	0.62*	−0.09
	日均降水量	−0.13	0.11	−0.13	−0.19	0.06	−0.17	0.01	−0.09	−0.03	−0.17	0.62*	−0.09

第二节　籽粒灌浆与充实

水稻产量的形成，实际上就是颖花授粉后籽粒灌浆与充实的过程。水稻籽粒灌浆与充实受生态条件、栽植品种和栽培措施的共同影响。因此，应根据不同的生态条件和品种特性，采用适当的栽培措施促进籽粒灌浆与充实。

一、杂交稻籽粒灌浆特性

（一）机插杂交稻品种对籽粒灌浆特性的影响

机插杂交稻不同品种籽粒重依花后天数用 Richards 方程拟合的参数估值及决定系数见表 3-8，各品种的强势粒及弱势粒的决定系数（回归平方和占总平方和的比值）均在 0.997 以上。这说明灌浆过程符合 Richards 模型，机插稻强、弱势粒的灌浆过程得到了可靠的模拟。

12 个品种的起始生长势 R_0，强势粒为 0.1660～0.4128 g/100 粒，大于弱势粒的 0.0868～0.1609 g/100 粒，其中强势粒以川香 9838 最大，蓉稻 415 次之，内香 8156 最小，弱势粒以川香优 425 最大，T 优 8086 次之，内香 8156 最小；达最大生长速率的天数 $t_{max, G}$，强势粒为 7.4～13.1 天，短于弱势粒的 17.4～24.6 天，其中强势粒以川香优 425 最大，D 优 261 次之，川香 9838 最小，弱势粒以内香 8156 最大，冈优 305 次之，辐优 838 最小；最大生长速率 G_{max}，强势粒为 0.1441～0.4355 g/（100 粒·天），弱势粒为 0.0659～0.1119 g/（100 粒·天），其中强势粒以川香 9838 最大，蓉稻 415 次之，D 优 261 最小，弱势粒以冈优 305 最大，川香优 425 次之，蓉稻 415 最小。此外，强势粒的平均生长速率 $\bar{G}$ 较大，活跃生长期天数 D 较短，而终极生长量 A 较高，其中强势粒以 T 优 8086 的平均生长速率最大，D 优 261 的最小，以川香 9838 的活跃生长期最长，冈优 305 次之，D 优 261 的活跃生长期最短，弱势粒以冈优 305 的平均生长速率最大，蓉稻 415 最小，以蓉稻 415 的活跃生长期最长，T 优 8086 次之，辐优 838 最短。

从各籼杂交稻品种的 Richards 方程的各参数与产量的相关性来看，弱势粒的参数 B 与产量呈极显著正相关关系（$r=0.96^{**}$），强势粒的最大生长速率和起始生长势均与产量呈正相关关系（$r=0.90^{*}$，$r=0.89^{*}$）。由此说明，起始生长势大、最大生长速率快的品种，其产量相对较高。

（二）穗肥追氮比例对机插杂交稻籽粒灌浆的影响

1. 籽粒增重动态

以开花天数为自变量，各自相应的粒重为应变量，对不同追氮比例处理的强、弱势粒的灌浆过程用 Richards 方程 $W = A / (1+Be^{-kt})^{1/N}$ 进行拟合。各处理的强、弱势粒的灌浆模型参数见表 3-9，籽粒物质积累曲线见图 3-4 和图 3-5，各模型的决定系数 R^2 多在 0.98 以上，说明所测籽粒灌浆过程符合 Richards 方程。

除 A2B3 处理强势粒外，强、弱势粒的终极生长量 A 均明显大于对照 CK，施氮处理强、弱势粒的终极生长量随着穗肥追氮比例增加呈上升趋势，强势粒的终极生长量表现为基蘖肥与穗肥比 5∶5＞7∶3＞10∶0 处理，其中基蘖肥与穗

表 3-8　不同水稻品种籽粒灌浆的 Richards 方程参数与次级参数

品种	粒位	A (g/100 粒)	K	N	B	R^2	I (%)	D (天)	$t_{\max,G}$ (天)	$\bar{G}$ [g/100 粒·天]	$G_{\max}$ [g/100 粒·天]	R_0
D 优 261	强	2.118 9	0.624 9	3.018 9	4 165.057 2	0.999 6	63.1	16.1	11.6	0.131 9	0.144 1	0.207 0
	弱	2.006 9	0.351 8	3.213 2	4 598.817 6	0.998 5	63.9	29.6	20.7	0.067 7	0.074 5	0.109 5
T 优 8086	强	3.133 4	0.410 3	1.624 2	75.708 6	0.999 7	55.2	17.7	9.4	0.177 4	0.200 6	0.252 6
	弱	2.993 9	0.177 3	1.253 3	30.862 8	0.999 2	52.3	36.7	18.1	0.081 6	0.102 9	0.141 5
川香优 425	强	2.879 8	0.498 1	2.700 1	1 871.065 7	0.998 9	61.6	18.9	13.1	0.152 6	0.165 2	0.184 5
	弱	2.706 7	0.194 1	1.205 9	41.502 1	0.999 1	51.9	33	18.2	0.081 9	0.105 8	0.160 9
辐优 838	强	2.689 4	0.466 6	1.852 3	168.411 2	0.999 7	56.8	16.5	9.7	0.162 9	0.179 1	0.251 9
	弱	2.480 8	0.276 6	1.961 4	244.458 3	0.999 9	57.5	28.6	17.4	0.086 6	0.094 5	0.141 0
冈优 305	强	3.100 0	0.433 9	2.281 4	205.196 4	0.999 6	59.4	19.7	10.4	0.157 1	0.169 6	0.190 2
	弱	2.961 8	0.397 5	3.956 6	58 290.088 1	0.999 3	66.7	30	24.1	0.098 8	0.111 9	0.100 5
冈优 906	强	2.542 0	0.387 9	1.629 7	42.651 4	0.999 6	55.3	18.7	8.4	0.135 8	0.153 5	0.238 0
	弱	2.325 0	0.335 6	3.285 7	7 781.323 4	0.998 2	64.2	31.5	23.2	0.073 8	0.081 4	0.102 1
冈优 725	强	2.745 5	0.350 1	1.355 3	26.535 1	0.999 0	53.1	19.2	8.5	0.143 2	0.173 3	0.258 3
	弱	2.509 0	0.245 9	1.886 8	184.641 3	0.998 4	57	31.6	18.6	0.079 4	0.087 0	0.130 3
内香 8156	强	2.892 7	0.669 0	4.029 1	6 368.693 9	0.998 7	67	18	11	0.160 5	0.182 3	0.166 0
	弱	2.731 1	0.372 6	4.291 8	41 469.296 2	0.998 4	67.8	33.8	24.6	0.080 9	0.092 9	0.086 8
冈优 99-14	强	2.687 1	0.433 5	2.269 1	263.104 0	0.999 6	59.3	19.7	11	0.136 4	0.147 3	0.191 1
	弱	2.513 1	0.279 2	2.297 0	726.913 5	0.998 7	59.5	30.8	20.6	0.081 6	0.088 1	0.121 6
川香 9838	强	2.970 0	0.267 5	0.648 0	4.724 9	0.998 6	46.3	19.8	7.4	0.150 0	0.435 5	0.412 8
	弱	2.499 0	0.427 1	4.775 4	119 184.376	0.999 2	69.3	31.7	23.7	0.078 8	0.092 2	0.089 4
II 优 498	强	2.821 5	0.536 2	2.954 3	1 280.152 6	0.999 5	62.8	18.5	11.3	0.152 7	0.166 5	0.181 5
	弱	2.689 7	0.280 3	2.324 3	1 258.083 5	0.997 8	59.6	30.9	22.5	0.087 2	0.094 1	0.120 6
蓉稻 415	强	3.035 9	0.350 8	1.131 5	25.352 1	0.999 7	51.2	17.9	8.9	0.170 0	0.229 5	0.31
	弱	2.477 1	0.224 9	2.564 3	582.786 8	0.999 7	60.9	40.6	24.1	0.061 0	0.065 9	0.087 7

注：K、N、B 为参数，A 为终极生长量；R_0 为起始生长势；R^2 为方程决定系数；D 为活跃灌浆期；$t_{\max,G}$ 为达到最大灌浆速率的天数；$\bar{G}$ 为平均灌浆速率；$G_{\max}$ 为最大灌浆速率；I 为最大生长速率时的米粒质量占终极生长量的百分率

肥比 7∶3 处理下终极生长量表现为促花肥与保花肥比 10∶0＞5∶5＞0∶10 处理，而基蘖肥与穗肥比 5∶5 处理下终极生长量表现为促花肥与保花肥比 5∶5＞10∶0＞0∶10 处理。弱势粒的终极生长量表现为基蘖肥与穗肥比 10∶0＞7∶3＞5∶5 处理，其中基蘖肥与穗肥比 7∶3 处理下终极生长量表现为促花肥与保花肥比 10∶0＞0∶10＞5∶5 处理，而基蘖肥与穗肥比 5∶5 处理下终极生长量表现为促花肥与保花肥比 5∶5＞10∶0＞0∶10 处理。强势粒的终极生长量明显大于弱势粒，强势粒粒重在开花后 0～12 天迅速增加，在花后 24～28 天粒重基本达到最大值，之后变

化趋于平缓，而弱势粒粒重在花后 0～12 天增加很少，基本处于停滞状态，待强势粒粒重基本达到最大值后才开始迅速增加，至花后 40～44 天基本达到最大值。

表 3-9 　籽粒灌浆过程的 Richards 方程参数估值

处理	粒位	终极生长量 A（g/100 粒）	初值参数 B	生长速率参数 K	形状参数 N	决定系数 R^2
CK	强	25.526	256.621	0.483	1.829	0.9954
	弱	23.123	0.651	0.198	0.063	0.9946
A1	强	25.624	36.039	0.415	0.900	0.9994
	弱	24.942	0.200	0.118	0.047	0.9767
A2B1	强	25.985	310.649	0.555	1.749	0.9996
	弱	25.370	0.138	0.122	0.029	0.9565
A2B2	强	25.872	138.153	0.556	0.996	0.9978
	弱	23.424	0.128	0.188	0.017	0.9690
A2B3	强	25.451	68.676	0.481	1.042	0.9918
	弱	23.481	0.275	0.191	0.036	0.9884
A3B1	强	26.145	3.88×10^3	0.717	2.775	0.9970
	弱	24.123	0.163	0.139	0.028	0.9775
A3B2	强	26.257	304.071	0.550	1.926	0.9972
	弱	24.427	0.305	0.178	0.040	0.9890
A3B3	强	25.539	1.16×10^5	0.844	5.453	0.9946
	弱	23.257	0.209	0.155	0.034	0.9742

注：A 是基蘖肥（基肥：分蘖肥均为 7：3）和穗肥的比例，设置比例分别为 10：0（A1）、7：3（A2）、5：5（A3）；B 是穗肥中促花肥和保花肥的比例，设置比例分别为 10：0（B1）、5：5（B2）、0：10（B3）；CK 为不施氮肥处理；下同

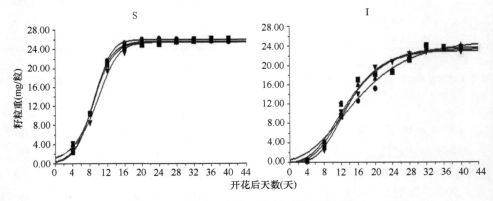

图 3-4 　不同基蘖肥与穗肥比例对籽粒重的影响

A1 —●—；A2 —▲—；A3 —■—；CK —▼—；S：强势粒；I：弱势粒

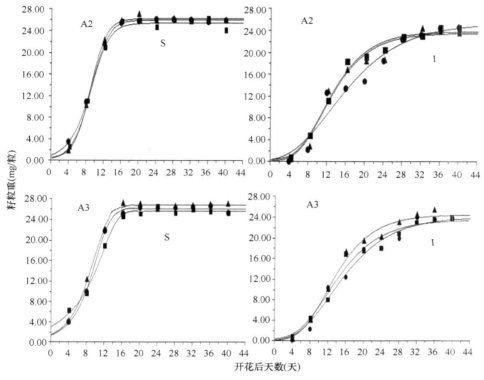

图 3-5　不同穗肥比例对籽粒重的影响

B1 —●—；B2 —▲—；B3 —■—；S：强势粒；I：弱势粒

2. 籽粒灌浆速率

如图 3-6 和图 3-7 所示，籽粒的灌浆速率呈先增加后减小的单峰形趋势变化，花后前期（0～8 天）强势粒灌浆速率显著增大，弱势粒灌浆速率增加较小，强势粒达到最大灌浆速率后弱势粒灌浆速率才大幅度增加，不同追氮比例对平均灌浆速率 GR_{mean} 和最大灌浆速率 GR_{max} 有影响且存在一定差异，各处理强势粒的最大灌浆速率均显著大于弱势粒的最大灌浆速率且达到最大灌浆速率的时间较弱势粒早 8～15 天。强势粒的最大灌浆速率以基蘖肥与穗肥比为 7：3 最大，5：5 其次，10：0 最小，且均明显大于对照 CK。基蘖肥与穗肥比 7：3 处理下的促花肥与保花肥比 5：5 处理的最大灌浆速率分别高出 10：0 和 0：10 处理 26.3%和 15.6%；基蘖肥与穗肥比 5：5 处理下仍以促花肥与保花肥比 5：5 处理最大灌浆速率最高。弱势粒的灌浆速率在花后 8 天增幅不大，不同处理达到最大灌浆速率的时间不完全一致，主要集中在花后 12～16 天，表现为基蘖肥与穗肥比 5：5＞7：3＞10：0 处理。基蘖肥与穗肥比 7：3 处理下促花肥与保花肥比 0：10

处理的最大灌浆速率分别高出 10：0 和 5：5 处理 40.4%和 0.7%；基蘖肥与穗肥比 5：5 处理下促花肥与保花肥比 5：5 处理分别高出 10：0 和 0：10 处理 28.6%和 19.5%。可见，穗肥比例增加可以显著提高强、弱势粒的灌浆速率，基蘖肥与穗肥比以 5：5 表现最佳，由于保花肥与促花肥比例的增大延长了光合作用时间，因此提高了弱势粒的灌浆速率，两者比例以 5：5 最佳。

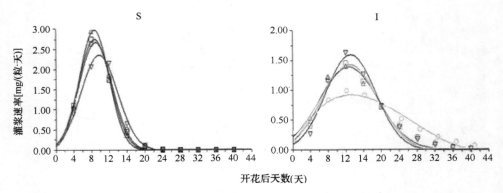

图 3-6　不同基蘖肥与穗肥比例对籽粒灌浆速率的影响

A1 —○—；A2 —△—；A3 —□—；CK —▽—；S：强势粒；I：弱势粒

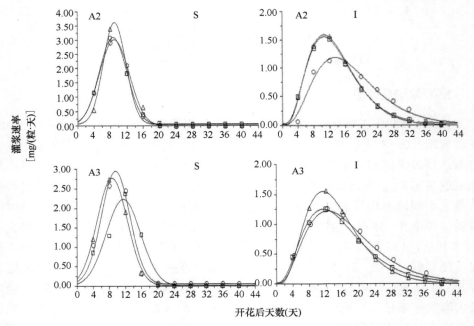

图 3-7　不同穗肥比例对籽粒灌浆速率的影响

B1 —○—；B2 —△—；B3—□—；S：强势粒；I：弱势粒

（三）种植方式对不同水稻品种籽粒灌浆的影响

不同种植方式水稻籽粒重依花后天数用 Richards 方程（$W = A/1 + Be^{-kt}$）$^{1/N}$ 拟合的参数估值见表 3-10。各处理的强、弱势粒拟合方程决定系数（R^2）都在 0.99 以上，表明均可用 Richards 方程描述籽粒灌浆过程。由表 3-10 可计算，机插水稻的强势粒平均终极生长量（A）为 2.733 g/100 粒，较常规手插和定抛分别低 0.173 g/100 粒和 0.156 g/100 粒。比较各种植方式的籽粒起始生长势（R_0），机插水稻的强势粒平均起始生长势（R_0）为 0.178 g/100 粒，较常规手插和定抛分别低 0.132 g/100 粒和 0.096 g/100 粒；机插水稻的弱势粒平均起始生长势（R_0）为 0.124 g/100 粒，较常规手插和定抛分别低 0.003 g/100 粒和 0.005 g/100 粒。

表 3-10　籽粒灌浆过程的 Richards 方程参数估值及特征参数

种植方式	品种	粒位	终极生长量 A（g/100 粒）	初值参数 B	生长速率参数 K	形状参数 N	决定系数 R^2	实灌时间（天）	平均灌浆速率 [mg/（粒·天）]	R_0（g/100 粒）
常规手插	冈优906	强	2.6288	2.5620	0.2520	1.0203	0.9987	18	1.1021	0.247
		弱	2.3062	5.4351	0.2243	1.7841	0.9990	26	0.7554	0.126
	川香9838	强	3.0910	2.5348	0.2321	0.8249	0.9997	20	1.2000	0.281
		弱	2.0139	10.8692	0.4757	4.0815	0.9998	28	0.8702	0.117
	冈优188	强	2.9973	1.2434	0.2129	0.5306	0.9989	21	1.2035	0.301
		弱	2.1073	7.4142	0.3537	2.5679	0.9973	30	0.7488	0.138
机插	冈优906	强	2.6655	2.6509	0.1802	1.1480	0.9991	19	0.9052	0.157
		弱	2.2852	3.4103	0.1560	1.1012	0.9977	23	0.5440	0.142
	川香9838	强	2.7275	2.3565	0.1953	0.9382	0.9997	20	1.1540	0.208
		弱	2.0912	13.0279	0.5104	5.3353	0.9987	24	0.5800	0.096
	冈优188	强	2.8047	3.7898	0.2478	1.4639	0.9990	18	1.1740	0.169
		弱	2.0324	6.8222	0.3680	2.7685	0.9997	26	0.6848	0.133
定抛	冈优906	强	2.7812	3.9000	0.3480	1.4789	0.9986	19	1.2500	0.245
		弱	2.2247	6.3405	0.2540	2.1905	0.9981	28	0.6421	0.119
	川香9838	强	2.8843	6.1670	0.3404	2.7041	0.9993	24	1.3330	0.286
		弱	2.0034	11.4854	0.4830	4.2509	0.9989	32	0.7420	0.128
	冈优188	强	3.0002	6.3400	0.4425	2.6065	0.9983	22	1.4000	0.290
		弱	2.2401	6.5177	0.3123	2.3662	0.9960	30	0.8850	0.139

比较各种植方式的籽粒实灌时间和平均灌浆速率，机插水稻的强势粒和弱势粒的实灌时间均较短，分别为 19 天和 24 天；其强势粒和弱势粒的平均灌浆速率均较低，分别为 1.078 mg/（粒·天）和 0.603 mg/（粒·天）。定抛水稻的强势粒和弱势粒的实灌时间均较长，分别为 22 天和 30 天；其强势粒的平均灌浆速率较高，为 1.328 mg/（粒·天）。常规手插水稻的弱势粒平均灌浆速率较高，为 0.792 mg/（粒·天）。分析各品种籽粒灌浆的平均终极生长量和起始生长势，冈优 188 的强势粒平均终极生长量最高，为 2.934 g/100 粒，较冈优 906 和川香 9838

分别高 0.244 g/100 粒和 0.033 g/100 粒；冈优 906 的弱势粒平均终极生长量最高，为 2.272 g/100 粒，较冈优 188 和川香 9838 分别高 0.145 g/100 粒和 0.235 g/100 粒；川香 9838 和冈优 188 的强势粒平均起始生长势（R_0）较高，均为 0.25 g/100 粒左右，较冈优 906 高 0.04 g/100 粒；冈优 188 的弱势粒平均起始生长势最高，为 0.137 g/100 粒，较冈优 906 和川香 9838 分别高 0.008 g/100 粒和 0.023 g/100 粒。

不同品种在同一种植方式下的籽粒实灌时间和平均灌浆速率存在差异。机插方式下，川香 9838 的强势粒实灌时间最长，为 20 天；冈优 188 的弱势粒实灌时间最长，为 26 天；冈优 188 的强、弱势粒平均灌浆速率均较快，分别为 1.1740 mg/（粒·天）和 0.6848 mg/（粒·天）。常规手插方式下，冈优 188 的强、弱势粒实灌时间均较长，分别为 21 天和 30 天；冈优 188 的强势粒平均灌浆速率最快，为 1.2035 mg/（粒·天），川香 9838 的弱势粒平均灌浆速率最快，为 0.8702 mg/（粒·天）。定抛方式下，川香 9838 的强、弱势粒实灌时间均较长，分别为 24 天和 32 天；冈优 188 的强、弱势粒平均灌浆速率均较快，分别为 1.4000 mg/（粒·天）和 0.8850 mg/（粒·天）。

二、杂交稻籽粒充实特性

（一）不同品种对籽粒充实率和充实度的影响

充实率和充实度是体现籽粒饱满程度的两个重要指标。由表 3-11 可知，水稻籽粒充实特性受水稻品种的影响明显。在优化定抛栽培方式下，同一品种充实度和充实率的变化比较一致，以 II 优 498 最大，充实度和充实率为 99.71%、98.93%，其次是川农优 498，为 98.44%、95.45%，分别比对照冈优 725 高出 3.07 个百分点、8.93 个百分点和 1.80 个百分点、5.45 个百分点；天龙优 540 充实率和充实度均最小，比对照冈优 725 低 4.28 个百分点、7.37 个百分点。

表 3-11 优化定抛条件下不同水稻品种对籽粒充实特性的影响（%）

品种	充实率	充实度
II 优 498	98.93a	99.71a
丰大优 2590	92.40bcd	96.69b
川农优 498	95.45ab	98.44ab
II 优 3213	94.79abc	98.18ab
德香 4103	90.51cd	96.31b
II 优 615	93.04bcd	96.43b
川农优 527	89.19d	96.66b
天龙优 540	82.63e	92.36c
宜香 2097	92.29bcd	97.19b
川香 317	84.52e	93.76c
冈优 725	90.00d	96.64b

注：2009 年郫县；同列中标以不同小写字母表示差异达 0.05 显著水平，下同

由表 3-12 可以看出，机插栽培条件下，宜香 2168 和 II 优 498 充实率均达到或超过 97.0%，是所有品种中较高的，分别高出平均值 9.26 个百分点和 8.86 个百分点，连粳 10 号和徐稻 6 号充实率较低，分别是 65.4% 和 70.4%，较平均值低 22.82 个百分点和 17.82 个百分点。各品种中充实度较高的也是宜香 2168 和 II 优 498，为 98.5% 和 98.3%，分别高出平均值 5.67 个百分点和 5.47 个百分点，连粳 10 号和徐稻 6 号充实度较低，分别只有 79.1% 和 78.9%。

表 3-12　机插条件下不同品种间籽粒充实特性差异（%）

品种	充实率	充实度
宜香优 2168	97.4a	98.5a
F 优 498	95.2a	97.1ab
川香优 3 号	96.9a	98.2ab
德香 4103	96.3a	97.5ab
泰优 99	92.7ab	96.6ab
II 优 498	97.0a	98.3ab
连粳 10 号	65.4c	79.1c
69 优 8 号	89.5ab	95.5b
W021	80.6bc	83.5c
徐稻 6 号	70.4c	78.9c

注：2012 年郫县

由表 3-13 可知，饱粒千粒重以川香优 425 最大，T 优 8086 次之，D 优 261 最小并显著地低于其他品种。籽粒充实度以冈优 305 最大，辐优 838 次之，且二者均显著地大于充实度最小的蓉稻 415。蓉稻 415 的籽粒充实度除与 D 优 261、T 优 8086 的差异不显著外，与其他品种的差异均达到了显著水平。籽粒充实率在品种间也存在明显差异，以冈优 906 最大，冈优 725 次之，蓉稻 415 最小且显著低于川香 9838，此外，蓉稻 415 除与 D 优 261 的差异不显著外，与其他品种的差异均达到了显著水平。

（二）栽培措施对籽粒充实特性的影响

1. 氮肥管理对籽粒充实特性的影响

（1）施氮量和比例对籽粒充实率与充实度的影响

由表 3-14 看出，随施氮量增加，籽粒充实率和充实度呈降低趋势，但差异没有达到显著水平。不同氮肥施用比例间，充实率和充实度均表现为基肥∶分蘖肥∶穗肥 6∶0∶4＞4∶3∶3＞10∶0∶0＞7∶3∶0 处理，其中 7∶3∶0 和 6∶0∶4 处理之间差异达到显著水平，其余各处理间差异不显著。施氮量与运筹比例的互作效应下，75 kg/hm² 施氮量下基肥：分蘖肥：穗肥为 4：3：3 时充实率和充实度最大，达到 93.87% 和 97.05%；225 kg/hm² 施氮量下 7：3：0 处理充实率最小，只有 89.97%。

表 3-13　机插条件下不同品种间籽粒充实状况

品种	实粒千粒重（g）	饱粒千粒重（g）	籽粒充实度（%）	籽粒充实率（%）
D 优 261	23.4f	24.3g	96.3bc	74.1de
川香优 425	32.6a	33.2a	98.4ab	87.2ab
T 优 8086	32.3a	33.0a	97.8abc	86.3ab
辐优 838	28.8d	29.0de	99.3a	89.6a
冈优 305	32.2a	32.3ab	99.7a	86.4ab
冈优 906	26.2e	26.5f	98.9a	90.1a
冈优 725	28.5d	28.9e	98.6a	90.0a
冈优 99-14	27.0e	27.4f	98.4ab	86.6ab
内香 8156	30.7b	31.0c	98.9a	89.1ab
川香 9838	29.5cd	30.0d	98.6a	79.2cd
II 优 498	29.2d	29.8de	98.0ab	83.0bc
蓉稻 415	30.6bc	31.8bc	95.9c	72.0e

注：2009 年郫县

表 3-14　施氮处理对产量构成因素的影响（胡剑锋等，2011）

施氮量	基肥：分蘖肥：穗肥	充实率（%）	充实度（%）
75 kg/hm²	10：0：0	92.97a	96.49a
	7：3：0	90.50b	94.97b
	6：0：4	93.20a	96.47a
	4：3：3	93.87a	97.05a
150 kg/hm²	10：0：0	91.10a	95.67a
	7：3：0	91.77a	96.07a
	6：0：4	92.67a	96.67a
	4：3：3	91.03a	95.59a
225 kg/hm²	10：0：0	92.13ab	96.36ab
	7：3：0	89.97b	95.30b
	6：0：4	93.13a	96.84a
	4：3：3	91.40ab	95.85ab

（2）氮肥后移对不同品种充实率和充实度的影响

从表 3-15 中可以看出，各品种的充实率表现为 II 优 498＞F 优 498＞川香 9838＞

蓉 18 优 188，II 优 498 的充实率达到 92.56%，与其他品种的差异达到显著水平。从施氮方式来看，不施氮处理下充实率最高，达到 91.2%，且与 7：3 和 5：5 处理的差异达到显著水平。充实率对氮肥的响应表现为不施氮>10：0>7：3>5：5，随氮肥后移的比例增加充实率逐渐减小。II 优 498 的 7：3 处理的充实率在各处理中最高，达到 95.62%。II 优 498 的 5：5 处理的充实率最低，只有 90.89%。F 优 498 的不施氮处理充实率最高，且与其他氮肥处理的差异显著，5：5 处理的充实率最低。蓉 18 优 188 的 10：0 处理有最高的充实率，其次是不施氮处理，5：5 处理最低。川香 9838 的不施氮处理充实率最高，充实率最低的是 5：5 处理。各品种中 5：5 处理均表现出最低的充实率，说明氮肥后移不利于籽粒充实率的增加。

表 3-15　氮肥后移对不同品种的产量及产量构成因素的影响（%）

品种	基蘗肥：穗肥	充实率	充实度
II 优 498	10：0	92.13a	89.62a
	7：3	95.62a	93.35a
	5：5	90.89a	90.75a
	不施氮	91.60a	91.60a
F 优 498	10：0	86.60b	87.76a
	7：3	86.84b	88.40a
	5：5	82.76b	84.55a
	不施氮	92.76a	92.76a
蓉 18 优 188	10：0	91.53a	94.37a
	7：3	84.00bc	85.22b
	5：5	81.73c	85.66b
	不施氮	88.40ab	88.40b
川香 9838	10：0	86.58b	86.18b
	7：3	84.13b	87.03ab
	5：5	83.47b	86.38ab
	不施氮	92.04a	92.04a

充实度是衡量籽粒充实程度的重要指标。从表 3-15 可以看出，II 优 498 具有最高的籽粒充实度，F 优 498 和川香 9838 充实度较低。从施氮方式来看，不施氮处理的籽粒充实度最高。施氮处理下，蓉 18 优 188 的 10：0 处理充实度最高，达到 94.37%，F 优 498 的 5：5 处理充实度最低，只有 84.55%。F 优 498 和蓉 18 优 188 的充实度均有随氮肥后移而减少的趋势，II 优 498 和川香 9838 均在 7：3 处理时有最高的籽粒充实度，10：0 处理的籽粒充实度最低，说明适当的氮肥后移有利于增加 II 优 498 和川香 9838 的籽粒充实度。

2. 秧龄和秧苗平面分布对籽粒充实率的影响

由表 3-16 可知，各秧龄处理间籽粒充实率差异达到显著水平（F=18.294[**]），表现为秧龄越大则充实率越低，35 天秧龄处理比 65 天秧龄处理高约 2 个百分点，而 35 天和 50 天秧龄处理间差异甚微，50 天秧龄处理充实率仅比 35 天秧龄处理低 0.17 个百分点；平面分布对水稻充实率的影响相对较小，各处理间差异不显著，各处理间充实率高低顺序为正方形>双三角浅插>优化定抛>双三角，正方形处理充实率只比双三角处理高 0.82 个百分点。

表 3-16　秧龄和秧苗平面分布对籽粒充实率的影响（%）

处理	35 天	50 天	65 天	正方形	双三角	双三角浅插	优化定抛
充实率	95.27a	95.10a	93.36b	95.07a	94.25a	94.60a	94.39a

注：正方形，窝行距 23 cm；双三角，排行错窝，每穴按三角形栽 3 苗，窝间窝行距 40 cm、窝内穴距 8～12 cm；双三角浅插，排行错窝，每穴按正三角形栽 3 苗，窝间窝行距 40 cm、窝内穴距 10 cm；优化定抛，带泥单株较均匀无序定点抛栽

3. 生态条件与栽植方式对籽粒充实率和充实度的影响

由表 3-17 可知，不同生态条件和栽植方式下水稻籽粒充实情况存在明显差异。不同生态点间，充实度和充实率均表现为郫县>雅安>仁寿。仁寿生态点，50 天秧龄处理能有效地提高水稻籽粒的充实度，50 天秧龄单苗优化定抛处理能有效地提高籽粒充实度。此外，50 天秧龄单苗手插、50 天秧龄单苗优化定抛和 50 天秧龄双苗优化定抛处理显著提高了仁寿生态点水稻籽粒的充实率。在郫县生态点，不同处理间充实率差异不显著，但 50 天秧龄单苗优化定抛处理能有效提高籽粒充实度，达 99.24%。在雅安生态点，不同处理间充实度和充实率差异不显著，50 天秧龄单苗手插和 50 天秧龄单苗优化定抛处理能一定程度提高水稻籽粒的充实度。

表 3-17　不同生态条件下栽植方式对水稻充实特性的影响（引自邓飞等，2012）

栽植方式	仁寿		郫县		雅安	
	充实度（%）	充实率（%）	充实度（%）	充实率（%）	充实度（%）	充实率（%）
A1B1	93.07bc	81.20b	97.46b	94.20a	97.51a	91.87a
A1B2	92.39c	81.87b	98.41ab	95.13a	97.21a	91.47a
A1B3	93.49abc	82.60b	98.82ab	93.80a	96.81a	90.67a
A1B4	93.47abc	81.60b	97.43b	92.07a	96.80a	91.27a
A2B1	96.05ab	89.33a	97.24b	92.13a	98.78a	93.20a
A2B2	93.26abc	82.60b	98.37ab	94.07a	96.85a	91.40a
A2B3	95.99a	88.07a	99.24a	93.07a	98.32a	93.33a
A2B4	95.77ab	87.73a	98.95ab	95.87a	96.51a	91.07a
平均	94.19	84.38	98.24	93.79	97.35	91.79

注：A1B1：30 天秧龄单苗手插；A1B2：30 天秧龄双苗手插；A1B3：30 天秧龄单苗优化定抛；A1B4：30 天秧龄双苗优化定抛；A2B1：50 天秧龄单苗手插；A2B2：50 天秧龄双苗手插；A2B3：50 天秧龄单苗优化定抛；A2B4：50 天秧龄双苗优化定抛

参 考 文 献

曹显祖, 朱庆生, 顾自奋, 等. 1980. 杂交水稻结实率研究——南优 3 号单位面积颖花数与结实率的关系[J]. 中国农业科学, 2: 44-50.

陈小荣, 钟蕾, 贺晓鹏, 等. 2006. 稻穗枝梗和颖花形成的基因型及播期效应分析[J]. 中国水稻科学, 20(4): 424-428.

邓飞, 王丽, 刘利, 等. 2012. 不同生态条件下栽培方式对水稻干物质生产和产量的影响[J]. 作物学报, 38(10): 1930-1942.

胡剑锋, 张培培, 赵中操, 等. 2011. 麦茬长秧龄条件下氮肥对机插水稻氮素利用效率及产量影响的研究[J]. 植物营养与肥料学报, 17(6): 1318-1326.

黄璜. 1998. 水稻穗颈节间组织与颖花数的关系[J]. 作物学报, 24(2): 193-200.

黄建晔, 杨洪建, 杨连新, 等. 2004. 开放式空气 CO_2 浓度增加(FACE)对水稻产量形成的影响及其与氮的互作效应[J]. 中国农业科学, 37(12): 1824-1830.

姜树坤, 张喜娟, 王嘉宇, 等. 2012. 水稻幼穗-颖花发育的研究进展[J]. 植物遗传资源学报, 13(6): 1018-1022.

兰巨生. 1998. 农作物综合抗旱性评价方法的研究[J]. 西北农业学报, 7(3): 85-87.

雷小龙, 刘利, 苟文, 等. 2013. 种植方式对杂交籼稻植株抗倒伏特性的影响[J]. 作物学报, 39: 1814-1825.

凌启鸿. 2000. 作物群体质量[M]. 上海: 上海科学技术出版社: 63-66.

凌启鸿, 张洪程, 苏祖芳, 等. 1994. 水稻叶龄模式[M]. 北京: 科学出版社: 84-85.

刘利, 雷小龙, 王丽, 等. 2013. 种植方式对杂交稻枝梗和颖花分化及退化的影响[J]. 作物学报, 39(8): 1434-1444.

柳新伟, 孟亚利, 周治国, 等. 2005. 水稻颖花分化与退化的动态特征[J]. 作物学报, 31(4): 451-455.

娄伟平, 孙永飞, 张寒, 等. 2005. 温度对每穗颖花数的影响[J]. 浙江农业学报, 17(2): 101-105.

吕军, 王伯伦, 孟维韧, 等. 2007. 不同穗型粳稻的光合作用与物质生产特性[J]. 中国农业科学, 40(5): 902-908.

潘庆明, 韩兴国, 白永飞, 等. 2002. 植物非结构性贮藏碳水化合物的生理生态学研究进展[J]. 植物学通报, 19(1): 30-38.

任万军, 刘代银, 伍菊仙, 等. 2008. 免耕高留茬抛秧稻的产量及若干生理特性研究[J]. 作物学报, 34(11): 1994-2002.

任万军, 杨文钰, 樊高琼, 等. 2003. 始穗后弱光对水稻干物质积累与产量的影响[J]. 四川农业大学学报, 21(4): 292-296.

田青兰, 刘波, 钟晓媛, 等. 2016. 不同播栽方式下杂交籼稻非结构性碳水化合物与枝梗和颖花形成及产量性状的关系[J]. 中国农业科学, 49(1): 35-53.

王夏雯, 王绍华, 李刚华, 等. 2008. 氮素穗肥对水稻幼穗细胞分裂素和生长素浓度的影响及其与颖花发育的关系[J]. 作物学报, 34(12): 2184-2189.

杨福, 梁正伟, 王志春. 2010. 苏打盐胁迫对水稻品种长白 9 号穗部性状及产量构成的影响[J]. 华北农学报, 25(增刊): 59-61.

杨洪建, 杨连新, 黄建晔, 等. 2006. FACE 对武香粳 14 颖花分化和退化的影响[J]. 作物学报, 32(7): 1076-1082.

杨开放, 杨连新, 王云霞, 等. 2009. 近地层臭氧浓度升高对杂交稻颖花形成的影响[J]. 应用生态学报, 20(3): 609-614.

杨文钰, 屠乃美. 2003. 作物栽培学各论(南方本)[M]. 北京: 中国农业出版社: 13.

Kato Y, Katsura K. 2010. Panicle architecture and grain number in irrigated rice, grown under different water management regimes[J]. Field Crops Research, 117: 237-244.

Samonte S O P B, Wilson L T, Tabien R E. 2006. Maximum node production rate and main culm node number contributions to yield and yield-related traits in rice[J]. Field Crops Research, 96: 313-319.

第四章 杂交稻高产生育模式与定量化诊断指标

第一节 高产品种生育进程

一、不同类型杂交水稻品种生育进程及叶龄

（一）不同类型水稻品种生育期特性

2008～2016 年，在郫县、射洪、汉源、邻水、犍为等地开展了共计 46 个杂交籼稻品种（表 4-1）的高产栽培示范，并进行了品种生育特性观察。高产示范品种中，既有穗数型品种，又有穗重型品种；既有生育期短于 140 天的早熟品种，又有生育期长于 155 天的迟熟品种；既有如 F 优 498 的高产品种，又有如宜香优 2115 的优质品种。高产示范的种植方式包括精确定量手插、三角形强化栽培、优

表 4-1 各地杂交籼稻高产示范品种及种植方式

年份	示范品种	示范地点	示范区种植方式
2008	II 优 498、川香 9838、内香 2550、冈优 188	郫县	精确定量手插、三角形强化栽培、优化定抛
2009	D 优 261、川香优 425、T 优 8086、辐优 838、冈优 99-14、冈优 305、冈优 906、冈优 725、内香 8156、川香 9838、蓉稻 415、II 优 498、川农优 498	郫县	精确定量手插、三角形强化栽培、优化定抛、机插秧
2010	II 优 498、F 优 498、德香 4103、冈优 188、辐优 838	郫县	优化定抛、精确定量手插、三角形强化栽培、机插秧、机直播
2011	F 优 498、II 优 498、川农优 498、德香 4103	郫县	精确定量手插、机插秧、优化定抛
2012	F 优 498、川香 3 号、宜香优 2168、II 优 498、德香 4103、泰优 99	郫县	精确定量手插、机插秧、优化定抛、机直播
2013	F 优 498、II 优 498、宜香优 2115、德香 4103、宜香 4245、川农优 498、II 优 602	汉源、邻水、射洪、郫县	机插秧、优化定抛、机直播、精确定量手插、半旱式栽培
2014	F 优 498、宜香优 2115、旌优 127、内香 6 优 498、II 优 602	汉源、邻水、射洪、郫县	机插秧、优化定抛、机直播、精确定量手栽、半旱式栽培
2015	F 优 498、宜香优 2115、川两优 600	射洪、郫县	机插秧、优化定抛、精确定量手插
2016	赣香优 702、川谷优 6684、川谷优 642、内 5 优 39、花香 1618、花香 7 号、旌优 127、宜香 4245、内香 6 优 498、宜香优 2905、宜香优 1108、蜀优 217、德优 4923、德优 4727、隆两优 1025、川优 6203	射洪、郫县、犍为	机插秧、精确定量手插、机直播

化定抛、机插秧、机直播等多种。示范的地点既有平原区，又有丘陵区；既有水旱轮作区，又有冬水田区，更有如汉源这样的特殊生态区，示范地点基本代表了四川的稻作区情况。将高产示范杂交籼稻品种按示范点实际生育期天数分成三类：早熟（≤140天）、中熟（140～155天）、迟熟（155～165天），其代表品种见表4-2。

表4-2　杂交籼稻示范品种分类

类型	生育期（天）	代表品种
早熟	≤140	D优261、川香425、赣香优702
中熟	140～155	F优498、旌优127、川香3号、辐优838、T优8086、冈优305、冈优906、冈优99-14、花香优1618、内5优768、宜香优2168
迟熟	155～165	宜香优2115、川优6203、德香4103、II优498、泸优257、II优602、川谷优642、川谷优6684、川农优3203、川农优498、川香9838、德香4727、德优4923、冈优188、隆两优1025、泸优908、内香2550、蓉稻415、蜀优217、泰优99、宜香优1108、宜香优2905、川谷优208、花香7号、冈优725、绿优4923、内5优39、内香6优498、内香8156、宜香4245、川两优600

示范过程中，由表4-3可知，早熟品种移栽期为5月20日左右，齐穗期为7月19日～7月27日，成熟期为8月22日～8月30日，移栽期-齐穗期历时60～68天，齐穗期-成熟期历时约34天。中熟品种移栽期4月20日～5月25日，齐穗期为7月13日～8月9日，成熟期8月19日～9月14日，移栽期-齐穗期历时74～81天，齐穗期-成熟期历时29～35天。迟熟品种移栽期4月20日～5月8日，齐穗期为7月27日～8月17日，成熟期8月31日～9月23日，移栽期-齐穗期历时82～85天，齐穗期-成熟期历时34～37天。综上，三类品种生育期长短主要受移栽期-齐穗期的进程快慢影响，迟熟品种的齐穗期-成熟期略长。

通过多点多种栽培方式试验、示范表明,迟熟杂交籼稻的主茎总叶数为16～18,伸长节间为6～7个；中熟类型的主茎总叶数为14～16,伸长节间为5～6个；早熟类型的主茎总叶数为13～14,伸长节间为4～5个。

表4-3　杂交籼稻不同类型品种的生育特性

类型	生育期（天）	播种期（月/日）	移栽期（月/日）	齐穗期（月/日）	成熟期（月/日）	主茎总叶数（片）	主茎伸长节间（个）
早熟	≤140	4/8	5/20	7/19～7/27	8/22～8/30	13～14	4～5
中熟	140～155	3/18～4/11	4/20～5/25	7/13～8/9	8/19～9/14	14～16	5～6
迟熟	155～165	3/18～4/8	4/20～5/8	7/27～8/17	8/31～9/23	16～18	6～7

（二）不同类型水稻品种秧苗期叶龄变化情况

叶龄与水稻植株的生长状况密切相关，由图4-1可看出，播后16天时各类型间的叶龄差异较大，之后差异缩小，在28天时再次出现显著差异，28天后各类型间差异虽仍在增大，但均不显著。因此，除较早的 16 天外，播后 28 天是各个类型秧苗素质差异体现最充分的时期，之后随秧龄的增大，差异变小。这也说明了叶龄较大的第 4 类在长秧龄阶段生长变缓，而在前期与第 4 类差异较大的第 1 类在后期生长变快，进一步缩小了两者差异。此外，第 3 类在整个取样时期内的生长速度较第 1 类慢，第 2 类最慢。由此可见，随秧龄的增加，全生育期越长的品种其生长变缓，适应能力越强。

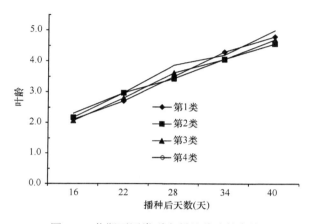

图 4-1　苗期不同类型水稻品种叶龄变化
第 1 类：D 优 261；第 2 类：川香优 425、T 优 8086、辐优 838；第 3 类：冈优 99-14、冈优 305、冈优 906、
冈优 725、内香 8156；第 4 类：II 优 498、川香 9838、蓉稻 415；4 月 8 日机插秧塑盘育秧

对各类型水稻品种移栽前后的叶龄变化情况进行分析（表 4-4）可得，移栽前以全生育期较长或较短类型的叶龄较大，这也说明在秧苗期，全生育期较长或较短的类型生长较快，其叶龄相对较大，出叶速率相对较快。总叶龄的大小与各类型的全生育期长度密切相关，全生育期越长的类型，其总叶龄越大，即总叶数越多。此外，第 2 类在移栽前后的平均出叶速率均最小。第 4 类在移栽前的出叶速率较快，而移栽后出叶速率较慢。第 1 类和第 3 类在移栽前后均具有较高的出叶速率。换言之，全生育期最长的第 4 类在移栽前生长较快，而移栽后其出叶及生长速率仅较第 2 类快，全生育期相对较长的第 3 类在移栽前的平均出叶速率较小，而移栽后其平均出叶速率最大。说明了全生育期在 150～160 天的第 3 类在移栽前生长相对较慢，而移栽后恢复生长较快。

（三）不同类型水稻品种关键时期叶龄

在生产中，把握好 4 个关键时期并据此时水稻特点实施农事操作是水稻高产稳产的重点，这 4 个关键时期为分蘖始期、有效分蘖临界期、拔节始期、倒二叶抽出期。

表 4-4　不同类型水稻品种的叶龄变化

类型	移栽前			移栽后		
	叶龄	平均出叶速率（叶/天）	最大出叶速率（叶/天）	主茎总叶龄	平均出叶速率（叶/天）	最大出叶速率（叶/天）
第 1 类	4.8	0.113	0.133	13.0	0.144	0.304
第 2 类	4.6	0.102	0.125	14.0	0.131	0.315
第 3 类	4.7	0.110	0.133	15.0	0.143	0.285
第 4 类	5.0	0.113	0.158	15.0	0.139	0.283

注：第 1 类：D 优 261；第 2 类：川香优 425、T 优 8086、辐优 838；第 3 类：冈优 99-14、冈优 305、冈优 906、冈优 725、内香 8156；第 4 类：Ⅱ优 498、川香 9838、蓉稻 415；秧龄 42 天，5 月 20 日采用东洋 PF455S 型手扶式插秧机机插

分蘖始期叶龄一般与类型无关，所有类型均是于第 4 叶开始发生分蘖（杨文钰和屠乃美，2003）。栽插后分蘖始期即返青期，该时期持续时间与移栽方式有关，手插为移栽后 5～7 天，机插因秧苗的机械植伤返青期略长，为栽后 8～10 天，该时期需及时施用分蘖肥促进分蘖。有效分蘖临界期，关键是够苗晒田，防止无效分蘖发生，此时早熟品种主茎叶龄为 8～9、中熟品种为 9～11、迟熟品种为 10～11（表 4-5）。杂交中籼稻拔节始期与穗分化同步，即施用促花肥时期，此时早熟品种主茎叶龄为 11～12，中熟品种为 12～14，迟熟品种为 13～14。倒二叶抽出期即保花肥施用时期，此时期一般为促花肥施用后 14～17 天。冬闲或前作为蔬菜等早茬口田的移栽期一般较早，每年为 4 月下旬至 5 月初，麦（油）-稻两熟田，因其头季作物收获较迟，移栽期一般为 5 月中下旬，各关键时期较早茬口田迟。

表 4-5　杂交籼稻不同类别品种的关键叶龄期

类型	生育期（天）	有效分蘖临界期		拔节始期	
		叶龄	时间段（月/日）	叶龄	时间段（月/日）
早熟	≤140	8～9		11～12	
中熟	140～155	9～11	5/14～6/13	12～14	6/5～7/7
迟熟	155～165	10～11	5/20～6/13	13～14	6/11～7/14

4 个关键时期中有效分蘖临界期与拔节始期较难把握，将其与主茎总叶数、主茎伸长节间数的关系整理为四川省杂交籼稻生育进程叶龄模式图（图 4-2）。

二、杂交籼稻生育进程及叶龄的影响因素

（一）播栽方式及播栽期对水稻品种生育进程的影响

手插方式如精确定量手插、优化定抛、三角形强化栽培等之间水稻叶龄进程

品种	叶片数、伸长节间	项目	c1	c2	c3	c4	c5	c6	c7	c8	c9	c10	c11	c12	c13	c14	c15	c16	c17	c18	孕	抽
早熟品种	13片、4个伸长节间	出叶顺序						1	2	3	4	5	6	7	(8)	(9)	10	△	△	13	孕	抽
		节间伸长次序（4个）																	1	2	3	4
	14片、5个伸长节间	出叶顺序					1	2	3	4	5	6	7	8	(9)	10	11	△	13	14	孕	抽
		节间伸长次序（5个）																1	2	3	4	5
中熟品种	14~15片，5个伸长节间，以15叶为代表	出叶顺序				1	2	3	4	5	6	7	8	9	(10)	11	12	△	14	15	孕	抽
		节间伸长次序（5个）																1	2	3	4	5
	16片，5~6个伸长节间	出叶顺序			1	2	3	4	5	6	7	8	9	(10)	(11)	12	△	14	15	16	孕	抽
		节间伸长次序（5个）																1	2	3	4	5
		节间伸长次序（6个）															1	2	3	4	5	6
迟熟品种	16~17片，6个伸长节间	出叶顺序			1	2	3	4	5	6	7	8	9	(10)	11	12	△	14	15	16	孕	抽
		出叶顺序		1	2	3	4	5	6	7	8	9	10	(11)	12	13	△	15	16	17	孕	抽
		节间伸长次序（6个）															1	2	3	4	5	6
	18片、7个伸长节间	出叶顺序	1	2	3	4	5	6	7	8	9	10	(11)	12	13	△	15	16	17	18	孕	抽
		节间伸长次序（7个）														1	2	3	4	5	6	7
备注																		苞分化期–顶四叶后半期	枝梗分化期	颖花分化期	花粉母细胞形成及减数分裂期	花粉充实完成期

备注：
（）：有效分蘖临界期，开始晒田
△：拔节始期，基部第一伸长节间开始伸长

图 4-2　四川省杂交籼稻生育进程叶龄模式
[参考凌启鸿（2007）的模式图结合四川省实际情况修改而成]

及主茎总叶数差异不大（王春英和任万军，2015），但机直播、机插与手插之间差异显著。为探明其关系，采用二因素裂区设计，播栽方式为主区，播栽期为副区（具体试验设计与秧苗素质见表 4-6），分析了各播栽方式与主茎叶龄的关系。由图 4-3 可知，机直播、机插、手插早播的总叶数分别为 14.97 片、15.83 片、16.78 片，机直播出叶早而快，总叶数少；机插受机械植伤影响，出叶持续时间长；手插总叶数最多，出叶速度介于直播和机插之间。不同播栽方式的总叶数随播栽期延迟而降低，机直播、机插、手插条件下迟播较早播分别减少 0.98 片、0.92 片、1.16 片。

播栽期对水稻生育期进程影响极大（刘蓉等，2012），推迟播栽期会导致秧苗生长滞后，进而减产（姜心禄等，2013）。对 2 个品种的 5 个播栽期研究，结果表明（表 4-7），随着播栽期推迟，全生育期逐渐缩短，且全生育期越长的品种表现得越明显，F 优 498、宜香优 2115 在 4 月 30 日播种比在 3 月 21 日播种的全生育期分别缩短 4 天、14 天。其中移栽期-拔节期、拔节期-抽穗期均表现为随播栽

表 4-6 试验设计与秧苗素质

处理		播种期（月/日）	移栽期（月/日）	播栽规格	单穴苗数	移栽叶龄	单株茎蘖数
机直播	早播	4/20		25 cm×20 cm	3.0	—	—
	迟播	5/10					
机插	早播	3/21	4/20	30 cm×16 cm	2.0	4.0～4.9	1.4
	迟播	4/10	5/10			4.0～5.1	1.1
手插	早播	3/21	4/20	30 cm×16 cm	2.0	4.7～5.7	1.6
	迟播	4/10	5/10			4.3～6.5	2.1

注：品种为 F 优 498，机直播用穴距可调、播量可控的 2BD-10 精量穴直播机播种，机插用洋马 VP6 高速插秧机插秧

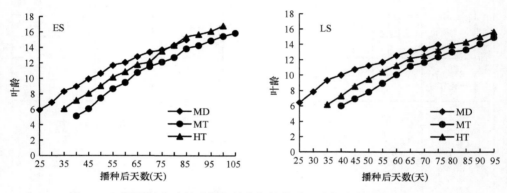

图 4-3 不同种植方式的叶龄与播栽期的关系（引自雷小龙等，2014a）
ES：早播；LS：迟播；MD：机直播；MT：机插；HT：手插

表 4-7 水稻播栽期与生育进程的关系

品种	播种期（月/日）	移栽期（月/日）	拔节期（月/日）	抽穗期（月/日）	成熟期（月/日）	播种期-移栽期（天）	移栽期-拔节期（天）	拔节期-抽穗期（天）	抽穗期-成熟期（天）	全生育期（天）
	3/21	4/21	6/11	7/19	8/31	31	51	38	43	163
	3/31	5/1	6/19	7/25	9/9	31	49	36	46	162
F 优 498	4/10	5/11	6/26	7/31	9/17	31	46	35	47	160
	4/20	5/21	7/1	8/8	9/27	31	41	38	50	156
	4/30	5/31	7/10	8/15	10/7	31	40	36	53	159
	3/21	4/21	6/16	7/26	9/11	31	56	40	46	174
	3/31	5/1	6/24	8/1	9/21	31	54	37	51	174
宜香优 2115	4/10	5/11	6/29	8/6	9/28	31	49	37	53	171
	4/20	5/21	7/7	8/13	10/4	31	47	37	52	167
	4/30	5/31	7/15	8/19	10/12	31	45	35	52	160

注：秧龄 30 天，机插栽期随播期不同而变化

期推迟时间段缩短，但抽穗期-成熟期规律相反，且全生育期越短的品种该生育期时间段延长得越多。播栽期每推迟 10 天，两品种抽穗期-成熟期分别延长 3 天、1 天、3 天、3 天（F 优 498）和 5 天、2 天、–1 天、0 天（宜香优 2115），其中 4 月 30 日播种比 3 月 21 日播种分别延长 10 天（F 优 498）、6 天（宜香优 2115）。

（二）育秧环境与秧龄对水稻生育进程的影响

叶龄是反映植株生育进程的主要形态指标之一，育秧环境及秧龄对苗期叶龄影响显著（赵敏等，2015）。由图 4-4 可知，不同苗床环境的秧苗叶龄随时间推移呈增长趋势，且叶龄均表现为 50 天＞40 天＞30 天＞20 天，而随着叶龄的增长，株高、叶面积等形态指标整体也呈增长趋势。在田间苗床环境下，叶龄呈持续增长趋势，特别是 40 天、50 天秧龄秧苗叶龄增加较快，长势过旺，移栽前一天其叶龄分别达到了 5.25、5.63，极显著高于其他处理；在温室苗床环境下，

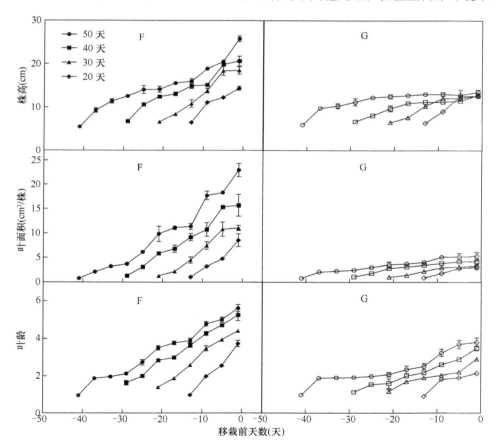

图 4-4　两种苗床不同秧龄秧苗形态的动态特征

G：温室苗床；F：田间苗床；20 天：20 天秧龄；30 天：30 天秧龄；40 天：40 天秧龄；50 天：50 天秧龄

叶龄增长到一定程度后出现增长趋势减缓。总体来看，在移栽前，田间苗床环境叶龄均值为 4.75，变幅为 3.73～5.63，其株高变异很大，在 14.36～25.74 cm；温室苗床环境叶龄均值为 3.08，变幅为 2.14～3.81，株高稳定在 12.56～13.47 cm。可见温室育秧其秧龄弹性更大，更符合机插秧小苗移栽的特性。

由表 4-8 可知，秧龄越长，移栽到成熟会相应缩短 1～3 天，差异不显著，但水稻整个生育期会相应延长，其中 50 天秧龄比 20 天秧龄整个生育期延长接近一个月。各秧龄秧苗采用机插方式移栽，结果显示主茎叶数均值在 13.43～14.61 片，且有移栽秧龄越大最终主茎叶数越多的趋势，但处理间差异不显著，可能是由于移栽到成熟生育时期各处理的时间相差不大。可见，延长机插稻秧龄并不会缩短移栽后生育期，反而会增加秧田期的成本。

表 4-8　不同秧龄杂交籼稻主要生育期

秧龄	播种期（月/日）	移栽期（月/日）	移栽期叶龄	抽穗期（月/日）	成熟期（月/日）	栽插期-成熟期（天）	全生育期（天）	主茎叶数（片）
20 天	4/21	5/11	2.94	7/30～7/31	9/8～9/9	120～121	140～141	14.10
30 天	4/11	5/11	3.66	7/29～7/31	9/7～9/9	119～121	149～151	13.43
40 天	4/01	5/11	4.36	7/28～7/30	9/6～9/8	118～120	158～160	14.16
50 天	3/22	5/11	4.72	7/28～7/30	9/5～9/8	117～120	167～170	14.61

第二节　高产品种生育模式

一、高产群体生育动态

四川盆地的"弱光、寡照、高湿"生态条件对杂交稻生产极为不利，其前期生长旺，无效分蘖多，全省杂交稻品种区试和大面积生产中，分蘖成穗率通常为50%左右，有效穗数不高，群体质量差，后期易倒伏，结实率为 75%～85%。因此，构建高产群体的核心是前期控制无效分蘖发生，提高分蘖成穗率；中期促进颖花分化，减少颖花退化，促进大穗形成，提高结实率；后期促进干物质生产，提高花后干物质积累，加大籽粒灌浆充实。参考凌启鸿（2010）的模式图，通过调查，形成了四川省杂交籼稻高产群体生育各阶段的主要生育指标图（图 4-5）。

二、穗蘖形成与气象因子的关系

从高产生育模式来看，有效穗数、穗粒数、千粒重等产量构成因子与在各季节所遇到的温、光资源等关系十分密切。有效穗的形成与分蘖发生叶位数、分蘖发生率和分蘖成穗率密切相关。通过分期播种试验研究了不同叶位分蘖成穗与气象因子的关系。

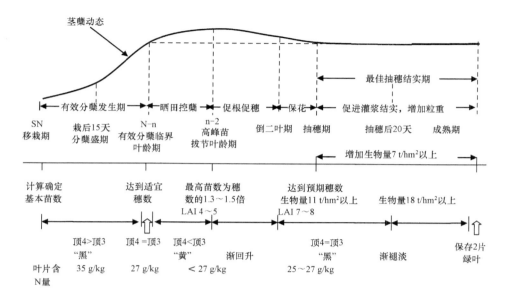

图 4-5 杂交籼稻高产群体生育动态指标

[参考凌启鸿（2010）的模式图结合四川省实际情况修改而成]

由表 4-9 可知，不同播栽期处理间机插杂交稻不同叶位一次分蘖发生率受分蘖期气象因子的影响。2/0 叶位一次分蘖发生率随分蘖期平均气温日较差、积温、平均日照时数升高而上升，随平均相对湿度、平均气温升高而下降；第 2~5 叶位二次分蘖发生率随平均相对湿度、平均气温升高而降低，随平均气温日较差、积温（部分叶位）、平均日照时数升高而上升。由表 4-10 可知，不同播栽期处理下机插杂交籼稻各叶位分蘖成穗率主要受分蘖期、幼穗分化期和抽穗开花期气象因子的影响。2/0 叶位一次分蘖成穗率随分蘖期、抽穗开花期平均气温日较差、平均日照时数升高而上升；3/0 叶位一次分蘖成穗率随分蘖期平均气温日较差、积温升高而上升，随幼穗分化期平均相对湿度升高而下降；5/0 叶位一次分蘖成穗率随幼穗分化期平均气温日较差升高而下降；6/0 叶位一次分蘖成穗率随幼穗分化期平均气温日较差、平均气温、平均日照时数升高而下降，随抽穗开花期平均气温日较差、平均气温升高而上升。第 2、第 3 叶位二次分蘖成穗率随分蘖期积温升高而上升。

因此，不同播栽期处理下机插杂交籼稻一、二次分蘖发生率主要受分蘖期气象因子的影响，而其分蘖成穗率则受分蘖期、幼穗分化期和抽穗开花期气象因子的影响。一次分蘖发生率与分蘖期平均相对湿度呈显著负相关，而与平均气温日较差、积温、平均日照时数呈显著正相关；而一次分蘖成穗率与分蘖期平均相对湿度、平均气温呈显著负相关，与分蘖期平均气温日较差、积温、平均日照时数

表 4-9　杂交籼稻不同叶位一、二次分蘖发生率与分蘖期气象因子的关系（引自钟晓媛等，2016）

叶位		气象因子	拟合方程	趋势	r^2
一次分蘖	2/0	平均相对湿度 h_a	$Y=-0.047\,9X^2+4.75X-66.35$	↓	0.31**
		平均气温日较差 Δt	$Y=-4.416\,1X^2+94.10X-458.55$	↑	0.30*
		平均气温 t_a	$Y=-5.727\,2X+150.32$	↓	0.29*
		积温 t	$Y=0.000\,3X^2-0.46X+198.25$	↑	0.53**
		平均日照时数 s_a	$Y=10.313\,0X-5.06$	↑	0.23*
二次分蘖	2	平均相对湿度 h_a	$Y=-1.308\,7X+105.90$	↓	0.42**
		平均气温日较差 Δt	$Y=-0.845\,1X^2+23.31X-128.74$	↑	0.42**
		平均气温 t_a	$Y=0.239\,2X^2-13.71X+195.25$	↓	0.39**
		积温 t	$Y=0.000\,2X^2-0.411\,16X+187.31$	↑	0.65**
		平均日照时数 s_a	$Y=1.803\,3X^2-6.06X+11.90$	↑	0.38**
	3	平均相对湿度 h_a	$Y=0.093\,1X^2-15.26X+658.34$	↓	0.40**
		平均气温日较差 Δt	$Y=-3.838\,5X^2+84.34X-400.86$	↑	0.44**
		平均气温 t_a	$Y=0.719\,9X^2-36.72X+498.77$	↓	0.44**
		平均日照时数 s_a	$Y=-5.701\,4X^2+53.365X-63.04$	↑	0.42**
	4	平均相对湿度 h_a	$Y=-1.33X+133.68$	↓	0.31**
		平均气温日较差 Δt	$Y=-2.039\,7X^2+45.76X-207.36$	↑	0.30*
		平均气温 t_a	$Y=-0.227\,7X^2+5.53X+24.58$	↓	0.37**
		平均日照时数 s_a	$Y=6.90X+16.06$	↑	0.24**
	5	平均相对湿度 h_a	$Y=0.039\,5X^2-6.64X+290.25$	↓	0.39**
		平均气温日较差 Δt	$Y=6.69X-37.32$	↑	0.42**
		平均气温 t_a	$Y=0.584\,5X^2-27.12X+329.35$	↓	0.28**
		积温 t	$Y=0.05X-35.94$	↑	0.30**
		平均日照时数 s_a	$Y=6.31X-1.66$	↑	0.42**

注：↓表示下降；↑表示上升；*、**分别表示达到 0.05、0.01 显著水平

呈显著或极显著正相关，与幼穗分化期平均相对湿度呈显著负相关，与抽穗开花期平均日照时数呈显著正相关。二次分蘖发生率与分蘖期平均相对湿度、平均气温呈极显著负相关，而与分蘖期平均气温日较差、平均日照时数呈极显著正相关，与分蘖期积温呈显著正相关；二次分蘖成穗率与分蘖期积温呈显著正相关关系（图4-6 和图 4-7）。

表 4-10　杂交籼稻不同叶位一、二次分蘖成穗率与气象因子的关系（引自钟晓媛等，2016）

叶位		发育时期	气象因子	拟合方程	趋势	r^2
一次分蘖	2/0	分蘖期	平均气温日较差 Δt	$Y=13.51X-45.72$	↑	0.23^*
		分蘖期	积温 t	$Y=0.13X-59.98$	↑	0.22^*
		分蘖期	平均日照时数 s_a	$Y=-4.5346X^2+46.72X-23.06$	↑	0.24^*
		抽穗开花期	积温 t	$Y=-0.0058X^2+4.46X-762.61$	↑	0.22^*
		抽穗开花期	平均日照时数 s_a	$Y=5.53X+53.44$	↑	0.21^*
	3/0	分蘖期	平均气温日较差 Δt	$Y=-0.6645X^2+14.24X+23.81$	↑	0.22^*
		分蘖期	积温 t	$Y=0.006X+78.56$	↑	0.24^*
		幼穗分化期	平均相对湿度 h_a	$Y=0.0955X^2+13.95X-410.16$	↓	0.26^*
	5/0	幼穗分化期	平均气温日较差 Δt	$Y=-3.1546X^2+57.08X-162.42$	↓	0.37^*
	6/0	幼穗分化期	平均气温日较差 Δt	$Y=1.9236X^2-52.61X+385.31$	↓	0.42^{**}
		幼穗分化期	平均气温 t_a	$Y=-2.5044X^2+105.25X-989.83$	↓	0.47^{**}
		幼穗分化期	平均日照时数 s_a	$Y=0.4993X^2-15.97X+119.25$	↓	0.36^{**}
		抽穗开花期	平均气温日较差 Δt	$Y=-1.2626X^2+31.16X-118.49$	↑	0.24^*
		抽穗开花期	平均气温 t_a	$Y=9.20X-175.59$	↑	0.30^{**}
二次分蘖	2	分蘖期	积温 t	$Y=0.10X-96.09$	↑	0.52^{**}
		抽穗开花期	积温 t	$Y=-0.0036X^2+3.11X-649.14$	↑	0.29^*
	3	分蘖期	积温 t	$Y=0.07X-56.99$	↑	0.34^{**}
		幼穗分化期	平均气温日较差 Δt	$Y=1.0460X^2-22.37X+119.38$	↓	0.26^*

注：↓表示下降；↑表示上升；*、**分别表示达到 0.05、0.01 显著水平

三、穗生长与气象条件的关系

穗的分化和生长是产量构成因子穗粒数多少的关键。采用二因素裂区试验设计，采用机直播、机插和手插 3 种播栽方式和 2 个不同穗粒型杂交籼稻组合（宜香优 2115 和 F 优 498），分析了穗分化期气象因素与穗茎生长的关系。结果表明，不同播栽方式的生育进程不同，必然会对穗茎生长产生影响。比较不同播栽方式间生育进程，由图 4-8 可知，机直播全生育期较机插和手插分别缩短了 5 天和 3 天（宜香优 2115）、7 天和 4 天（F 优 498），主要是因为机直播没有移栽和返青环节，生育进程加快，而宜香优 2115 全生育期较 F 优 498 长 8～10 天。机插孕穗前生育进程较慢而孕穗后生育进程加快，其穗分化期历时较长，而 F 优 498 穗分化期较宜香优 2115 短。比较各生育时期气象条件（表 4-11）可知，机插在孕穗前积温高于机直播和手插，而孕穗后的积温低于机直播和手插，但机插全生育期积温最高。此外，机插拔节至抽穗期日照时数高于机直播和手插，为穗粒形成提供了较好的条件。

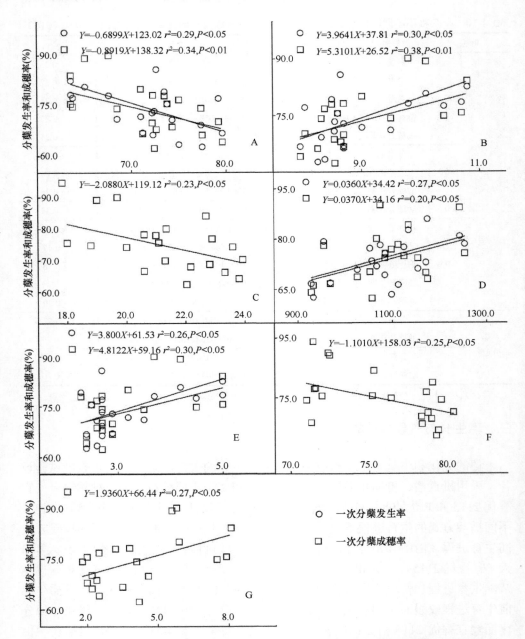

图 4-6　气象因子对杂交籼稻一次分蘖发生率和成穗率的影响（引自钟晓媛等，2016）

A：分蘖期平均相对湿度（%）；B：分蘖期平均气温日较差（℃）；C：分蘖期平均气温（℃）；D：分蘖期积温（℃）；
E：分蘖期平均日照时数（h）；F：幼穗分化期平均相对湿度（%）；G：抽穗开花期平均日照时数（h）

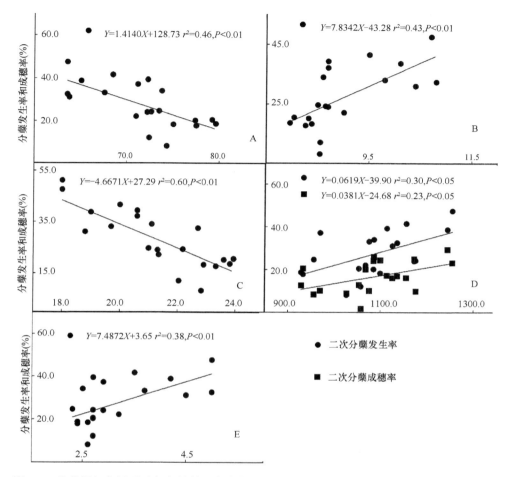

图 4-7　分蘖期气象因子对杂交籼稻二次分蘖发生率和成穗率的影响（引自钟晓媛等，2016）

A：平均相对湿度（%）；B：平均气温日温较差（℃）；C：平均气温（h）；D：积温（℃）；E：平均日照时数（h）

由图 4-9 可知，穗分化期平均气温在 20~29℃，日最高气温在 22~36℃，但降水量变幅较大。进一步分析穗分化期气象因子与穗茎生长的关系，发现抽穗前 28~31 天、20~23 天以及 12~15 天是气象因子对穗茎生长影响较大的时段。表 4-12 中列出了抽穗前 12 天（接近孕穗期）及抽穗期的穗茎性状与气象因子的相关系数，从中可以看出，抽穗前 12 天茎秆长和干重与抽穗前 28~31 天、20~23 天以及 12~15 天的多数气温因素呈显著或极显著正相关；抽穗前 12 天穗长和干重与多数气象因子呈负相关，且与抽穗前 20~23 天平均气温及≥10℃积温的相关性达到极显著水平。抽穗期茎秆长和穗干重受气象因子影响不大；抽穗前 28~31 天、20~23 天以及 12~15 天的≥10℃积温、最高气温及平均气温与抽穗期茎秆干重、穗长呈显著或极显著正相关。

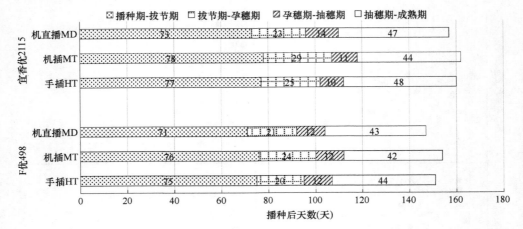

图 4-8　不同播栽方式下杂交籼稻的生育进程（引自田青兰等，2016）

柱形图中的数值表示该时段经历的天数

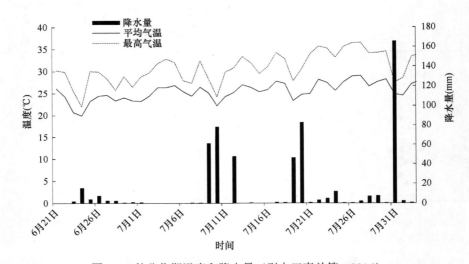

图 4-9　穗分化期温度和降水量（引自田青兰等，2016）

表 4-11　不同播栽方式下杂交籼稻各生育时期气象条件比较（引自田青兰等，2016）

指标	生育时期	宜香优 2115			F 优 498		
		机直播	机插	手插	机直播	机插	手插
≥10℃积温（℃）	播种期-拔节期	1518.7	1626.3	1603.1	1468.5	1583.2	1562.5
	拔节期-孕穗期	560.9	732.8	625.3	508.4	594.7	483.4
	孕穗期-抽穗期	372.1	299.1	270.4	309.7	320.9	313.2
	抽穗期-成熟期	1154.2	1050.6	1170.2	1077.4	1023.8	1091.0
	全生育期	3605.9	3708.8	3669.0	3364.0	3522.6	3450.1

续表

指标	生育时期	宜香优 2115			F 优 498		
		机直播	机插	手插	机直播	机插	手插
日照时数（h）	播种期-拔节期	223.5	229.9	226.4	215.4	226.4	226.4
	拔节期-孕穗期	71.1	116.0	85.6	52.4	78.8	43.0
	孕穗期-抽穗期	76.6	44.7	63.4	63.0	70.2	69.6
	抽穗期-成熟期	107.9	88.5	103.7	124.1	94.6	117.6
	全生育期	479.1	479.1	479.1	454.9	470.0	456.6

表 4-12 穗分化期气象因子与穗茎生长的关系（*n*=18）（引自田青兰等，2016）

时段	气象因子	抽穗前 12 天				抽穗期			
		茎秆		穗		茎秆		穗	
		长	干重	长	干重	长	干重	长	干重
抽穗前 28～31 天	最高气温	0.448	0.768[**]	−0.289	−0.102	0.284	0.671[**]	0.768[**]	−0.089
	最低气温	0.530[*]	0.807[**]	−0.347	−0.193	0.109	0.653[**]	0.892[**]	−0.332
	平均气温	0.532[*]	0.823[**]	−0.265	−0.114	0.188	0.653[**]	0.863[**]	−0.249
	≥10℃积温	0.532[*]	0.823[**]	−0.265	−0.114	0.188	0.653[**]	0.863[**]	−0.249
	日照时数	0.064	0.097	0.476[*]	0.424	0.310	−0.051	−0.111	0.299
抽穗前 20～23 天	最高气温	0.075	0.378	−0.713[**]	−0.411	0.173	0.615[**]	0.460	0.067
	最低气温	0.505[*]	0.515[*]	−0.029	−0.295	0.337	0.380	0.585[*]	−0.270
	平均气温	0.492[*]	0.752[**]	−0.562[*]	−0.529[*]	0.413	0.806[**]	0.864[**]	−0.170
	≥10℃积温	0.492[*]	0.752[**]	−0.562[**]	−0.529[*]	0.413	0.806[**]	0.864[**]	−0.170
	日照时数	−0.284	−0.105	−0.373	−0.009	−0.125	0.106	−0.113	0.223
抽穗前 12～15 天	最高气温	0.656[**]	0.913**	−0.235	−0.247	0.420	0.750[**]	0.953[**]	−0.235
	最低气温	0.141	0.263	0.170	0.370	−0.211	0.024	0.210	−0.134
	平均气温	0.668[**]	0.816[**]	−0.046	−0.192	0.383	0.585[*]	0.854**	−0.300
	≥10℃积温	0.668[**]	0.816[**]	−0.046	−0.192	0.383	0.585[*]	0.854[**]	−0.300
	日照时数	0.600[**]	0.867[**]	−0.415	−0.385	0.361	0.787[**]	0.959[**]	−0.263

注：*、**分别表示相关性达到 0.05、0.01 显著水平

第三节　高产群体形态生理特点

追求水稻的高产是永恒不变的主题。水稻高产不仅需要足够的个体数量，还需要提高个体质量从而提高整个群体的质量。因此，了解水稻高产的群体特性有利于品种选育和栽培措施的优化。

一、株叶型特性

理想的水稻株型结构可以最大限度地提高群体的光能利用率，从而增加产量。为进一步挖掘水稻增产潜力，水稻育种以塑造"理想株叶型"为指南，旨在寻求特定生产条件下有利于高产的最佳组配性状。水稻的株叶型包括个体和群体 2 个水平。个体株型包括株高、上三叶叶形和穗型特征，群体特征含叶面积指数、粒叶比和收获指数等形态指标。

（一）种植方式对水稻叶形的影响

光合产物是绿色植物最根本的物质来源。而叶片作为光合作用的主要器官，其特性直接决定了水稻产量的形成。优良的株型结构是高产的骨架，水稻的长势主要体现在群体叶片数量和质量上。上三叶生长发育与穗分化同步进行，高效叶面积与穗部性状密切相关。通过 2 年田间试验研究了不同种植方式的叶形特点，由表 4-13 可知，2 年的主茎叶片形态有所差异。2012 年上三叶的叶长均表现为机直播显著高于机插和手插，机直播处理剑叶、倒二叶和倒三叶的叶长比机插平均分别高 7.63%、10.16% 和 7.57%，较手插平均分别高 17.59%、23.02% 和 18.09%；2013 年水稻的剑叶和倒二叶均以手插最长，机插倒三叶叶长显著高于机直播和手插处理；2013 年机直播的剑叶和倒三叶长度随播期延迟明显增长，倒二叶略有减小，机插与机直播趋势相反，手插的上三叶长度随之增长。从叶宽来看，2012 年上三叶叶宽表现为机直播>机插>手插，机直播剑叶、倒二叶和倒三叶的宽度比机插平均分别高 11.37%、6.74% 和 1.89%，比手插平均分别高 18.09%、12.43% 和 4.55%，不同种植方式之间剑叶的差异达显著水平；2013 年水稻上三叶叶宽均以机插处理最大，剑叶以机直播最小，倒二叶和倒三叶以手插最小；除机直播剑叶外叶宽随播期延迟呈增大的趋势，种植方式与播期的互作对剑叶宽度有显著影响，机插和手插随播期延迟增大，手插反而减小。从比叶重来看，2 年手插上三叶比叶重均高于机直播和机插处理，机直播与机插差异不显著。上三叶叶长、叶宽均随穴苗数增加而降低，穴苗数对比叶重的影响不显著；随着播期延迟，3 种种植方式的比叶重均降低。种植方式和播期对倒二叶比叶重存在显著或极显著（2013 年主茎）的交互效应，机直播和机插随播期延迟倒二叶比叶重显著减小，手插反而略有增加。一次分蘖叶形的变化趋势与主茎基本一致。综合来看，机直播和机插处理叶片宽大，手插处理比叶重最大；播期延迟使叶片变大，但比叶重显著降低。

表4-13　不同种植方式的叶形（引自雷小龙等，2014）

处理			叶长（cm）			叶宽（cm）			比叶重（mg/cm²）		
			剑叶	倒二叶	倒三叶	剑叶	倒二叶	倒三叶	剑叶	倒二叶	倒三叶
2012 主茎	机直播	L	57.23a	64.06a	59.22a	2.39a	1.95a	1.71a	4.95a	4.75a	4.66a
		H	57.63a	65.14a	56.48b	2.31a	1.84a	1.52b	4.92a	4.90a	4.67a
		平均	57.43a	64.60a	57.85a	2.35a	1.90a	1.61a	4.93a	4.83a	4.66b
	机插	L	54.80a	59.74a	53.25a	2.11a	1.76a	1.59a	4.99a	4.96a	4.79a
		H	51.92a	57.54a	54.30a	2.11a	1.80a	1.58a	5.04a	4.97a	4.82a
		平均	53.36b	58.64b	53.78b	2.11b	1.78b	1.58b	5.02a	4.96a	4.81ab
	手插	L	47.43a	53.25a	49.65a	1.99a	1.72a	1.54a	4.99a	5.05a	5.10a
		H	50.24a	51.78a	48.32a	1.99a	1.67a	1.54a	5.10a	5.01a	4.79a
		平均	48.84c	52.51c	48.99c	1.99c	1.69c	1.54	5.05a	5.03a	4.95a
	F值	P	20.68**	63.40**	40.08**	27.02**	13.24**	2.69	0.09	0.49	3.27
		S	0.01	0.97	1.56	0.46	1.32	5.78*	0.04	0.05	1.03
		P×S	2.28	1.29	1.87	0.49	1.98	5.23*	0.03	0.11	1.42
2013 主茎	机直播	ES	46.74a	59.87a	50.66b	2.10a	1.75b	1.51b	4.66a	5.02a	4.90a
		LS	50.36a	56.70a	55.50a	1.99b	1.88a	1.60a	4.51a	4.33b	4.20b
		平均	48.55a	58.28a	53.08b	2.04b	1.81a	1.56ab	4.59a	4.68b	4.55b
	机插	ES	50.49a	53.93a	51.84b	2.10a	1.73b	1.54b	4.77a	5.05a	4.83a
		LS	45.22a	58.43a	63.11a	2.26a	1.92a	1.71a	4.37b	4.41b	4.56b
		平均	47.86a	56.18a	57.48a	2.18a	1.83a	1.63a	4.57a	4.73b	4.69ab
	手插	ES	48.55a	54.63a	47.48b	1.95b	1.75b	1.45b	4.92a	4.89b	4.99a
		LS	53.48a	63.26a	51.58a	2.21a	1.88a	1.58a	4.66b	5.01a	4.64b
		平均	51.01a	58.94a	49.53b	2.08ab	1.81a	1.52b	4.79a	4.95a	4.82a
	F值	P	0.85	0.82	13.12**	4.28	0.11	3.48	3.21	13.16**	3.95
		D	0.28	3.27	28.16**	7.00*	28.07**	13.80**	11.81*	77.06**	32.41**
		P×D	2.37	3.55	3.22	8.28*	0.53	0.42	0.85	32.77**	2.82
一次 分蘖	机直播	ES	42.44a	57.62a	48.75b	2.06a	1.76a	1.51a	4.40a	4.43a	4.33a
		LS	47.91a	56.04a	52.14a	1.93b	1.81a	1.55a	4.13b	3.95b	3.81b
		平均	45.17a	56.83a	50.44b	2.00b	1.78a	1.53b	4.27b	4.19b	4.07b
	机插	ES	47.09a	52.18b	51.22b	2.04a	1.72b	1.54b	4.69a	4.63a	4.59a
		LS	43.98a	57.58a	62.15a	2.27a	1.95a	1.72a	3.97b	4.14b	4.23b
		平均	45.54a	54.88a	56.68a	2.16a	1.83a	1.63a	4.33b	4.39ab	4.41a
	手插	ES	48.48a	55.29b	47.17b	1.96a	1.77b	1.56b	4.79a	4.49b	4.24a
		LS	46.88a	59.81a	52.74a	2.10a	1.85a	1.62a	4.30b	4.56a	4.29a
		平均	47.68a	57.55a	49.95b	2.03b	1.81a	1.59ab	4.55a	4.53a	4.26ab
	F值	P	1.25	2.17	8.68*	14.42**	1.01	5.27*	7.49*	4.51	5.99*
		D	0.03	6.57*	20.30**	9.32*	16.53**	13.79**	61.48**	10.59*	12.02*
		P×D	3.59	4.10	2.31	18.14**	4.00	2.49	4.38	3.92	4.36

注：L：低苗处理；H：高苗处理；ES：早播处理；LS：迟播处理；P：种植方式；S：穴苗数；D：播期；P×S：种植方式与穴苗数的互作；P×D：种植方式与播期的互作；不同小写字母表示差异达到 0.05 显著水平，下同；*、**分别表示达到 0.05、0.01 显著水平

（二）种植方式对水稻叶姿的影响

理想株型着眼于塑造优良的受光姿态，叶姿是影响水稻捕获和利用太阳光能能力的重要因素，主要表现为叶片的高度与直立性等。比叶重高有利于扩大叶源量且叶片直立性好，袁隆平（1997）认为上三叶应挺直、窄、凹、厚。手插和机插的株高均低于机直播处理，手插与机插差异不显著。随着株高的增加，上三叶的着生高度也相应提高，剑叶着生高度表现为机直播>机插>手插（表 4-14）。叶间距影响下层的通风受光条件，不同种植方式间剑叶与倒二叶间距差异不显著，叶位差异主要表现在倒二叶与倒三叶间距上，表现为手插高于机插和机直播，倒二叶与倒三叶间距大有助于基部叶片受光。从叶片的直立性来看，机直播处理剑叶的叶基角显著高于机插和手插，而倒二叶和倒三叶的叶基角均是手插>机插>机直播。从披垂度来看，机直播处理剑叶的披垂度均显著低于机插和手插，倒二叶和倒三叶的披垂度均是机直播>机插>手插。综合来看，机直播和机插株高于上三叶叶位高，叶片间距大，但直立性偏差；手插株高较低，叶片间距偏小，叶片短而厚，直立性好，有利于下部叶片受光。

表 4-14　不同种植方式的叶姿（引自雷小龙等，2014b）

种植方式	株高（cm）	剑叶着生高度（cm）	剑叶与倒二叶间距（cm）	倒二与倒三叶间距（cm）	叶基角（°）			披垂度（°）		
					剑叶	倒二叶	倒三叶	剑叶	倒二叶	倒三叶
机直播	116.21a	88.55a	27.97a	13.39a	10.19a	13.97a	19.46a	4.39b	8.54a	9.62a
机插	113.31b	86.51ab	28.92a	12.08b	6.58b	14.81a	19.83a	7.29b	7.74a	7.35ab
手插	111.68b	84.49b	27.77a	14.15a	6.36b	15.20a	21.34a	6.79b	5.94a	6.45b

（三）种植方式对水稻叶面积的影响

作物的冠层结构直接影响大田生态系统中作物的产量。冠层结构可作为冠层内部生长优劣的表征，常用透光率、叶面积指数等指标来表示。一般而言，冠层透光率小，会导致冠层内部郁蔽，中下部所接收光照减少，光合作用受到抑制。冠层叶片是水稻截获光能和进行光合作用的主要部位，叶面积直接决定水稻对光能的捕获能力，适宜的叶面积指数能提高叶片的光能利用率，起到强源的作用。凌启鸿等（1993）指出，在一定范围内提高水稻最大叶面积指数，有利于获得高产。水稻在抽穗期以后顶部高效叶的光合作用对产量形成有重要作用，在群体最大叶面积一定时，适当增加上三叶叶面积占最大叶面积的比例，有利于提高抽穗后群体光合生产能力和产量。可见，在抽穗后高冠层光合能力对群体高产有举足轻重的作用。合理的种植方式能有效地调节水稻的叶面积指数。研究表明（图 4-10和图 4-11），不同种植方式下，上三叶叶面积指数一般在始穗期达到最大，随后逐渐降低，到蜡熟期上三叶叶面积指数降至最低，上三叶叶面积指数以机插秧下降的最少，手插秧下降的最多；而上三叶叶面积指数以优化定抛下降的最少，手插秧下降的最多。同时齐穗期上三叶叶面积指数所占比例以优化定抛最高，手插秧最低。优化定抛的上三叶叶面积指数降低的更少，所占比例更高，为优化定抛的高产奠定了坚实的物质基础。

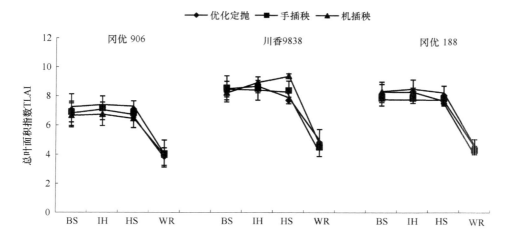

图 4-10   不同种植方式不同生育时期的总叶面积指数

BS：孕穗期；IH：始穗期；HS：齐穗期；WR：蜡熟期

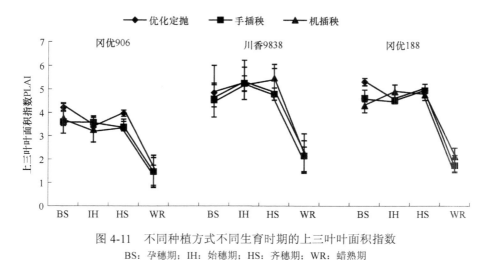

图 4-11   不同种植方式不同生育时期的上三叶叶面积指数

BS：孕穗期；IH：始穗期；HS：齐穗期；WR：蜡熟期

肥料特别是氮肥的施用显著影响水稻的株叶型。水稻生产中，农民往往通过大量施用氮肥来达到高产的目的。然而不合理的氮肥施用往往导致增肥不增产、环境污染加剧、经济效益低下等不利影响。将适当比例的氮肥后移作为穗肥施用可以有效地提高水稻的剑叶叶面积、高效叶面积率（即上三叶叶面积率）和叶面积比率，同时降低粒叶比，从而提高抽穗后的叶片光合生产能力（表4-15）。可见，氮肥后移作为最简单可行的优化施肥方式，能有效地满足水稻生育中后期对氮素营养的需求，降低中后期高效叶的衰老速率，维持较高的叶面积指数，从而提高水稻的群体光合生产，确保水稻的高产稳产。

表4-15　不同氮肥施用比例对机插稻叶片特性的影响

基肥∶分蘖肥∶穗肥	剑叶叶面积（cm²）	高效叶面积率（%）	粒叶比（g/m²）	叶面积比率（cm²/g）	
				抽穗期	灌浆期
10∶0∶0	40.89b	70.43c	125.22ab	44.59a	17.44b
7∶3∶0	40.94b	74.32b	115.07b	45.12a	19.06a
6∶0∶4	49.27a	75.59ab	134.85a	46.42a	21.72a
4∶3∶3	49.94a	78.45a	114.11b	48.74a	21.39a

二、干物质生产特性

在水稻产量形成过程中，生产物质的多少及其在各器官间分配的合理性是影响水稻经济产量不可或缺的两个方面，在实现水稻高物质积累的同时，保证水稻"源"与"库"之间的畅通和干物质的合理分配是实现水稻高产的关键。

（一）播栽方式对水稻干物质积累、分配、转运特性的影响

不同播栽方式对杂交稻主要生育期单茎干物质重和群体干物质重的影响存在明显差异（表4-16）。播栽方式在分蘖盛期对杂交中稻单茎干物质重有显著的影响，且表现为机直播方式在分蘖盛期的单茎干物质重显著低于手插。播栽方式对主要生育期内群体干物质重均存在影响，机直播和机插的群体干物质重在分蘖盛期、拔节期和成熟期均显著低于手插，3种播栽方式在抽穗期的群体干物质重表现为机直播＞手插＞机插。

表4-16　不同播栽方式下杂交稻主要生育期单茎干物质重和群体干物质重（引自刘利等，2014）

播栽方式	分蘖盛期		拔节期		抽穗期		成熟期	
	单茎干物质重（g）	群体干物质重（t/hm²）	单茎干物质重（g）	群体干物质重（t/hm²）	单茎干物质重（g）	群体干物质重（t/hm²）	单茎干质重（g）	群体干物质重（t/hm²）
机直播	0.13c	0.54b	0.80a	2.93b	4.46a	11.99a	6.98a	17.27b
机插	0.18b	0.40c	0.74a	3.05b	4.11a	10.50b	6.60b	16.73b
手插	0.24a	0.77a	0.80a	3.77a	4.03a	11.84a	6.90ab	18.09a

水稻在拔节期-抽穗期和抽穗期-成熟期的干物质积累量较大（表 4-17）。播栽方式对各生育时期干物质积累量和干物质积累速率均存在影响。在播栽期-分蘖盛期和分蘖盛期-拔节期机直播方式的干物质积累量与积累速率均显著低于手插。在拔节期-抽穗期机直播的干物质积累量和干物质积累速率均显著高于机插与手插，机直播在该阶段的干物质积累量占总干物质积累量的比例分别比机插和手插高 20.71% 和 18.00%。机插与手插在抽穗期-成熟期的干物质积累量和干物质积累速率均高于机直播，机插在该阶段的干物质积累量占总干物质积累量的比例分别比机直播和手插高 19.58% 和 5.88%。

表 4-17 不同播栽方式下杂交稻主要生育时期群体干物质积累量、积累速率

（引自刘利等，2014）

播栽方式	播栽期-分蘖盛期		分蘖盛期-拔节期		拔节期-抽穗期		抽穗期-成熟期	
	积累量 (t/hm²)	积累速率 [t/（hm²·天）]	积累量 (t/hm²)	积累速率 [t/（hm²·天）]	积累量 (t/hm²)	积累速率 [t/（hm²·天）]	积累量 (t/hm²)	积累速率 [t/（hm²·天）]
机直播	0.54b	0.02b	2.39c	0.10b	9.07a	0.23a	5.27b	0.14b
机插	0.40c	0.02b	2.65b	0.07c	7.44c	0.20b	6.24a	0.16a
手插	0.77a	0.04a	3.00a	0.11a	8.07b	0.20b	6.25a	0.15ab

表 4-18 表明，干物质在叶的分配比例在分蘖盛期和拔节期较大，茎鞘的分配比例在拔节期和抽穗期较高，叶和茎鞘比例均在成熟期降至最低，穗的分配比例随着生育进程逐渐上升，在成熟期达到最高。播栽方式对杂交稻各器官的干物质分配比例有明显的影响，叶比例在主要生育时期表现出机直播和机插高于手插，在抽穗前茎鞘比例表现为机直播＜机插＜手插，而在抽穗期茎鞘比例表现为机直播显著高于机插和手插，在成熟期又表现为手插显著高于机直播和机插。3 种播栽方式抽穗期穗比例表现为机直播＜机插＜手插，三者的差异达到显著水平，而成熟期机插穗比例分别比机直播和手插高 2.34% 和 1.63%。

表 4-18 不同播栽方式下杂交稻主要生育时期干物质分配比例

（引自刘利等，2014）

播栽方式	叶比例（%）				茎鞘比例（%）				穗比例（%）	
	分蘖盛期	拔节期	抽穗期	成熟期	分蘖盛期	拔节期	抽穗期	成熟期	抽穗期	成熟期
机直播	50.87a	47.39a	30.98ab	17.20a	49.13b	52.61b	56.02a	28.47b	13.00c	54.33b
机插	49.61ab	47.28a	31.11a	16.39b	50.39ab	52.72b	54.98b	28.00b	13.91b	55.60a
手插	49.18b	41.95b	30.07b	14.60c	50.82a	58.05a	54.84b	30.69a	15.09a	54.71ab

叶和茎鞘输出量、输出率与转化率受播栽方式影响显著（表 4-19）。叶输出量、输出率和转化率在 3 种播栽方式中表现为机插＜机直播＜手插，其中机插和机直

播与手插的差异达显著水平；而机直播的茎鞘输出量、输出率和转化率显著高于机插和手插。抽穗后物质同化量、干物质积累量所占比例及抽穗后干物质贡献率受播栽方式的影响显著，表现为机直播显著低于机插和手插。

表 4-19　不同播栽方式下杂交稻干物质输出和运转（引自刘利等，2014）

播栽方式	叶			茎鞘			抽穗后物质同化量（t/hm²）	抽穗后干物质积累量所占比例（%）	抽穗后干物质贡献率（%）
	输出量（t/hm²）	输出率（%）	转化率（%）	输出量（t/hm²）	输出率（%）	转化率（%）			
机直播	0.78a	20.24b	8.60a	1.80a	26.49a	19.98a	5.27b	29.82b	54.56b
机插	0.52b	15.89c	5.66b	1.09b	18.68b	11.91b	6.24a	37.14a	66.70a
手插	0.90a	25.35a	9.14a	1.11b	16.13b	11.42b	6.25a	34.46a	63.04a

（二）干物质生产特性与产量的关系

水稻干物质的生产特性是光合产物在植株不同器官中积累与分配的结果，而生态条件、播栽方式及二者互作效应对水稻干物质的积累和分配存在极显著的影响。王勋等（2005）研究指出，生态环境对水稻干物质积累影响显著。2010～2011年在四川不同生态区的研究则表明，茎鞘物质输出率和转化率与全生育期积温、降水量呈显著水平以上负相关，单茎干物质重则与日照时数呈显著水平以上正相关（表 4-20），充足的光温条件能有效提高干物质积累和运转效率，加快水稻的生育进程，缩短生育期。

表 4-20　水稻干物质生产特性与生态因子的相关系数（引自邓飞等，2012）

指标	全生育期			日均		
	积温	降水量	日照时数	积温	降水量	日照时数
茎鞘物质输出率	−0.518**	−0.524**	0.150	0.187	−0.503*	0.466*
茎鞘物质转化率	−0.527**	−0.434*	0.046	0.132	−0.410*	0.364
单茎干物质重	−0.382	−0.753**	0.434*	0.416*	−0.757**	0.744**
群体干物质重	−0.034	−0.275	0.287	0.041	−0.296	0.251

注：*、**分别表示相关性达到 0.05、0.01 显著水平

水稻产量的形成是植株干物质积累、分配、运输与转化的结果。不同生长阶段干物质积累的比例协调是水稻高产的前提。在四川，高产水稻的干物质生产特性因生态条件而异。在仁寿等生态区，产量与成熟期干物质积累总量（$r=0.849^{**}$）及抽穗前干物质积累量（$r=0.745^{*}$）都呈显著水平以上正相关；该地区水稻产量要达到 10 t/hm² 以上，则抽穗前干物质积累量应≥9.2 t/hm²，成熟期干物质积累总量则应≥15.5 t/hm²。在郫县等生态区，产量则与播种期-分蘖盛期（$r=0.771^{*}$）及拔节期-孕穗期（$r=0.688^{*}$）干物质积累量呈显著正相关，与抽穗期-成熟期干物质积

累也呈正相关关系（$r=0.649$）；要达到 9.5 t/hm² 以上的产量，则抽穗后干物质积累量≥5.9 t/hm²。在雅安等生态区，产量与抽穗前干物质积累量呈显著正相关（$r=0.700^*$）；抽穗期前干物质累量≥10.4 t/hm²，产量则可达到 9.0 t/hm² 以上。

水稻籽粒的产量物质一部分来自抽穗后的光合产物，另外一部分来自叶、茎鞘贮藏物质的再分配。凌启鸿等（1993）研究指出，产量的高低，最终取决于抽穗期-成熟期的光合生产能力。本研究则表明，不同生态条件下，抽穗后的光合生产能力及茎鞘干物质的转化与输出对产量的贡献不同，要根据具体的生态条件协调抽穗前后的光合生产。仁寿产量主要来自抽穗后的光合产物在籽粒中的积累，与茎鞘物质的输出与转化相关性不显著；郫县茎鞘物质输出与转化对产量的贡献大于仁寿，产量与孕穗期茎鞘干物质比例呈显著正相关（$r=0.775^*$），与成熟期茎鞘干物质比例则呈显著负相关（$r=-0.757^*$）；雅安抽穗后茎鞘干物质的输出和转化与产量均呈正相关关系，其对产量的作用明显。

三、根系特性

（一）播栽方式对水稻根系形态的影响

由表 4-21 可知，水稻生育前期根系不断生长，至抽穗期达到顶峰，抽穗后逐渐衰老，不同播栽方式的根系形态指标存在显著差异。从单茎根系形态性状变化来看，分蘖盛期直播在总根长、根体积以及根尖数上显著高于机插和手插；分蘖盛期至拔节期机插根系生长最快，单茎总根长、根体积、根尖数均较直播和手插高，拔节期总体呈机插＞直播＞手插的趋势，其中机插与直播、手插的差异达到显著水平；抽穗期机插在单茎总根长、根体积上大于直播和手插，值得注意的是，单茎根尖数直播大于机插和手插。成熟期各单茎根系指标大都无显著差异。从群体根系形态性状变化来看，分蘖盛期呈现出与单茎根系形态性状一致的变化趋势，直播各项指标均显著高于机插和手插；机插在分蘖盛期后单茎根系迅速生长，拔节期和抽穗期群体总根长、根体积均高于直播和手插；抽穗期群体表现与单茎一致，直播的单茎和群体总根长、根体积低于机插，群体根尖数显著高于机插和手插，直播在拔节期后在表层土壤新长出的根量最大；成熟期各群体根系指标均差异不显著。

分蘖盛期、拔节期三种播栽方式根直径无显著差异，抽穗期和成熟期直播根直径显著低于机插和手插。总的来看，生育前期直播的根系具有显著优势，生长量大，分蘖盛期后，机插的根系迅速生长，拔节期、抽穗期单茎与群体的生长量高于直播及手插，说明机插根系具有后发优势，分蘖盛期直播有显著优势，拔节期和抽穗期直播与机插都显著高于手插。总结来看，机械化种植有利于水稻根系的生长，不论是直播还是机插在群体根干重上较手插都具有一定优势。根冠比是反映水稻根系与地上部生长协调程度的重要指标,整个生育期根冠比都呈下降趋势。不同生育时期,直播根冠比均明显高于机插和手插;与手插相比,机插分蘖盛期根冠比显著降低,抽穗期根冠比则显著升高。

表 4-21　不同播栽方式下杂交籼稻根系形态特征（引自刘波等,2015）

播栽方式		单茎总根长（m）	单茎根体积（cm³）	单茎根尖数	群体总根长（万 m/hm²）	群体根体积（m³/hm²）	群体根尖数	根直径（mm）	群体根干重（t/hm²）	根冠比
分蘖盛期	直播	2.92a	1.64a	571a	1309a	7.38a	2544a	0.84a	0.807a	0.219a
	机插	2.39b	1.21b	412b	928b	4.67c	1611c	0.80a	0.399b	0.140c
	手插	2.29b	1.24b	424b	1061b	5.75b	1990b	0.83a	0.503a	0.166b
拔节期	直播	5.07b	2.69b	817b	2315b	12.38b	3723b	0.80a	0.934a	0.132a
	机插	6.08a	3.19a	968a	2692a	14.12a	4282a	0.82a	0.950a	0.107c
	手插	4.75b	2.53b	718c	2146c	11.36c	3261c	0.83a	0.765a	0.111b
抽穗期	直播	9.77b	4.75b	1910a	2892b	14.50ab	6175a	0.75b	1.158a	0.073a
	机插	11.09a	5.85a	1882a	3066a	16.20a	5157b	0.82a	1.154a	0.072a
	手插	9.85b	4.75b	1749b	2692c	12.97b	4771c	0.84a	0.944b	0.062b
成熟期	直播	7.86b	3.33b	1339b	2235b	9.47b	3815b	0.71b	0.896a	0.047a
	机插	8.05ab	3.77a	1400ab	2224a	10.38a	3880a	0.76a	0.805a	0.036b
	手插	8.58a	3.86a	1519a	2245a	10.07a	3972a	0.78a	0.388b	0.040b

（二）播栽方式对水稻根层分布的影响

各土层根干重所占百分比能有效反映根系在土层中的分布。由图 4-12 可以看出,纵向上,直播和机插抽穗期各根层根干重所占百分比表现一致,但与手插相比则有明显不同。直播和机插的根系主要分布在 0～10cm 土层,根干重所占百分比分别为 76.9% 和 76.5%,手插则为 67.9%;10～20 cm 土层直播、机插、手插根干重所占百分比分别为 16.1%、17.0%、22.3%;20 cm 以下土层直播、机插、手插根干重所占百分比分别为 7.0%、6.5%、9.8%。由此可见,直播和机插的根系更多地分布在浅层土壤,手插的根系在深层土壤的分布多于直播和机插。在根系的横向分布上,由图 4-12 可知,水稻大部分根系分布在植株正下方直径范围 0～12 cm,直径范围 0～12 cm 机插和手插根干重所占百分比分别为 60.2%、60.4%,直播分别较机插和手插高 3.5 个百分点和 3.3 个百分点,为 63.7%。由此可见,直播在根系的横向伸展上不及机插和手插,根系更加集中地分布在植株的正下方。

（三）播栽方式对水稻根系伤流的影响

伤流强度能综合反映水稻根系活力。由图 4-13 可以看出,根系的伤流强度在抽穗后都呈下降趋势,抽穗期群体伤流强度为 436.0 kg/（hm²·h）,抽穗后 35 天只有 98.6 kg/（hm²·h）;抽穗期单茎伤流强度为 153.3 mg/h,到抽穗后 35 天只有 35.0 mg/h。

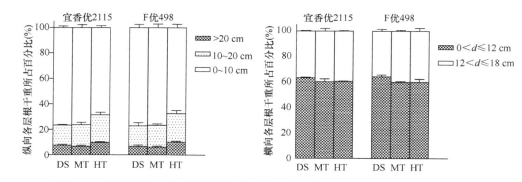

图 4-12　不同播栽方式下抽穗期各土层根干重所占百分比（引自刘波等，2015）

DS：直播；MT：机插；HT：手插

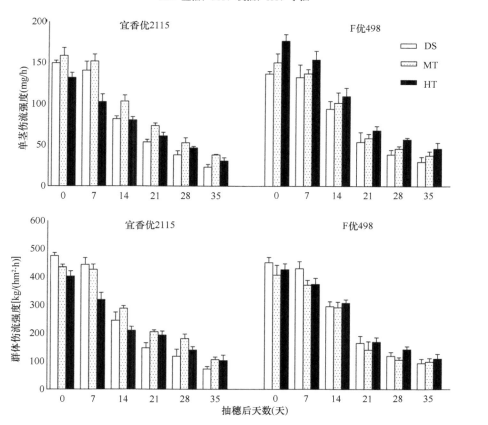

图 4-13　不同播栽方式下抽穗后根系伤流强度（引自刘波等，2015）

DS：直播；MT：机插；HT：手插

单茎伤流强度在两个品种间有不同表现，宜香优 2115 机插的伤流强度最大，直播在抽穗前期伤流强度大于手插，在抽穗 14 天后伤流强度低于手插，F 优 498 则表现为手插＞机插＞直播。从群体根系伤流强度来看，直播由于群体茎蘖数最高，群体伤流强度在抽穗期最大，但后期伤流强度弱于机插和手插，这一表现与单茎伤流强度变化一致；机插与手插相比，在宜香优2115上表现为机插＞手插，在F优498上总体表现为手插＞机插。从根系伤流强度的衰减情况来看，至抽穗后35天，宜香优2115直播、机插和手插分别下降84.7%、75.4%和74.3%，F优498分别下降79.3%、75.9%和74.3%，直播的根系衰老速度快于机插和手插。

四、高产群体特征

不同生态条件下，水稻干物质和氮素积累、分配及生产特性对水稻产量形成影响显著，且高产水稻群体特征体系因生态条件的变化而存在明显差异。仁寿等光温资源丰富地区，提高单位面积有效穗数是增加群体颖花数的主要途径；产量与成熟期干物质积累总量、抽穗前干物质积累量及叶片氮素转运情况均呈显著正相关，播种-拔节阶段氮素积累量也与水稻有效穗数及产量呈极显著正相关；随抽穗前、抽穗后干物质积累量的增加，水稻产量呈上升趋势。参照于林惠（2012）等的方法将产量≥7.5 t/hm²、≥9.0 t/hm² 和≥10.5 t/hm² 分为3个产量等级（表4-22），仁寿生态点产量要达到9 t/hm²以上，每公顷有效穗数应≥161.9万穗，同时应有效加快水稻分蘖的发生，提高拔节前植株的氮素积累量，促进抽穗后叶片氮素的转运；要达到10.5 t/hm² 及以上的产量，则每公顷有效穗数应≥173.5万穗，每穗颖花数应≥249.1，结实率≥89.5%，千粒重≥28.5 g，总干物质积累量≥17 t/hm²，抽穗前氮素积累量应≥147.3 kg/hm²，同时促进抽穗后叶片和茎鞘氮素向穗的转运。

表 4-22　不同生态条件下水稻各产量等级群体特征

产量等级 (t/hm²)	干物质积累量 (t/hm²)			氮素积累量（kg/hm²）			产量及构成因素					
	抽穗前	抽穗后	总	抽穗前	抽穗后	总	有效穗数（万穗/hm²）	每穗颖花数	每公顷颖花数（×10⁶）	结实率（%）	千粒重（g）	产量（t/hm²）
仁寿 9～10.5	9.2	6.3	15.5	124.4	7.9	132.2	161.9	241.9	391.5	89.3	27.8	10.0
仁寿 ≥10.5	10.4	6.6	17.0	147.3	−5.0	142.3	173.5	249.1	432.2	89.5	28.5	10.8
郫县 9～10.5	9.8	5.9	15.6	143.7	11.2	154.9	177.2	191.8	339.9	93.4	30.1	9.6
雅安 7.5～9.0	9.0	6.1	15.1	150.2	6.8	156.9	174.5	190.4	332.2	89.7	28.4	8.4
雅安 9.0～10.5	10.4	4.7	15.1	161.1	2.9	164.0	180.9	202.3	366.0	89.7	29.0	9.3

在郫县（光温适中），水稻产量随抽穗后干物质积累量及成熟期干物质积累总量的增加而呈上升趋势；在保持较高单位面积有效穗数的前提下，提高每穗颖花数是获得较高群体颖花数的主要途径，水稻产量与播种期-分蘖盛期、拔节期-孕穗期及抽穗期-成熟期干物质积累量呈正相关，抽穗后水稻氮素的积累量也与其呈

显著正相关，叶片氮素的转运则不利于水稻产量的提高。要达到 9.0 t/hm² 以上的产量，则每公顷颖花数应≥33 990 万，结实率≥93.4%、千粒重≥30.1 g，抽穗后干物质和氮素积累量分别≥5.9 t/hm² 和≥11.2 kg/hm²。

雅安等高湿寡照地区，产量与抽穗前干物质积累量呈显著正相关，建立适宜的群体颖花数是实现水稻稳产的主要途径。雅安水稻产量随抽穗前干物质积累量的增加呈上升趋势，而抽穗后过高的干物质积累量则不利于水稻产量的增加。当每公顷颖花数≥36 600 万、抽穗前干物质和氮素积累量分别≥10.4 t/hm² 和≥161.1 kg/hm² 时，产量能达到 9.0 t/hm² 以上。

第四节　高产定量化诊断指标

一、返青分蘖期

（一）秧苗返青

在水稻的移栽过程中，往往因植伤造成秧苗生长出现短暂的停滞，待适应大田新环境后产生新根又开始生长发育，这段时间属于秧苗返青生长阶段（Ehara et al.，2004），而秧苗成活的好坏、成活时期的迟早影响大田生长及产量，与本身生育期长短有密切的关系。不同栽插方式间，返青期长短差异较大，定抛因分蘖节分布于土表和带土移栽，能促进栽后秧苗新根和新叶的生长，返青期很短，通常为 2～4 天，平躺秧苗一般也在 5 或 6 天直立。手插栽后返青期通常在 7 天左右，秧龄短则提前，秧龄长则延迟。机插栽后返青所需时间较长，需要 8～10 天。

返青分蘖期不同，也导致生育进程因栽插方式不同呈现较大的差异（表 4-23）。手插和定抛的水稻全生育期基本相同，平均约为 153 天和 152 天，机插水稻的全生育期较长，平均约为 158 天，延迟 5 或 6 天。同一供试品种的全生育期因栽插方式不同也有差异。川香 9838 在机插条件下的全生育期为 162 天，较手插和定抛分别延长 3 天和 4 天；冈优 906 在机插条件下的全生育期为 153 天，较手插和定抛分别延长 4 天和 5 天；冈优 188 在机插条件下的全生育期为 158 天，较手插和定抛分别延长 6 天和 8 天。

（二）出叶和分蘖发生

返青分蘖期的出叶速度以 5～7 天长一片新叶为宜，分蘖盛期主茎绿叶数应为 5～6 片，叶面积指数在 2.5 以上。叶色在移栽时褪淡，返青后要求叶色迅速转青，到分蘖盛期出现第一黑。由图 4-14 可知，精确定量手插、优化定抛和三角形强化栽培的叶龄变化动态基本相似，无明显差异，移栽后，主茎叶龄一直处于增长状态。栽后 30 天内，平均约 6 天出一片叶。之后出叶速率放缓，10 天左右出一片叶。

表 4-23 栽插方式和品种对水稻生育进程的影响

栽插方式	品种	拔节期（月/日）	孕穗期（月/日）	抽穗期（月/日）	齐穗期（月/日）	乳熟期（月/日）	蜡熟期（月/日）	完熟期（月/日）	全生育期（天）
手插	冈优 906	7/3	7/24	8/3	8/10	8/22	8/29	9/3	149
	川香 9838	7/7	7/28	8/9	8/16	8/27	9/4	9/13	159
	冈优 188	7/4	7/26	8/5	8/13	8/24	9/1	9/6	152
机插	冈优 906	7/7	7/27	8/5	8/13	8/24	8/31	9/7	153
	川香 9838	7/11	7/31	8/11	8/20	8/30	9/7	9/16	162
	冈优 188	7/6	7/28	8/7	8/15	8/26	9/3	9/12	158
定抛	冈优 906	7/2	7/23	8/3	8/11	8/21	8/28	9/2	148
	川香 9838	7/7	7/29	8/8	8/15	8/25	9/2	9/12	158
	冈优 188	7/3	7/25	8/5	8/12	8/23	8/31	9/4	150

注：所有处理的播种期为 4 月 8 日，移栽期为 5 月 16 日

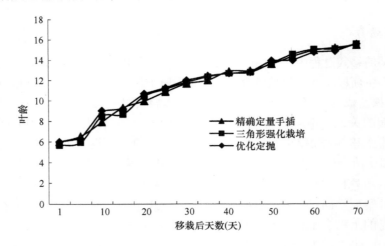

图 4-14　叶龄变化（引自王春英和任万军，2015）

　　杂交稻分蘖群对产量贡献大，为 80% 左右（雷小龙等，2014a）。高产栽培需要促进低叶位一次分蘖早生快发，在有效分蘖临界叶龄期，即 N–n 期前达到目标穗数所需分蘖。水稻在栽后 15 天前分蘖缓慢发生，15 天后发生速度加快，在 27 天左右达到分蘖数顶峰，然后无效分蘖死亡，茎蘖数开始下降，至 56 天左右达到稳定（图 4-15）。不同栽插方式前期茎蘖数差异较大，水稻栽后 5 天茎蘖数差异便达到显著水平（$F=17.283^*$），手插和优化定抛的单穴茎蘖数比机插分别多 3.78 个和 4.00 个。而在栽后 27 天时，手插和优化定抛的茎蘖数高于机插，分别高 36.65%和 35.17%。栽后 20 天前，三种栽插方式的茎蘖数呈指数增长，但茎蘖数均以机插最少，手插和优化定抛较高。

手插和优化定抛的分蘖数在栽后 15 天达到峰值，机插的分蘖速率在栽后 20 天达到峰值，之后分蘖速率不断降低，在栽后 34 天时达到临界值 0，茎蘖数达到最高；栽插 34 天后分蘖速率为负，表征着茎蘖数不断降低，但最后分蘖速率值又变为 0，表征着茎蘖数达到稳定（图 4-16）。机插达到最大分蘖速率的时间较手插和优化定抛晚 5 天。

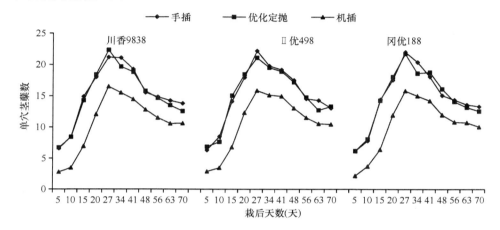

图 4-15　不同栽插方式和品种对分蘖消长动态的影响

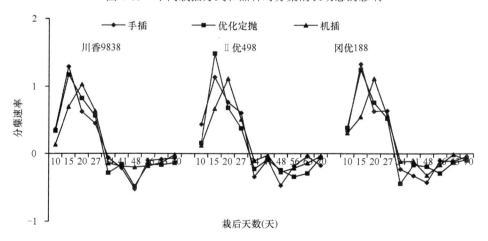

图 4-16　不同栽插方式和品种对水稻分蘖速率的影响

（三）综合诊断指标

通过在四川不同年份、不同区域用不同品种和不同栽培措施进行众多试验和对高产栽培群体研究和示范，归纳出了返青分蘖期高产综合诊断指标（表 4-24）。

表 4-24　返青分蘖期高产综合诊断指标

栽插方式	地上部	地下部
手插	返青期5～7天。出叶速度为4～5天长一片新叶。栽后15～18天叶色出现"一黑"。叶片弯而不披垂，清秀健壮。第1～7叶位（移栽受损叶位除外）的分蘖发生率≥85%。栽后25～30天够苗	栽后2～3天新根即长出，10～15天后进入根系快速生长阶段。根冠比在栽后10天左右达到峰值。根系以白根为主，根系活力高，下扎深
优化定抛	返青期2～3天。出叶速度为4～5天长一片新叶。栽后14～16天叶色出现"一黑"。叶片弯而不披垂，清秀健壮。第1～7叶位的分蘖发生率≥90%。栽后20～25天够苗	栽后2天新根即长出，10～12天后进入根系快速生长阶段。根冠比在栽后10天左右达到峰值。根系以白根为主，根系活力高
机插	返青期8～10天。出叶速度为5～6天长一片新叶。栽后18～20天叶色出现"一黑"。叶片弯而不披垂，清秀健壮。第3叶位的分蘖发生率≥50%，第4～7叶位的分蘖发生率≥90%。栽后23～27天够苗	栽后3～4天新根长出，15天后进入根系快速生长阶段。根冠比在栽后15天左右达到峰值。根系以白根为主，根系活力高，下扎深

二、拔节长穗期

（一）茎秆生长

　　杂交中籼稻的穗分化期开始于拔节期，结束于抽穗期。由图 4-17 可以看出，茎秆长度从穗分化始期至抽穗前 8 天大致呈线性缓慢增长，之后增长迅速，主要是由于穗颈节间在抽穗前 8 天之后迅速伸长。不同播栽方式间，茎秆长度机插和手插高于机直播。

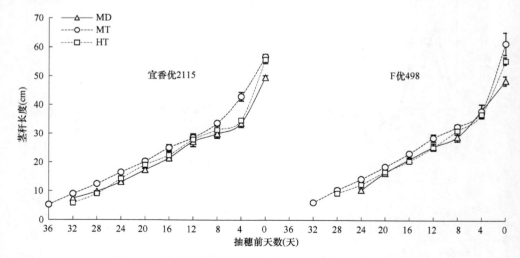

图 4-17　穗分化期茎秆长度变化（引自田青兰等，2016）

MD：机直播；MT：机插；HT：手插

穗分化期茎秆基部节间陆续长出并伸长，各伸长节间的长度变化有一定规律。由图 4-18 可以看出，基部向上第 1 伸长节间 N1 长度在抽穗前 20 天后趋于稳定，N2 长度在抽穗前 20 天之前增长较快，在抽穗前 16 天之后趋于稳定，N3 长度在抽穗前 12 天之前增长迅速，之后趋于稳定，N4、N5 和 N6 在抽穗期仍伸长，尚未达到最终长度。其中，宜香优 2115 的 N4 在抽穗前 20 天之后一直稳定持续快速伸长，而 F 优 498 的 N4 在抽穗期伸长放缓，N5 在抽穗前 12 天开始迅速伸长，N6 在抽穗前 8 天开始迅速伸长，同时 N1～N4 的最终长度随节位上升而增加。比较不同播栽方式的差异可知，除 N3 及 F 优 498 的 N4 长度外，穗分化期的 N1～N5 长度均为机插大于手插和机直播，抽穗期 N6 长度为机插和手插大于机直播，两品种表现一致。品种间比较可知，抽穗期 N1～N4 长度宜香优 2115 大于 F 优 498，N5、N6 长度则为 F 优 498 大于宜香优 2115。因此，生产上可根据不同播栽方式及品种的生育进程，在抽穗前 16 天前采取

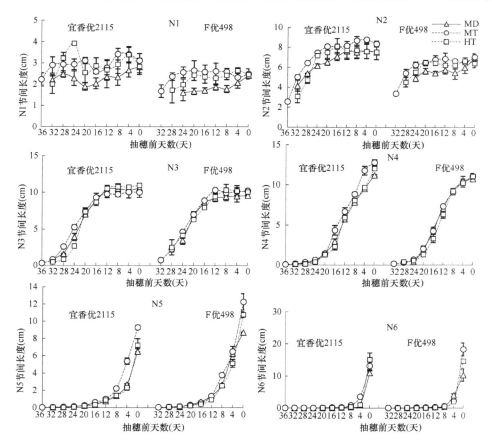

图 4-18　穗分化期各伸长节间（N1～N6）的长度变化（引自田青兰等，2016）

MD：机直播；MT：机插；HT：手插

措施使基部第 1、2 节间降长增粗以达到提高抗倒伏能力的目的。水稻基部伸长节间过长不利于抗倒伏（杨惠杰等，2012），手插基部伸长节间短而粗，而机直播基部节间较细，机插基部节间较长，因而手插基部节间形态更利于抗倒伏。机插和机直播可通过实施适宜穴苗数栽插、化控及优化养分管理等措施构建合理的群体结构，实现高产与抗倒伏的协调。

（二）幼穗生长

穗分化期穗与茎秆同步伸长，由图 4-19 可以看出，穗长大致呈"S"形曲线增长，在抽穗前 16 天到抽穗前 8 天这一阶段增长最快，随后增长放缓并趋于稳定。不同播栽方式间，机插穗长高于机直播和手插，两品种表现一致。由图 4-20 和图 4-21 可以看出，不同播栽方式下杂交籼稻穗分化期的穗干重增长趋势为穗分化始期至抽穗前 16 天增长缓慢，抽穗前 12 天至抽穗期持续快速增长，穗茎干重比增长与穗干重变化趋势一致。抽穗前 24 天至抽穗前 4 天宜香优 2115 机插处理

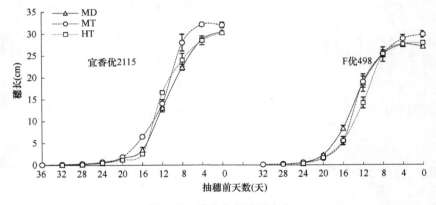

图 4-19　穗分化期穗长变化

MD：机直播；MT：机插；HT：手插

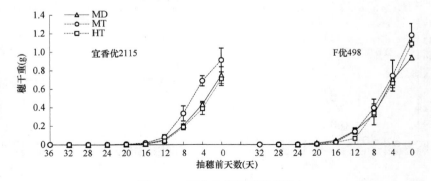

图 4-20　穗分化期穗干重变化

MD：机直播；MT：机插；HT：手插

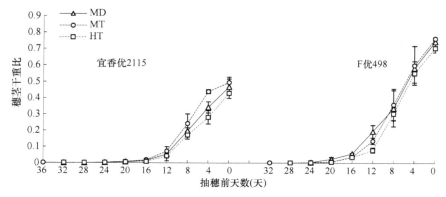

图 4-21　穗分化期穗茎干重比变化（引自田青兰等，2016）
MD：机直播；MT：机插；HT：手插

的穗干重增长速率均明显高于手插和机直播。抽穗前 4 天和抽穗期穗干重表现为机插（分别为 0.71 g 和 1.04 g）显著或极显著高于手插（分别为 0.52 g 和 0.90 g）和机直播（分别为 0.56 g 和 0.84 g），而 F 优 498 穗干重显著高于宜香优 2115；抽穗前 12 天至抽穗期，宜香优 2115 的穗茎干重比表现为机插＞机直播＞手插，F优 498 各播栽方式间差异不大但以机插较高，且 F 优 498 穗分化后期穗茎干重比均高于宜香优 2115。

（三）物质积累与分配

穗分化期不仅穗干重在持续增长，叶、叶鞘、茎秆干重整体也呈上升趋势（表 4-25）。叶干重在抽穗前 24 天和抽穗前 20 天为手插＞机直播＞机插，抽穗前 12 天至抽穗期则为机插＞手插＞机直播。叶鞘干重在抽穗前 12 天至抽穗期均为机插＞手插＞机直播，且抽穗前 12 天和抽穗前 8 天间差异明显；抽穗前 12 天 F优 498 的叶鞘干重高于宜香优 2115，而抽穗期则为宜香优 2115 高于 F 优 498。抽穗前 24 天至抽穗期茎秆干重均为机插高于手插和机直播，穗前 12 天至抽穗期宜香优 2115 茎秆干重均高于 F 优 498，各播栽方式表现一致。

穗分化中后期叶和叶鞘的干物质分配比例整体呈阶梯下降的趋势，而茎秆和穗的干物质分配比例整体呈上升趋势。穗分化期叶和叶鞘的干物质重占全株总干物质重的比例最大且为主要部分，穗占比最小，说明穗分化中后期茎秆和穗较叶与叶鞘对同化物的需求更大。群体干物质重在拔节期以机直播最高，抽穗期则为机插最高。群体生长率播种期-拔节期以机直播最高，而拔节期-抽穗期则以机插最高，两品种表现差异不大。故机直播生长优势在拔节前，但后劲不足；机插的生长优势则在拔节后，其群体生长率增加，物质积累也随之增加。

表 4-25　穗分化期各器官的干重变化（引自田青兰等，2016）

器官	抽穗前天数（天）	栽插方式平均值（g）			品种平均值（g）		F 值		
		机直播	机插	手插	宜香优2115	F优498	播栽方式	品种	播栽方式×品种
叶	24	1.06±0.14	0.93±0.04	1.11±0.38	0.92±0.07Bb	1.15±0.24Aa	3.57	39.03**	22.48**
	20	1.15±0.17Aa	1.06±0.01Bb	1.12±0.08ABa	1.05±0.02Bb	1.17±0.11Aa	11.74*	15.17**	5.95*
	16	1.07±0.12	1.17±0.09	1.22±0.04	1.17±0.07	1.14±0.13	2.06	4.67(*)	33.48**
	12	1.11±0.06b	1.37±0.14a	1.28±0.15ab	1.20±0.07	1.31±0.21	8.40*	2.88	2.14
	8	1.11±0.04Bb	1.44±0.05Aa	1.38±0.09ABa	1.31±0.17	1.31±0.20	14.3*	0.001	2.06
	4	1.28±0.05b	1.39±0.23ab	1.55±0.29a	1.54±0.22Aa	1.27±0.07Bb	4.59(*)	30.43**	4.37(*)
	0	1.38±0.03	1.62±0.07	1.59±0.13	1.59±0.15	1.48±0.11	2.93	2.26	0.32
叶鞘	24	0.95±0.02	0.92±0.02	0.84±0.11	0.88±0.10	0.93±0.01	1.35	2.21	2.51
	20	1.05±0.03	1.06±0.01	1.05±0.09	1.02±0.03b	1.08±0.03a	0.35	8.05*	2.25
	16	1.11±0.01	1.16±0.06	1.19±0.07	1.12±0.02	1.18±0.07	0.28	2.99	1.04
	12	1.12±0.1b	1.43±0.14a	1.26±0.21ab	1.17±0.15Bb	1.38±0.17Aa	10.44*	35.91**	1.65
	8	1.15±0.04Cc	1.56±0.03Aa	1.43±0.16Bb	1.34±0.23	1.42±0.21	167.07**	3.01	2.66
	4	1.44±0.04	1.60±0.16	1.62±0.19	1.63±0.19a	1.48±0.01b	2.67	7.90*	3.6(*)
	0	1.65±0.14b	1.88±0.09a	1.76±0.04ab	1.83±0.10	1.70±0.14	7.81*	2.81	0.35
茎秆	24	0.31±0.06Bb	0.39±0.02Aa	0.36±0.03ABa	0.37±0.03	0.34±0.06	16.67*	3.02	4.92(*)
	20	0.49±0.02	0.53±0.10	0.49±0.08	0.50±0.09	0.50±0.04	1.01	0.02	9.24*
	16	0.64±0.04Bb	0.78±0.18Aa	0.59±0.03Bb	0.71±0.18Aa	0.63±0.05Bb	26.58**	63.81**	86.14**
	12	0.82±0.12Bb	1.05±0.07Aa	0.85±0.11Bb	0.98±0.11Aa	0.84±0.14Bb	17.28*	32.77**	0.79
	8	0.99±0.08Bc	1.24±0.2Aa	1.11±0.003Bb	1.18±0.18a	1.05±0.09b	45.97**	12.39*	4.73(*)
	4	1.23±0.05Bb	1.39±0.24Aa	1.28±0.13Bb	1.40±0.15Aa	1.20±0.02Bb	32.03**	15.51**	2.25
	0	1.42±0.25Bb	1.68±0.21Aa	1.59±0.09Aa	1.69±0.12a	1.44±0.16b	28.27**	12.43*	0.89

　　注：同行同一项中标以不同大、小写字母分别表示差异达 0.01 和 0.05 显著水平，同列（*）、*和**分别表示达到 0.1、0.05 和 0.01 显著水平

（四）综合诊断指标

　　拔节长穗期是植株茎秆和穗粒形成的关键时期。茎秆是水稻植株的重要器官，除具有支撑、联络、输导、光合和贮藏功能外，还有合理配置叶系、改善受光姿态、提高光合效能的作用（冯永祥等，2003）。穗分化期穗与茎秆同步伸长，在生长的同时竞争着同化物，穗与茎秆竞争同化物的能力直接影响穗粒形成，体现在穗茎干重比与多数枝梗和颖花性状呈显著或极显著正相关（田青兰等，2016），因此，高产栽培的关键是处理好穗、茎、叶生长间的矛盾。通过在四川的田间小区试验和高产栽培示范展示，归纳出了拔节长穗期高产栽培综合诊断关键指标（表 4-26）。

表 4-26 拔节长穗期杂交籼稻高产栽培诊断指标

内容	指标
拔节期叶色	主茎拔节时，叶片清秀，叶色落黄，判断标准为"顶四叶"叶色明显淡于"顶三叶"叶色
拔节期株型	株型紧凑，叶片上冲直立，叶片长度适中，根系下扎深，白根上翻露出土面，无效分蘖开始死亡
倒二叶期叶色	叶色亮绿清秀，全田一致，"顶四叶"叶色略淡于或近似于"顶三叶"叶色
倒二叶期株型	全田高矮一致，植株挺拔有弹性，行间通透性好，茎秆粗壮，叶片挺立无披垂，叶面积指数 6～7
封行	在孕穗至抽穗前封行
病虫害	全田无枯心苗和纹枯病
分蘖成穗率（%）	≥70

三、抽穗灌浆结实期

（一）叶面积指数和粒叶比

不同种植方式间抽穗期的 LAI 差异不显著，随播期延迟显著增大（表 4-27）。种植方式对倒四叶至剑叶的 LAI 影响也不显著，播期对倒三叶和倒四叶的 LAI 有显著或极显著影响，随播期延迟其显著增加，但不同播期间倒二叶和剑叶的 LAI 差异不显著。因此，播期延迟虽使叶片增大，但主要增大低叶位的叶面积，对倒二叶和剑叶影响很小。种植方式对高效叶面积率影响不显著，但播期延迟使机插和手插高效叶面积率明显下降。不同种植方式间粒叶比差异不显著，但随播期延迟其显著降低。种植方式与播期的互作对粒叶比存在显著的影响，机插和手插随播期延迟粒叶比显著降低，机直播反而增加。说明迟播处理增大了 LAI，但粒叶比低，播期延迟仍会显著影响群体质量和群体光合生产能力。

表 4-27 不同种植方式的叶面积指数和粒叶比（引自雷小龙等，2014b）

处理		LAI	倒四叶 LAI	倒三叶 LAI	倒二叶 LAI	剑叶 LAI	高效叶面积率（%）	粒叶比（粒/cm²）
机直播	ES	8.16b	1.23b	1.54b	2.11a	1.85a	67.41a	0.48b
	LS	8.70a	1.39a	1.73a	2.15a	1.99a	67.41a	0.54a
	平均	8.43 a	1.31a	1.64ab	2.13a	1.92a	67.41a	0.51a
机插	ES	7.93b	1.29b	1.57b	1.80a	1.94a	66.96a	0.57a
	LS	8.91a	1.43a	1.93a	2.00a	1.78a	64.19a	0.45b
	平均	8.42 a	1.36a	1.75a	1.90a	1.86a	65.58a	0.51a
手插	ES	7.67b	1.16b	1.43b	1.93a	1.88a	68.30a	0.59a
	LS	8.57a	1.40a	1.57a	2.07a	1.87a	64.28a	0.42b
	平均	8.12 a	1.28a	1.50b	2.00a	1.87a	66.29a	0.50a
F 值	P	0.60	0.93	4.58	2.60	0.14	0.90	0.05
	D	9.44*	13.37**	11.34*	2.44	0.01	4.04	10.02*
	P×D	0.27	0.42	1.00	0.37	0.95	1.11	7.51*

注：ES：早播处理，LS：迟播处理；P：种植方式，D：播期，P×D：种植方式与播期的互作；*、**分别表示达到 0.05、0.01 显著水平

（二）灌浆成熟期茎型与穗型特点

茎秆是株型结构的重要组成部分，显著影响水稻抗倒伏能力，与群体结构密切相关。从表4-28可知，机直播单株穗数显著低于机插和手插处理，且随播期延迟显著降低。茎蘖夹角以机插最大，手插次之，机直播最小，机插显著高于机直播，且随播期延迟显著减小，说明推迟播期会减小茎集散度。手插总叶数显著高于机插，机插显著高于机直播，手插较机直播和机插分别多1.72片和0.84片，三个处理的平均数迟播较早播处理减少1.03片。从茎秆长度来看，手插的秆长显著小于机直播和机插处理。种植方式与播期的互作对秆长有极显著影响，机插和手插随播期延迟而增长，机直播反而变短。从节间配置来看，穗下节占秆长比例表现为机直播和手插>机插，机插穗下节至穗顶长占株高比例明显低于机直播和手插处理。综合来看，手插处理单株穗数高，茎集散度适中，穗下节间占秆长比例大，

表 4-28　不同种植方式与播期的茎秆性状（引自雷小龙等，2014b）

	处理	单株穗数	总叶数（片）	秆长（cm）	穗下节/秆长（%）	穗下节至穗顶长/株高（%）	穗颈长度（cm）	颈穗弯曲度（°）
	ES	5.64a	14.97a	91.81a	39.56a	52.51b	2.39a	121.67a
机直播	LS	4.03b	13.98b	86.27b	41.32a	55.82a	0.62b	129.17a
	平均	4.83b	14.48c	89.04a	40.44a	54.16a	1.51a	125.42a
	ES	6.14a	15.82a	86.49b	40.02a	54.08a	−0.24b	129.89a
机插	LS	5.27b	14.90b	94.39a	38.96a	48.16b	3.27a	121.28a
	平均	5.71a	15.36b	90.44a	39.49a	51.12b	1.51a	125.58a
主茎								
	ES	6.90a	16.79a	80.78b	39.94a	54.66a	−2.08b	127.50a
手插	LS	5.70b	15.62b	88.09a	40.99a	54.48a	1.74a	123.11a
	平均	6.30a	16.20a	84.44b	40.46a	54.57a	−0.17b	125.31a
	P	13.77**	148.79**	13.96**	0.19	9.97*	4.35	0.01
F值	D	28.67**	155.84**	11.01*	0.16	1.83	11.99*	0.67
	P×D	0.89	0.81	20.41**	0.33	15.28**	11.44**	4.63

	处理	茎蘖夹角（°）	秆长（cm）	穗下节/秆长（%）	穗下节至穗顶长/株高（%）	穗颈长度（cm）	颈穗弯曲度（°）
	ES	16.80a	86.92a	40.35a	53.28a	3.61a	121.51a
机直播	LS	15.07b	79.79b	42.46a	55.71a	1.70b	127.64a
	平均	15.93b	83.36b	41.41a	54.49a	2.66a	124.57a
	ES	19.18a	82.83b	37.60a	52.27a	−1.79b	129.42a
机插	LS	15.57b	91.06a	39.52a	51.63a	5.25a	123.66a
	平均	17.38a	86.95a	38.56b	51.95a	1.73a	126.54a
一次分蘖							
	ES	17.40a	79.32b	38.22a	52.63a	−0.30a	128.57a
手插	LS	16.70b	85.46a	38.93a	52.33a	2.28a	124.54a
	平均	17.05ab	82.39b	38.58b	52.48ab	0.99a	126.56a
	P	4.73	6.56*	6.85*	4.3	1.03	0.64
F值	D	25.11**	4.97	4.77	0.44	7.28*	0.55
	P×D	4.53	19.75**	0.37	1.69	7.34*	5.07

注：ES：早播处理；LS：迟播处理；P：种植方式；D：播期；P×D：种植方式与播期的互作；*、**分别表示达到0.05、0.01显著水平

茎秆性状较好；机直播和机插基部节间偏长，发生倒伏风险较手插大。从穗部特征来看，穗颈长度表现为机直播和机插>手插，种植方式与播期的互作对穗颈长度影响显著或极显著，机直播随播期延迟而减小，机插和手插处理显著增加，由早播处理穗颈低于剑叶叶枕变为迟播穗颈高于剑叶叶枕。

（三）抗倒伏特性

一般认为，株高、重心高度、节间长度对抗倒伏性有较大的影响，基部节间粗而厚，茎秆充实度良好，可显著提高茎秆坚韧性和增强茎秆抗折力，且能改善穗部性状（杨世民等，2009）。由表 4-29 可见，种植方式对主茎 N3～N5 节间倒伏指数影响显著或极显著，2 年手插均明显低于机直播和机插，但机直播与机插差异不显著。不同播期主茎各节间倒伏指数差异显著，机直播迟播处理各节间倒伏指数均明显高于早播处理。不同种植方式下一次分蘖各节间倒伏指数变化趋势与主茎一致，机插和手插一次分蘖的倒伏指数较主茎均有所增加，但机直播表现相反，这可能是由于机直播的一次分蘖主要发生在低叶位。不同种植方式下一次分蘖的倒伏指数大都随叶位升高呈抛物线形变化趋势，在中高叶位倒伏指数较大，这可能是由于低叶位茎秆粗壮，折断弯矩大；高叶位稻穗小，弯曲力矩较小。倒伏指数随节位降低而增大，低叶位节间更易倒伏。说明机直播和机插处理较手插更易倒伏；播期延迟会显著增加水稻的倒伏风险。

表 4-29　不同种植方式的倒伏指数（%）（引自雷小龙，2014c）

叶位		机直播		机插		手插		平均			F 值		
		L/ES	H/LS	L/ES	H/LS	L/ES	H/LS	机直播	机插	手插	P	S/D	P×S/D
2012	N3	100.65a	104.13a	125.33a	107.51a	96.23a	92.23	102.39b	116.42a	94.48b	18.70**	4.49	4.39
	N4	117.91a	118.46a	146.67a	128.93a	116.15a	114.40a	118.18b	137.80a	115.27b	10.87*	2.17	1.80
	N5	124.57a	125.26a	156.40a	119.27b	116.15a	118.14a	124.91ab	137.83a	117.37b	6.37*	6.03*	7.26*
2013 N3	0	97.96b	117.55a	99.10b	111.08a	86.70a	91.68a	105.93a	103.06a	84.64b	7.65*	5.18	0.27
	1/0	95.06	106.30	—	—	73.95	93.98	—	—	—			
	2/0	92.77	87.02	—	125.33	83.83	87.39	—	—	—			
	3/0	96.79	116.70	99.85	111.35	—	71.16	—	—	—			
	4/0	99.58	103.19	100.99	113.18	84.83	90.11	—	—	—			
	5/0	100.10	—	113.19	112.28	74.47	100.80	—	—	—			
	6/0	—	—	107.10	96.49	92.39	96.48	—	—	—			
	7/0	—	—	116.50	100.04	76.20	—	—	—	—			
	8/0	—	—	83.84	—	—	—	—	—	—			
	9/0	—	—	98.38	—	—	—	—	—	—			
	PT	96.86a	103.30a	103.17a	107.28a	87.13a	94.40a	100.08a	105.23a	90.77a	3.29	1.62	0.04

续表

叶位	机直播		机插		手插		平均			F值		
	L/ES	H/LS	L/ES	H/LS	L/ES	H/LS	机直播	机插	手插	P	S/D	P×S/D
2013 N4 0	103.75b	121.09a	102.04b	118.68a	82.33b	95.98a	112.42a	109.30a	88.41b	6.12*	7.59*	0.04
1/0	104.92	120.69	—	—	75.50	93.99	—	—	—	—	—	—
2/0	98.84	104.66	—	142.39	81.47	94.39	—	—	—	—	—	—
3/0	106.94	122.02	93.16	120.74	—	83.83	—	—	—	—	—	—
4/0	106.58	105.91	100.13	125.27	78.93	98.75	—	—	—	—	—	—
5/0	99.06	—	111.11	123.52	75.52	111.13	—	—	—	—	—	—
6/0	—	—	104.20	121.89	86.83	102.06	—	—	—	—	—	—
7/0	—	—	104.17	119.08	87.99	—	—	—	—	—	—	—
8/0	—	—	96.99	—	—	—	—	—	—	—	—	—
9/0	—	—	88.93	—	—	—	—	—	—	—	—	—
PT	103.27b	113.32a	100.32b	122.77a	89.28b	100.9a	108.29ab	111.69a	95.09b	3.76	7.82*	0.53
2013 N5 0	98.70b	135.25a	105.44b	117.85a	96.56a	99.21a	112.93a	113.18a	95.03b	4.82	10.42*	1.09
1/0	107.13	120.10	—	—	72.49	102.42	—	—	—	—	—	—
2/0	100.49	121.79	—	148.66	83.38	97.11	—	—	—	—	—	—
3/0	95.69	115.15	101.75	130.54	—	92.78	—	—	—	—	—	—
4/0	103.92	113.07	99.84	127.27	85.87	102.85	—	—	—	—	—	—
5/0	94.40	—	109.82	122.13	75.32	113.82	—	—	—	—	—	—
6/0	—	—	109.64	133.03	91.15	107.73	—	—	—	—	—	—
7/0	—	—	101.38	120.14	83.12	—	—	—	—	—	—	—
8/0	—	—	106.18	—	—	—	—	—	—	—	—	—
9/0	—	—	90.70	—	—	—	—	—	—	—	—	—
PT	100.32b	117.53a	103.91b	127.43a	91.58b	101.96a	108.93ab	115.67a	96.77b	4.15	9.83*	0.49

注：L：低苗处理，H：高苗处理；ES：早播处理，LS：迟播处理；P：种植方式，S：穴苗数，D：播期，P×S：种植方式与穴苗数的互作，P×D：种植方式与播期的互作；N3、N4、N5 表示穗下第 3、4、5 节间；PT：一次分蘖；*、**分别表示达到 0.05、0.01 显著水平

从基部节间性状与折断弯矩的关系来看（表 4-30），折断弯矩与节间粗度、茎壁厚度、秆型指数、比茎重和木质素含量呈正相关，大都达显著或极显著水平；与节间长度、有效穗数和 P 含量呈负相关。倒伏指数与株高、重心高度、弯曲力矩、N 含量和 P 含量呈正相关，与节间粗度、茎壁厚度、秆型指数、比茎重、纤维素含量、木质素含量、可溶性糖含量和 K 含量呈负相关，部分达显著或极显著水平。有效穗数与折断弯矩呈负相关，与 N3 倒伏指数呈负相关，但相关系数均较小。穗粒数和单穗重与折断弯矩均呈极显著正相关。水稻产量与 N4、N5 折断弯矩呈正相关，与倒伏指数呈负相关，且达显著或极显著水平。综合来看，倒伏

指数和折断弯矩与茎秆理化指标的关系相反,茎粗、壁厚、节间充实度高、力学特性好以及纤维素、木质素和 K 含量高,株高、重心高度、N 和 P 含量低,折断弯矩大,水稻表现为大穗和高产,倒伏指数不会显著增大。

表 4-30 基部茎秆折断弯矩和倒伏指数与主要理化特性的相关系数（n=36）

（引自雷小龙等,2014c）

性状	折断弯矩			倒伏指数		
	N3	N4	N5	N3	N4	N5
株高	0.215	0.028	0.082	0.012	0.142	0.063
重心高度	0.105	−0.096	−0.105	0.163	0.010	0.029
节间长度	−0.202	−0.189	−0.041	0.041	0.038	−0.088
节间粗度	0.588**	0.190	0.572**	−0.246	−0.377*	−0.302
茎壁厚度	0.776**	0.737**	0.662**	−0.453**	−0.340*	−0.236
秆型指数	0.411*	0.467**	0.173	−0.157	−0.161	−0.312
比茎重	0.559**	0.526**	0.736**	−0.211	−0.126	−0.202
弯曲力矩	0.619**	0.469**	0.517**	0.102	0.243	0.192
纤维素含量	0.216	0.090	−0.062	−0.200	−0.158	−0.103
木质素含量	0.331*	0.386*	0.134	−0.371*	−0.270	−0.129
可溶性糖含量	−0.222	0.022	−0.011	−0.155	−0.228	−0.168
N 含量	0.050	−0.188	−0.269	0.325	0.427**	0.457**
P 含量	−0.066	−0.245	−0.397*	0.374	0.429**	0.520**
K 含量	−0.079	0.223	0.231	−0.503**	−0.599**	−0.591**
有效穗数	−0.112	−0.194	−0.259	−0.147	0.062	0.145
穗粒数	0.500**	0.546**	0.424**	0.016	−0.022	−0.010
单穗重	0.501**	0.527**	0.536**	0.129	0.019	0.027
产量	−0.023	0.386*	0.413*	−0.310	−0.542**	−0.549**

注:N3、N4、N5 表示穗下第 3、4、5 节间;*、**分别表示相关性达到 0.05、0.01 显著水平

（四）综合诊断指标

抽穗期-成熟期是水稻开花授粉受精、籽粒灌浆充实的最关键时期,其群体质量直接影响水稻产量高低。大量研究表明,花后干物质生产是高产的基础,因此,该阶段的核心是构建优良群体、协调花后物质生产与分配、增强抗倒伏性,从而实现作物高产。通过在四川不同地区的田间小区试验和高产栽培示范,归纳出了抽穗灌浆结实期高产栽培综合诊断关键指标（表 4-31）。

表 4-31　抽穗灌浆结实期杂交籼稻高产栽培诊断指标

内容	指标
田间整齐度	田间株高和穗层整齐，叶色一致，分布均匀
叶型	叶片长度为倒二叶>倒三叶>剑叶>倒四叶>倒五叶，叶宽为剑叶>倒二叶>倒三叶，长宽值因品种不同而异。剑叶、倒二叶、倒三叶叶基角分别小于10°、20°、25°，叶片厚而挺直
茎型	株高110～120 cm，基部节间短而粗，秆型指数高，茎秆充实度好，茎秆中纤维素、木质素、K含量高，植株挺拔有弹性。茎蘖夹角15°～20°
穗型	穗颈高于剑叶叶枕，穗长23 cm以上，每穗颖花数180以上，单穗重4.5 g以上
群体质量	抽穗期叶面积指数7～8，有效叶面积率≥90%，高效叶面积率≥70%，抽穗期粒叶比≥0.55粒/cm²
经济性状	每公顷群体总颖花数≥3.75×10⁶，结实率≥85%，籽粒充实率≥90%
病虫草害	全田干净，特别是底部叶片和茎秆干净，无病虫害或病虫为害植株很少。田间杂草少，群体整洁

参 考 文 献

邓飞, 王丽, 刘利, 等. 2012. 不同生态条件下栽培方式对水稻干物质生产和产量的影响[J]. 作物学报, 38(10): 1930-1942.

冯永祥, 徐正进, 王聪. 2003. 水稻株型的研究进展[J]. 内蒙古民族大学学报(自然科学版), 18(3): 260-264.

姜心禄, 李旭毅, 池忠志, 等. 2013. 成都平原两熟制条件下机插秧播期研[J]. 西南农业学报, 26(2): 470-474.

雷小龙, 刘利, 刘波, 等. 2014a. 杂交籼稻机械化种植的分蘖特性[J]. 作物学报, 40(6): 1044-1055.

雷小龙, 刘利, 刘波, 等. 2014b. 机械化种植对杂交籼稻F优498产量构成与株型特征的影响[J]. 作物学报, 40(4): 719-730.

雷小龙, 刘利, 刘波, 等. 2014c. 杂交籼稻F优498机械化种植的茎秆理化性状与抗倒伏性[J]. 中国水稻科学, 28(6): 612-620.

林瑞余, 梁义元, 蔡碧琼, 等. 2006. 不同水稻产量形成过程的干物质积累与分配特征[J]. 中国农学通报, 22(2): 185-190.

凌启鸿. 2007. 水稻精确定量栽培理论与技术[M]. 北京: 中国农业出版社.

凌启鸿. 2010. 水稻精确定量栽培原理与技术[J]. 杂交水稻, (S1): 27-34.

凌启鸿, 张洪程, 蔡建中, 等. 1993. 水稻高产群体质量及其优化控制探讨[J]. 中国农业科学, 26(6): 1-11.

凌启鸿, 张洪程, 苏祖芳, 等. 1991. 水稻小群体、壮个体栽培模式——稻麦研究新进展[M]. 南京: 东南大学出版社: 25-27.

凌启鸿, 张洪程, 苏祖芳, 等. 1994. 稻作新理论——水稻叶龄模式[M]. 北京: 科学出版社.

刘波, 田青兰, 钟晓媛, 等. 2015. 机械化播栽对杂交籼稻根系性状的影响[J]. 中国水稻科学, 29(5): 490-500.

刘利, 雷小龙, 田青兰, 等. 2014. 机械化播栽对杂交中稻干物质产生特性的影响[J]. 杂交水稻, 29(5): 55-64

刘蓉, 陶诗顺, 鲁有均. 2012. 油后旱地直播时期对杂交水稻生育进程的影响[J]. 江苏农业科学,

40(2): 39-41.

任万军, 黄云, 刘代银, 等. 2010. 水稻栽后前期根系与地上部增重模型及相互关系[J]. 四川农业大学学报, 28(4): 421-425.

沈福成, 刘传秀. 1990. 水稻株型改良的理论与实践[M]. 贵阳: 贵州科技出版社: 116-136.

田青兰, 刘波, 孙红, 等. 2016. 不同播栽方式下杂交籼稻茎秆生长和穗粒形成特点及与气象因子的关系[J]. 中国水稻科学, 30(5): 507-524.

王春英, 任万军. 2015. 水稻中大苗精确定量栽培技术初探[J]. 耕作与栽培, (5): 27-30.

王勋, 戴廷波, 姜东, 等. 2005. 不同生态环境下水稻基因型产量形成与源库特性的比较研究[J]. 应用生态学报, 16(4): 615-619.

杨惠杰, 房贤涛, 何花榕, 等. 2012. 福建超级稻品种茎秆结构特征及其与抗倒性和产量的关系[J]. 中国生态农业学报, 20(7): 909-913.

杨世民, 谢力, 郑顺林, 等. 2009. 氮肥水平和栽插密度对杂交稻茎秆理化特性与抗倒伏性的影响[J]. 作物学报, 35(1): 93-103.

杨文钰, 屠乃美. 2003. 作物栽培学各论[M]. 北京: 中国农业出版社: 18.

于林惠, 李刚华, 徐晶晶, 等. 2012. 基于高产示范方的机插水稻群体特征研究[J]. 中国水稻科学, 26(4): 451-456.

袁隆平. 1997. 杂交稻超高产育种[J]. 杂交水稻, 12(6): 1-6.

赵敏, 钟晓媛, 田青兰, 等. 2015. 育秧环境与秧龄对杂交籼稻秧苗生长及机插质量的影响[J]. 浙江大学学报(农业与生命科学版), 41(5): 537-546.

钟晓媛, 赵敏, 李俊杰, 等. 2016. 播栽期对机插超级杂交籼稻分蘖成穗的影响及与气象因子的关系[J]. 作物学报, 42(11): 1708-1720.

Ehara H, Kawashima M, Morita O, et al. 2004. Comparison of transplanting injury between rice seedlings cultivated on a cotton mat on hydroponic culture solution with different nitrogen compositions[J]. Jpn J Crop Sci, 73(3): 247-252.

第五章　杂交稻养分优化管理与精确定量施肥

在杂交稻育种工作不断取得突破的同时，以模式栽培、多蘗壮秧优化稀植、强化栽培、抛秧栽培、精确定量栽培、机械化插秧等为代表的杂交稻高产高效栽培技术也得到不断创新发展，确保了杂交稻品种高产潜力的发挥，也保证了大面积生产的均衡增产。在栽培技术中，施肥是实现作物增产最快、最有效、最重要的关键措施。杂交稻因其根系发达、总生物量和经济产量高，养分吸收利用特点和施肥技术均与常规稻不同。杂交稻大面积应用的 40 多年来，我国面向生产一线，深入开展了杂交稻高产高效施肥理论和技术研究，取得了一大批理论和应用成果。

第一节　氮素吸收利用与优化管理

一、氮素吸收利用

（一）氮素吸收

一般认为，杂交稻根系发达、分蘗力强、足穗大穗、源库协调、耐肥抗倒，以及前期能早发和后期抗早衰是其潜在高产优势。在高产栽培条件下，杂交中籼稻每生产 100 kg 籽粒需氮 1.4～2.0 kg（敖和军等，2008；邓飞等，2012；赵敏等，2015），双季杂交早晚稻需氮 1.7～1.9 kg（凌启鸿，2007），杂交粳稻需氮 1.5～1.9 kg（霍中洋等，2012），籼粳杂交稻需氮 1.5～1.6 kg（韦还和等，2016），而常规籼稻需氮 2.4 kg 左右（莫家让，1982），常规粳稻需氮 1.9～2.3 kg（凌启鸿，2007；霍中洋等，2012；韦还和等，2016），从数据和生产实践来看，杂交稻的单位产量吸氮量低于常规稻。

在我国，水稻杂交育种与杂种优势利用经历了三系杂交稻、两系杂交稻和超级杂交稻等发展阶段。截至 2016 年，在现存的 125 个有效认定的超级稻品种（组合）中，有 100 个为超级杂交稻品种，这些品种中，既有三系杂交稻，又有两系杂交稻。不同类型杂交稻，其植株生长和氮素吸收存在差异，但因每个类型品种繁多，特性差异大，研究结果存在差异，如与三系杂交稻比较，两系杂交早稻需氮高出 9.6%，而两系杂交晚稻需氮却低 25.7%（李祖章等，1998），这与试验条件不同和品种产量潜力得到发挥与否有关。

品种与栽培技术的配合对杂交稻氮素吸收存在影响，以 3 个中籼中熟杂交稻、

3 个中籼迟熟杂交稻、4 个粳稻共计 10 个品种为材料，采用随机区组试验设计的研究表明，育插秧机械化条件下水稻植株氮素积累动态符合 Logistic 曲线增长规律。整个生育期机插稻植株含氮量呈下降趋势，粳稻植株的含氮量在生长中期（拔节期-抽穗期）高于杂交籼稻，而后逐渐降低，到成熟期极显著低于杂交籼稻，中籼中熟杂交稻由于降低缓慢到成熟期植株含氮量最高。粳稻植株的终极氮素积累量最低，中籼中熟杂交稻和中籼迟熟杂交稻终极氮素积累量平均比粳稻高 23.0% 和 33.1%。中籼中熟杂交稻抽穗期-成熟期氮素积累量最大，在氮素积累上具有后发优势，且穗部分配率、叶片与茎鞘氮素表观转运率、氮素籽粒生产效率和氮素转运效率均较高，说明育插秧机械化条件下，中籼中熟杂交稻品种的氮素在转运和利用上具有高效性。其中 F 优 498 终极氮素积累量最高，且具有前期积累快，后期运转分配合理等优势。中籼迟熟杂交稻虽氮素积累量也较高，但氮素积累对产量的贡献没有优势。粳稻中杂交粳稻 69 优 8 号相比其他粳稻品种，也具有氮素转运和利用的高效性（表 5-1）。

表 5-1　不同水稻品种机插栽培的氮素阶段积累量（引自赵敏等，2015）

（单位：kg/hm²）

类型	品种	分蘖期前	分蘖期-拔节期	拔节期-抽穗期	抽穗期-成熟期
中籼中熟杂交稻	宜香优 2168	12.43Aa	49.70Bb	109.63Aa	27.73Bb
	F 优 498	15.87Aa	90.30Aa	45.70Bc	61.33Aa
	川香优 3 号	13.13Aa	58.50ABb	78.20ABb	21.43Bb
	平均	13.83Ab	66.17Ab	77.83ABa	36.80Aa
中籼迟熟杂交稻	德香 4103	15.96Aab	73.67Aa	83.97Bb	18.83Ab
	泰优 99	16.33Aa	76.43Aa	69.53Bb	52.57Aa
	II 优 498	14.50Ab	54.73Bb	120.47Aa	27.27Ab
	平均	15.60Aa	68.27Aab	91.33Aa	32.90Aa
粳稻	69 优 8 号	8.63Aab	82.13Aa	72.13Aa	27.83Aa
	连粳 10 号	8.40Ab	53.53Bc	84.83Aa	10.30Aa
	W021	8.70Aab	66.33ABb	48.57Aa	27.63Aa
	徐稻 6 号	10.10Aa	75.07Aab	36.80Aa	48.63Aa
	平均	8.97Bc	69.30Aa	60.60Bb	28.62Aa

注：同一类型不同品种标以不同大、小写字母分别表示差异达 0.01 和 0.05 显著水平

（二）氮素利用

在稻田中，土壤-水系统中氨挥发、反硝化、表面流失以及渗漏作用等造成氮素的损失，常常影响氮素利用率，因此，在水稻生产中提高氮素利用率十分重要。早期用差值法测得杂交稻对尿素氮的表观回收率是 35%～46%（戈乃玢等，1986）。杂交稻的高产建立在较高的干物质积累量和养分吸收量的基础上，因而其肥料利用效率高于常规稻，杂交稻氮肥的农学利用率、偏生产力和吸收效率与抽穗前、后以及整个生育期的氮素积累量、产量、生物量呈显著正相关，即要提高杂交稻

的氮素利用率必须提高其干物质和氮素的积累量。近年高产杂交稻品种在精确定量施氮等栽培技术配合下的氮素当季利用率（回收率）已提高到 40%～45%（凌启鸿，2007），高的甚至超过 50%（Zhou et al.，2016）。同位素示踪试验结果表明，在优化施氮和传统施氮方式下，基肥和分蘖肥的回收率均在较低水平，分别为22.98% 和 21.33%（图 5-1）。优化施氮处理下的 4 次施肥中，于拔节后 15～20 天施用的保花肥回收率最高，其次为拔节期施用的促花肥，分别高达 73.17% 和61.15%，使优化施氮条件下氮素的总回收率大大提升。拔节期之后，营养生长和生殖生长并行，需要更多营养物质供给植株的生长和发育，此时追施氮肥，能有效促进植株生长，反过来，植株生长良好则能吸收更多的氮素，减少氮素损失。由此可知，优化施氮条件下，在拔节期和拔节后 15～20 天施氮肥是促进水稻后期生长、提高氮肥利用率的关键。

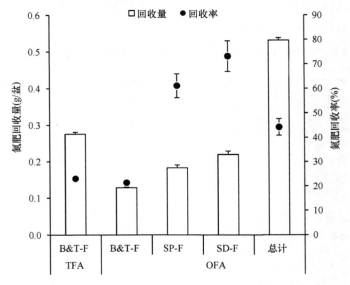

图 5-1　不同时期施用氮肥的回收量及回收率差异（^{15}N 标记）（引自 Zhou et al.，2019）

TFA：农民传统施氮；OFA：优化施氮；B&T-F：基蘖肥；SP-F：拔节期施用的促花肥；SD-F：拔节后 15～20 天施用的保花肥

植株氮素利用率在三系、两系和超级杂交稻类型品种间存在差异，同时，在同一类型的不同品种间也存在差异。基于水稻氮素利用率存在着显著的品种差异，我们筛选出了天优华占、F 优 498、德香 4103 等高产氮高效品种，这些品种既可以高效利用介质中的氮素，也能保持较高的产量水平。

二、PASP 多肽高效氮肥的应用

（一）PASP 氮肥提高杂交稻肥料利用率及产量的效果

近年来，聚天门冬氨酸（polyaspartate，PASP）同源多肽被作为一种无毒性、可生物降解的环境友好型增效剂应用于氮肥，主要生产 PASP 尿素。我们将 PASP 尿素引入杂交稻生产中，不同品种、不同施肥方式、不同生态点和不同年份试验均表明，PASP 尿素能有效提高水稻氮肥回收率、农学利用率和偏生产力，从反映氮素当季利用率的回收率来看，提高的幅度是 1.1～21.4 个百分点，平均为 10.2 个百分点。

同时，PASP 氮肥能有效提高抽穗前干物质在各器官中的积累量，以及抽穗后穗部干物质积累速率，显著增加生物产量。还能有效提高抽穗前茎鞘非结构性碳水化合物（NSC）含量，促进抽穗后茎鞘 NSC 的转运；氮肥后移虽降低了抽穗期-灌浆期茎鞘 NSC 的转运量，但明显提高了灌浆期-成熟期 NSC 的转运量。Logistic 拟合结果表明，PASP 尿素和氮肥后移均推迟了干物质积累加速点与减速点的出现时间，显著增加了最大干物质积累速率（表 5-2）和干物质重理论极值。PASP 尿素有效提高了单位面积有效穗数，进而提高群体单位面积颖花量，加之结实率的增加，PASP 尿素处理下水稻产量较普通尿素处理增加了 0.8%～9.8%。

表 5-2　不同氮肥管理条件下植株干物重 Logistic 拟合特征参数

尿素类型	氮肥管理	R^2	干物重理论最大值（g/穴）	最大生长速率[（g/穴·天）]	生长加速点（天）	最大斜率出现点（天）	生长减速点（天）	快速增长期（天）
普通尿素	FFP1	0.984	64.9f	1.00e	35.3f	56.6e	77.9c	42.6b
	ONM1	0.986	76.5e	1.18c	38.2cd	59.5cd	80.8bc	42.5b
	ONM–N1	0.983	76.5e	1.09d	38.4bcd	61.5bc	84.6ab	46.2a
	ONM+N1	0.990	79.8d	1.26b	37.6de	58.5de	79.4c	41.8b
	平均	—	74.4	1.13	37.4	59.0	80.7	43.3
PASP 尿素	FFP2	0.978	75.0e	1.01e	36.8e	61.3bc	85.8a	49.1a
	ONM2	0.980	90.0b	1.24b	40.1a	64.1a	88.0a	47.9a
	ONM–N2	0.983	84.4c	1.18c	39.5ab	63.0ab	86.7a	47.2a
	ONM+N2	0.983	94.5a	1.32a	39.1abc	62.8ab	86.5a	47.4a
	平均	—	85.9	1.20	38.9	62.8	86.8	47.9
CK		0.988	51.2	0.91	40.0	58.5	77.0	36.9
F 值	U	—	238.8**	19.6**	36.6**	44.7**	44.5**	42.3**
	N	—	98.6**	109.4**	33.8**	6.9**	3.3ns	1.6ns
	U×N	—	4.5*	1.9ns	0.52ns	1.8ns	2.2ns	3.0ns

注：CK：不施氮空白；FFP：农民经验性施肥；ONM：优化施肥；ONM–N：减氮优化施肥；ONM+N：增氮优化施肥；1：普通尿素；2：PASP 尿素；ns 表示无显著差异；*、** 分别表示达到 0.05、0.01 显著水平；不同小写字母表示不同处理间差异达到 0.05 显著水平，下同

（二）PASP 氮肥调控稻田氮素平衡促进植株氮素吸收

稻田氮素存在明显失衡现象，稻田氮素总投入量大幅高于氮素总输出量，进而导致大量氮素的流失（表 5-3）。除对照处理外，稻田氮素表观流失量在 98.1～191.8 kg/hm²，稻田表观氮素流失率则达到了 26.9%～46.8%。不同试验点间，射洪试验点移栽前土壤无机氮积累量和氮素总投入量明显低于温江试验点，其土壤表观氮素矿化量达 84.5 kg/hm²。尿素类型和氮肥管理对稻田氮素平衡存在显著影响。较对照处理，氮肥施用显著提高了植株氮素积累量和稻田氮素总输出量，同时导致表观氮素流失量大幅增加，造成大量氮素流失。不同尿素类型间，在射洪，PASP 尿素降低了土壤无机氮残留量和稻田氮素总输出量，导致表观氮素流失量和流失率的升高；在温江，同等条件下 PASP 尿素显著提高了植株氮素积累量和土壤无机氮残留量，从而有效增加了稻田氮素总输出量，最终使表观氮素流失量较普通尿素处理降低，表观流失率降低了 1～15 个百分点。

表 5-3　氮肥管理对稻田氮素供给平衡的影响（引自 Deng et al.，2014）

	指标	CK	FFP1	ONM1	ONM–N1	ONM+N1	PASPT1	PASPT2	ONM2
	氮素总投入量（kg/hm²）	185.2	365.2	365.2	338.2	392.2	365.2	365.2	365.2
	移栽前土壤无机氮积累量（kg/hm²）	100.7	100.7	100.7	100.7	100.7	100.7	100.7	100.7
	施肥量（kg/hm²）	0	180	180	153	207	180	180	180
	表观氮素矿化量（kg/hm²）	84.5	84.5	84.5	84.5	84.5	84.5	84.5	84.5
射洪	氮素总输出量（kg/hm²）	185.2d	236.9bc	267.1a	232.8c	277.5a	237.6bc	244.6b	245.2b
	植株氮素积累量（kg/hm²）	68.6e	113.1d	143.7b	113.4d	168.4a	118.0d	126.8c	145.7b
	土壤无机氮残留量（kg/hm²）	116.6b	123.8a	123.4a	119.4ab	109.1c	119.6ab	117.8ab	99.5d
	表观氮素流失量（kg/hm²）	0e	128.3a	98.1d	105.4cd	114.7bc	127.6a	120.6ab	120.0ab
	表观氮素流失率（%）	0e	35.1a	26.9d	31.2bc	29.2cd	34.9ab	33.0abc	32.8abc
	氮素总投入量（kg/hm²）	229.5	409.5	409.5	382.5	436.5	409.5	409.5	409.5
	移栽前土壤无机氮积累量（kg/hm²）	229.5	229.5	229.5	229.5	229.5	229.5	229.5	229.5
	施肥（kg/hm²）	0	180	180	153	207	180	180	180
	表观氮素矿化量（kg/hm²）	—	—	—	—	—	—	—	—
温江	氮素总输出量（kg/hm²）	168.9e	217.7d	255.7b	238.8c	279.6a	233.5c	254.7b	282.9a
	植株氮素积累量（kg/hm²）	84.7e	149.8d	183.9b	166.0c	191.1b	167.5c	169.7c	205.3a
	土壤无机氮残留量（kg/hm²）	84.2a	67.9de	71.8cd	72.8c	88.5a	66.0e	85.0a	77.6b
	表观氮素流失量（kg/hm²）	60.6f	191.8a	153.8c	143.7d	156.9c	176.0b	154.8c	126.6e
	表观氮素流失率（%）	26.4e	46.8a	37.6c	37.6c	35.9c	43.0b	37.8c	30.9d

注：CK：不施氮空白对照；FFP：农民经验性施肥；ONM：优化施肥；ONM–N：减氮优化施肥；ONM+N：增氮优化施肥；1：普通尿素；2：PASP 尿素

PASP 氮肥能促进水稻对氮素的吸收，显著增加抽穗前营养器官中氮素积累量和抽穗后穗部氮素积累量，最终增加了成熟期植株氮素积累量。Logistic 拟合结果表明，PASP 氮肥推迟了氮素积累加速点，提前了氮素积累减速点，显著提高了氮素积累最大速率和氮素积累量理论最大值，最终使成熟期植株氮素积累量增加了 8.3%～17.5%（图 5-2）。不同生态点和年份间，植株氮素积累量均与氮素回收率（$r_{SH2013}=0.97^{**}$，$r_{WJ2013}=0.90^{**}$，$r_{WJ2014}=0.90^{**}$，$r_{WJ2015}=0.99^{**}$）呈极显著正相关关系。

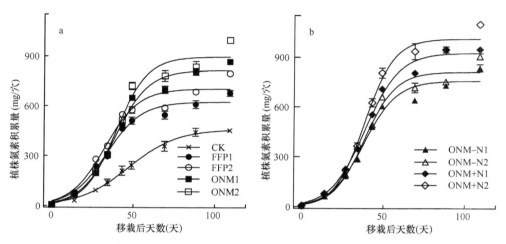

图 5-2　不同氮肥管理条件下植株氮素积累 Logistic 拟合曲线（引自 Deng et al., 2018）

CK：不施氮空白对照；FFP：农民经验性施肥；ONM：优化施肥；ONM-N：减氮优化施肥；ONM+N：增氮优化施肥；1：普通尿素；2：PASP 尿素

（三）PASP 氮肥提高植株对氮素的利用而延衰增产

在氮素同化利用及再利用过程中，硝酸还原酶（NR）、谷氨酰胺合成酶（GS）和谷氨酸合成酶（GOGA）具有至关重要的作用。除灌浆期倒三叶硝酸还原酶活性略低于普通尿素外，PASP 尿素显著提升了抽穗期、灌浆期和成熟期的叶片硝酸还原酶活性，也显著提高了抽穗期、灌浆期和成熟期上三叶谷氨酰胺合成酶与谷氨酸合成酶活性（图 5-3），以及灌浆期剑叶游离氨态氮、硝态氮和氨基酸含量，进而促进叶片氮素向籽粒转运。

随积温增加，抽穗后水稻剑叶表现出"慢-快-慢"的衰老趋势，剑叶衰老较好地拟合 Logistic 增长曲线（$R^2 > 0.98$，图 5-4）。氮肥施用显著延缓抽穗后剑叶的衰老进程。较对照处理，氮肥施用降低了理论衰老极值（M_S）和最大衰老速率（V_{mS}），推迟了衰老增速点（$T1_S$）、快速衰老点（$T0_S$）和衰老减速点（$T2_S$），延长了速衰期（$T2_S \sim T1_S$）（除 F 优 498 FFP1 处理）。水稻品种和氮肥管理均显著影

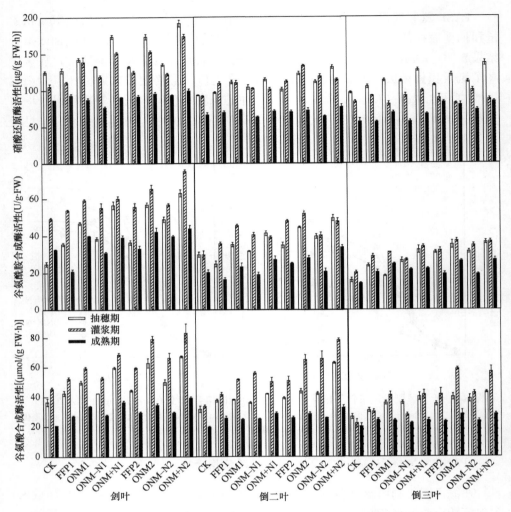

图 5-3　不同氮肥处理对上三叶 NR、GS 和 GOGAT 活性的影响

CK：不施氮空白对照；FFP：农民经验性施肥；ONM：优化施肥；ONM–N：减氮优化施肥；ONM+N：增氮优化施肥；1：普通尿素；2：PASP 尿素

响叶片衰老拟合特征参数。不同品种间，M_S 和 V_{mS} 均表现为 F 优 498 显著低于川作 6 优 178，而 $T1_S$、$T0_S$ 和 $T2_S$ 则呈相反趋势。较普通尿素和农民经验性施肥，PASP 尿素增加了抽穗后水稻绿叶数、叶重和叶面积，进而提高了叶重比和叶面积比率，降低了颖花数和粒叶比。PASP 尿素增加了抽穗后叶片含氮量和叶绿素含量，提高了叶片净光合速率和单叶光合速率。PASP 尿素有效增加了剑叶衰老加速点和衰老减速点出现所需的积温，降低了剑叶最大衰老速率和理论衰老最大值，从而延缓了叶片衰老进程，促进了产量增加。

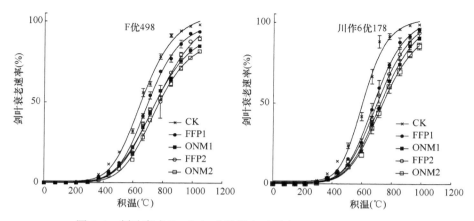

图 5-4　剑叶衰老 Logistic 曲线拟合（引自 Deng et al.，2017）

CK：不施氮空白对照；FFP：农民经验性施肥；ONM：优化施肥；1：普通尿素；2：PASP 尿素

三、氮素优化管理

（一）规律性适期施氮的优化管理技术

以杂交籼稻为研究对象，明确了杂交中籼稻主茎倒四叶抽出与主茎拔节及幼穗分花始期同步，结合多年大面积生产实践提出了适用于杂交籼稻的以"氮肥后移"为核心的规律性适期施氮策略，首先按目标产量和本土化的参数计算施氮量；其次在运筹比例上，基蘖肥：穗肥为(5～7)：(3～5)，其中，基蘖肥氮按基肥：分蘖肥为(6～7)：(3～4)，穗肥按促花肥：保花肥为(5～6)：(4～5)的比例施用；最后是在具体施用时期上，基肥在栽前 1～2 天，分蘖肥在栽后 5～8 天，促花肥在主茎拔节期，保花肥在拔节后 15～20 天施用（图 5-5）。

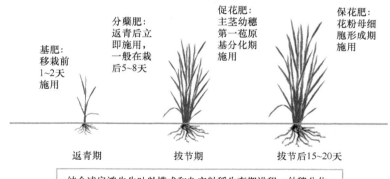

图 5-5　规律性适期施氮示意图

通过多品种试验以及不同栽插方式试验，均已证明该优化施肥技术能在不增加氮肥用量、简单准确判断追肥时期的同时，显著提高氮肥利用率和水稻产量。手插稻和机插稻氮肥后移处理比只施基蘖肥处理的氮素积累量分别提高了24.22%和17.01%，差异达显著水平（图5-6）。抽穗期-成熟期两个氮肥处理之间的差异有所减小，最终氮素积累量氮肥后移处理平均增加约11.4%。研究结果表明，总施氮量的50%作为穗肥施用，既能保证前期的氮素吸收，又能增加后期氮素的积累，使植株成熟期的氮素总积累量增加，其中拔节期-抽穗期是氮肥后移处理提高氮素吸收积累的关键时期。

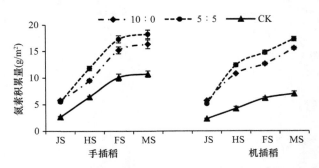

图5-6 氮肥后移对氮素积累动态的影响（引自 Zhou et al.，2016）
CK：不施氮空白对照；JS：拔节期；HS：抽穗期；FS：灌浆期；MS：成熟期

随穗肥比例的增加，水稻产量也相应提高，机插稻中30%和40%的穗肥处理产量显著高于不施穗肥的处理，与只施基肥和只施基蘖肥的处理相比，分别增加了13.17%、9.46%和11.48%、7.83%；抛秧稻中穗肥30%的两个处理产量明显增加，基肥：分蘖肥：穗肥为4：3：3时产量最高，达7579.74 kg/hm²，显著高于不施穗肥的两个处理（表5-4）。不同基追比例对千粒重的影响较小，除抛秧稻中7：3：0处理显著高于两个施用穗肥的处理外，其他处理间差异均不显著。穗肥比例越大，穗粒数越大，但结实率降低，穗粒数仍随穗肥比例的提高显著增加，两种栽插方式下施用穗肥的处理其每穗实粒数均显著高于只施基蘖肥的处理。不同基追比例对有效穗数的影响在不同栽插方式下有所差异，在机插稻中不同基追比例对有效穗数的影响较小，不同处理间有效穗数差异甚微，而在抛秧稻中4：3：3处理有效穗数最高，其次为10：0：0处理，且显著高于7：3：0和7：0：3处理。综上所述可知，基蘖肥比例的增加有利于有效穗数的提高，氮肥70%作为基蘖肥施用能够满足前期分蘖生长的需求，穗肥比例的增加有利于穗粒数的增加，穗肥比例越大，穗粒数增加越多。综合而言，基蘖穗肥之比为4：3：3时，既能满足前期分蘖成穗需求，达到较高的有效穗数，又能满足后期籽粒生长发育需要，提高穗粒数，从而获得较高产量。

表 5-4　氮肥不同基追比例对产量及其构成因素的影响

栽插 方式	基肥：蘖肥： 穗肥	有效穗数 （万穗/hm²）	每穗 实粒数	结实率 （%）	千粒重 （g）	产量 （kg/hm²）
机插稻	10：0：0	256.05a	99.89b	77.02a	25.46a	6237.29b
	7：3：0	257.53a	93.97b	76.90a	25.50a	6448.72b
	6：0：4	256.79a	123.36a	72.33b	25.61a	7058.82a
	4：3：3	256.30a	119.78a	74.61ab	25.62a	6953.48a
抛秧稻	10：0：0	290.25a	128.18ab	90.56a	27.90ab	7182.89b
	7：3：0	269.10b	123.84b	89.03ab	28.40a	7214.65b
	7：0：3	254.25b	137.82b	87.23ab	27.74b	7452.75ab
	4：3：3	305.01a	137.89b	85.30b	27.64b	7579.74a

（二）氮素优化管理的增产机制

1. 优化施氮强蘖促叶强源

分蘖是产量构成因素中最为活跃而又容易控制的因素，同时，它又是其他因素形成的基础。分蘖的多少决定穗的数量，分蘖的强弱决定穗的大小，因此在足穗的情况下减少无效分蘖的发生、促进壮蘖生长是水稻获得高产的有效途径。在试验中，供试材料杂交籼稻 F 优 498 主茎有 16 叶，伸长节间数为 6 个，根据凌启鸿等（1994）提出的最大分蘖叶位理论，其最大分蘖理论叶位为第 9 叶位（=16−6−1）。优化施氮和空白对照两处理结果符合该理论值，但农民传统施氮处理第 10 叶位也有分蘖长出，但分蘖发生率较低，仅为 4.55%。水稻分蘖数量与土壤铵离子浓度呈显著正相关，农民传统施氮处理所有氮肥均作为基蘖肥施用，使土壤中铵离子浓度维持在一个相对较高的水平，从而促进了第 10 叶位分蘖的发生，但发生较晚的分蘖位于节间上部，物质和营养积累较少，从而使这些分蘖不能成功抽穗。农民传统施氮处理的分蘖成穗率，特别是二、三级分蘖的成穗率下降明显，且成熟期最终有效穗数低于优化施氮处理（图 5-7）。表明，大量氮肥施用于水稻生长前期不但不能增加有效穗数，而且不利于群体结构的优化。

土壤氮素含量是影响分蘖发生的关键因素，而在水稻生长前期，供植株生长的氮素主要来源于两个方面，土壤本身的氮素含量（包括前茬作物残留的氮素），以及基蘖肥的施用。对稻季氮素进行 ^{15}N 同位素标记的研究结果表明，水稻生长前期植株所吸收的氮素更多来源于土壤等环境（图 5-8），因此移栽前土壤氮素含量对分蘖生长起着关键作用。供试杂交籼稻品种的分蘖势随施氮量的增加而增加，优化施氮条件下分蘖势有所降低，但单株每天分蘖数仍能高达 0.31～0.35 个，且在不施氮条件下也能达到 0.17～0.26 个。因此，充分考虑和利用前茬作物残留氮素，适当减少前期基蘖肥的施用量，既能降低氮肥的投入，又能优化群体生长，保证产量。

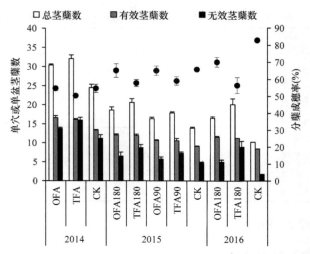

图 5-7　不同氮肥管理对分蘖的影响（引自 Zhou et al.，2017）

CK：不施氮空白对照；TFA：农民传统施氮；OFA：优化施氮；90：总施氮量为 90 kg/hm²；

180：总施氮量为 180 kg/hm²；2014 年和 2016 年总施氮量为 180 kg/hm²

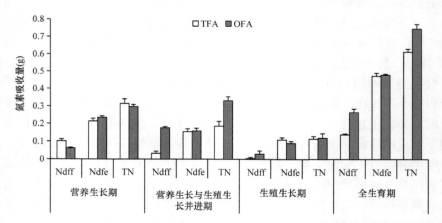

图 5-8　肥料氮和环境氮对植株氮素吸收的贡献（^{15}N 标记）（引自 Zhou et al.，2019）

TFA：农民传统施氮；OFA：优化施氮；Ndff：来自肥料中的氮量；Ndfe：来自环境中的氮量；TN：氮素吸收总量

　　绿叶的叶面积、光合速率及其功能期是决定水稻植株干物质生产能力的三大重要因素。杂交籼稻的产量主要源于穗后的物质生产，因此，抽穗后叶片的衰老速度在很大程度上决定了穗后的物质生产能力。氮素是植物体内可以重新分配利用的营养物质，其活化和转运是叶片衰老过程中的重要表现。研究表明，叶绿素含量的减少从抽穗后就开始，而可溶性蛋白含量则是从抽穗后 7 天开始下降（图 5-9），因此，氮素的转移滞后于叶绿素的降解，而在优化施氮条件下，叶绿素含量和可溶性蛋白含量一直高于农民传统施氮处理，且维持在较高水平。

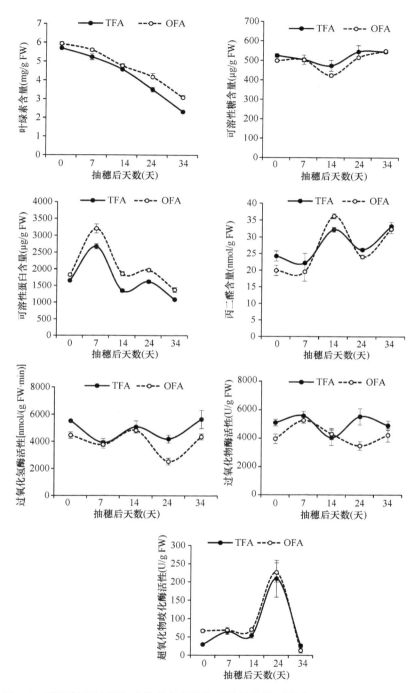

图 5-9　不同氮肥处理的叶片衰老相关生理指标差异（引自 Zhou et al., 2017）

FW：鲜重；OFA：优化施氮；TFA：农民传统施氮

优化施氮条件下，叶片可溶性糖含量低于农民传统施氮方式，结合叶绿素、可溶性蛋白含量的提高可推测，优化施氮条件下灌浆后期（抽穗后15～34天）叶片的光合速率仍会高于农民传统施氮方式。施用氮肥抽穗期叶片含氮量显著提高，同等施氮量条件下，优化施氮处理抽穗期叶片含氮量比农民传统施氮方式提高了15.16%（90 kg/hm² 施氮量）和20.97%～32.06%（180 kg/hm² 施氮量）（图 5-10）。因此，拔节期及拔节后15～20天施氮提高了抽穗期叶片含氮量，是优化施氮延缓叶片衰老和提高光合速率的主要原因。

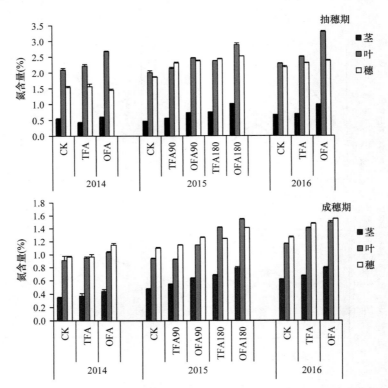

图 5-10　不同氮肥处理对各器官含氮量的影响

TFA：农民传统施氮；OFA：优化施氮；CK：不施氮空白对照；90：总施氮量为 90 kg/hm²；
180：总施氮量为 180 kg/hm²；2014 年和 2016 年总施氮量为 180 kg/hm²

植株衰老过程还涉及许多生理物质的产生，其中活性氧的产生及其造成的伤害是叶片衰老过程中的重要表现，因此，活性氧清除系统，包括过氧化物酶（POD）、过氧化物歧化酶（SOD）、过氧化氢酶（CAT）等保护酶，在阻碍细胞内活性氧的生产中起着关键作用，但在优化施氮处理下，保护酶的活性并没有表现出显著提高（图 5-9）。随着叶片衰老的进行，丙二醛（MDA）含量提高，进一步造成氧化损伤。研究结果表明，除抽穗后 14 天以外，优化施氮条件下 MDA 的含量均小于农民传统施氮方式（图 5-9），说明优化施氮条件下活性氧的产生更少，随之带来的伤害也会降低。综上所述可知，优化施氮处理对叶片进行延衰及保护，是通过减少活性氧的产生及其伤害，而非提高植株清除活性氧的能力。

2. 优化施氮保穗增粒扩库

实粒数由群体颖花数和结实率共同决定，群体颖花数又由栽插密度、有效穗数和单穗颖花数共同决定。优化施氮条件下，虽然分蘖发生减少，但分蘖成穗率提高，保证了最终有效穗数；同时促进了穗部的生长，改变了穗型结构，使穗变长，穗部二次枝梗退化数显著降低，从而显著增加了二次颖花分化数和现存数，这是最终每穗实粒数增加的主要原因。在水稻生育中期追施氮肥对颖花的生长和发育产生的影响，大部分研究结果均表现为促进作用。研究表明，在优化施氮条件下稻穗变长，三年平均增加了 5.36%，且 2014 年和 2016 年显著大于农民传统施氮方式（图 5-11）。两种施氮方式下穗部一次枝梗数差异不大，与农民传统施氮方式相比，优化施氮处理二次枝梗数显著增加，平均增加了20.5%（图 5-11）。优化施氮条件下单穗总颖花数比农民传统施氮方式的总颖花数增加了 6.8%～20.2%，2014 年和 2016 年差异显著，单穗总颖花数的增加使最终每穗实粒数提高了 3.7%～19.7%（图 5-11）。综述可知，优化施氮条件下穗肥的施用促进了穗部的发育，穗长、枝梗数和颖花数得到了同步增加，更有利于大穗的形成。

颖花着生在一次枝梗和二次枝梗上，一、二次枝梗的数量直接影响颖花的数量。在枝梗和颖花分化期对相关基因表达量的调查结果表明（图 5-12），氮素供应的提高能改变枝梗退分化调控基因的表达量，但不同时期不同基因的响应存在差异，可能是一、二次枝梗分化数差异不大的原因。二次枝梗退化的减少才是最终颖花数增加的关键原因，通过对 *SP1* 基因敲除的突变体进行研究发现，*SP1* 基因功能丧失后，穗型显著变小，一、二次枝梗退化率分别高达 40.2%～47.6% 和 74.3%～80%，严重降低穗粒数和产量（图 5-13）。优化施氮策略促进了源和库的同步增加，但经济系数略微高于农民传统施氮方式（图 5-14），从而导致颖花数显著增加的同时，结实率降低不明显。因此，优化施氮条件显著增加颖花数的同时，稳定穗数和结实率，使最终总实粒数增加，从而进一步为高产的形成打下良好的大库基础。

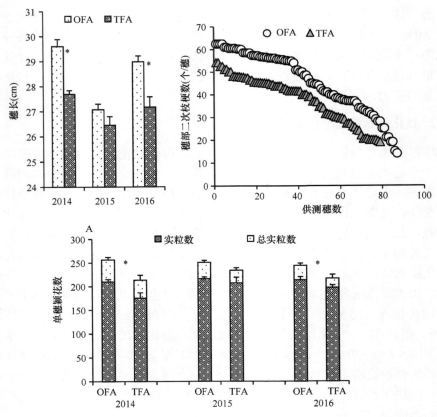

图 5-11 不同施氮处理对穗型结构及组成的影响（引自 Zhou et al.，2017）

OFA：优化施氮；TFA：农民传统施氮；*表示在 P<0.05 水平上处理间差异达显著

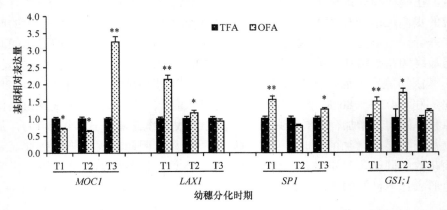

图 5-12 不同氮肥处理下穗部基因相对表达量差异（引自 Zhou et al.，2017）

T1：幼穗第一苞分化期；T2：一次枝梗原基分化期；T3：二次枝梗和颖花原基分化期；OFA：优化施氮；

TFA：农民传统施氮；*、**分别表示在 P<0.05 和 P<0.01 水平上处理间差异达显著

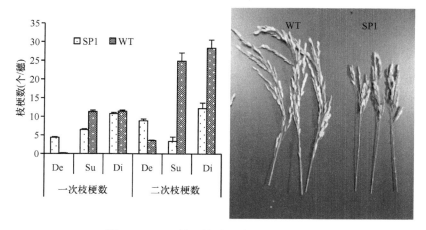

图 5-13　*SP1* 基因敲除对穗型结构的影响

SP1：*SP1* 基因敲出突变体；WT：野生型植株；De：退化数；Su：现存数；Di：分化数；本试验材料由东京大学
作物学研究室提供

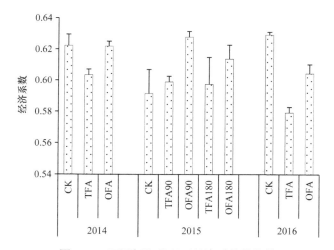

图 5-14　不同氮肥处理下经济系数的差异

TFA：农民传统施氮；OFA：优化施氮；CK：不施氮空白对照；90：总施氮量为 90 kg/hm^2；180：总施氮量为 180 kg/hm^2；
2014 年和 2016 年总施氮量为 180 kg/hm^2

3. 优化施氮协调库源增产

在优化施氮条件下，无效分蘖减少，分蘖成穗率提高，同时显著提高了有效叶面积和高效叶面积，有利于群体结构的优化，从而促进源库协调发展。叶片衰老的速度，籽粒灌浆的优劣，以及粒叶比均能反映水稻群体库源结构。叶片的衰老受库源平衡的调节，叶片内营养物质的转运速度决定了叶片的衰老速度。库源比决定物质转运速度和数量，进而影响叶片衰老进程。优化施氮条件下，叶片在灌浆期的叶绿素含量能维持较高水平，衰老速度明显低于农民传统施氮处理，证明在优化施氮扩库情况下，源的增加能满足库的需要。籽粒灌浆的好坏能直接反映出库源关系的优劣，优化施氮条件下，减少基蘖肥、追施穗肥，减少了无效分蘖的发生，促进了优势分蘖的生长，为抽穗期获得良好的群体质量打下良好的基础，同时促进了穗分化期植株对氮素的吸收，提高了叶片的氮素含量和 Rubisco 酶活性，从而有效增加了叶面积指数，提高了功能叶的光合速率。

叶粒比是反映水稻群体库源特征的重要指标，比值越高源供应越充足，通常为库限制型，比值越低则刚好相反。图 5-15 显示，施氮量为 90 kg/hm² 时两种氮肥管理条件下叶粒比均高于施氮量为 180 kg/hm² 的处理，且优化施氮处理在低施氮量条件下相比农民传统施氮处理降低了叶粒比，而在 180 kg/hm² 施氮量条件下提高了叶粒比。此结果表明，施氮量和施氮方式均能影响库源结构，结合结实率表现结果分析可知，施氮量越高，越偏向于源限制性，而在 180 kg/hm² 施氮量条件下，优化施氮表现出一定程度的缓解作用，与农民传统施氮方式相比，叶粒比提高了 6.4%～6.9%（叶面积/颖花数）和 2.8%～3.5%（叶面积/实粒数）。

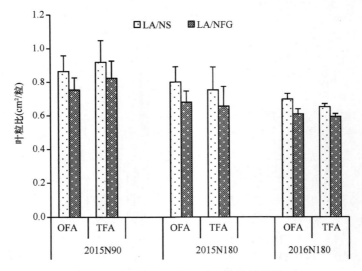

图 5-15　不同氮肥处理下叶粒比的差异

NS：总颖花数；NFG：总实粒数；LA：总叶面积；TFA：农民传统施氮；OFA：优化施氮；N90：总施氮量为 90 kg/hm²；N180：总施氮量为 180 kg/hm²

追施穗肥能显著增加颖花数，使库容扩大，也能提高叶面积指数，使源供增强。本研究结果则进一步表明，杂交籼稻在 180 kg/hm² 施氮量条件下 50% 的氮肥用作穗肥时，库源均得到一定程度的提高，且源增加的比例大于库扩大的比例。另外，功能叶光合效率的提高以及叶片衰老的延迟（图 5-9）也能进一步为籽粒的充实提供物质基础，但即便如此，仍有大量二次枝梗以及少量颖花发生退化。从灌浆期的物质转运以及成熟期的物质分配来看，仍有部分可用物质滞留在了茎鞘和叶片中，优化施氮条件下表现更为明显，田间植株甚至出现了部分高位分蘖的生长。前人研究将此现象表述为营养物质的"回流"，主要由源过大而库不足造成（翁仁宪，1984）。研究结果显示，在 180 kg/hm² 施氮量条件下，优化施氮的有效穗数和每穗实粒数虽然均有提高，但结实率和千粒重稍有降低，加之颖花和枝梗的退化现象可知，源或库限制不是制约杂交籼稻产量进一步提升的原因，促进物质从营养器官向生殖器官转运，才是解决问题的关键。

优化施氮处理的穗颈节变粗，其直径比农民传统施氮方式平均增加了 12.23%（图 5-16）。维管束是重要的物质转运系统，在优化施氮条件下，大、小维管束数量及总维管束数量与农民传统施氮方式相比均有所增加，且差异均达显著或极显著水平，穗颈节大、小维管束数量分别增加了 19.1% 和 10.1%，使总维管束数目提升了 14.5%（图 5-16b，c）。穗颈节直径的增长以及维管束数量的增加，表明与

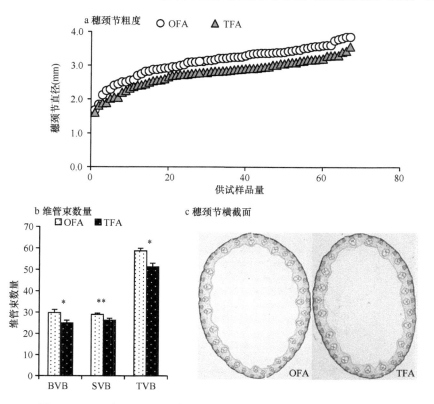

图 5-16 不同氮肥处理下穗颈节结构变化（引自 Zhou et al.，2017）

BVB：大维管束；SVB：小维管束；TVB：总维管束；OFA：优化施氮；TFA：农民传统施氮；*、**分别表示在 $P<0.05$ 和 $P<0.01$ 水平下处理间差异达显著

农民传统施氮方式相比，在优化施氮条件下物质的转运能力更强，转运通道更为通畅，总物质转运量也有所提高。但如何进一步促进物质从茎鞘、叶向籽粒运转，减少其在营养器官中的滞留，是值得关注的问题。另外，分析穗部积累物质的来源可知，供籽粒灌浆的物质主要来自抽穗后的物质生产，因此防止营养物质转运过快而造成叶片早衰，在保证抽穗后物质生产的同时，促进物质更多地向穗部运转才是进一步提高产量的努力方向。

综上所述可知，优化施氮处理提高产量的原因在于促进了优势分蘖的生长，扩大库容的同时，增加了光合面积、提高了光合强度、延长了光合时间，从而为大穗灌浆提供足够的物质来源（图 5-17）。杂交籼稻在 180 kg/hm^2 的常规施氮量条件下，优化施氮处理前期减氮 50%，在满足分蘖发生与生长需要的同时，减少了无效分蘖的发生，促进了优势分蘖的生长，优化了群体质量，为后期同化物的生产打下了良好的形态与物质基础。杂交籼稻拔节期幼穗分化及功能叶的生长同步进行，因此在拔节期及拔节后 15～20 天追施穗肥，既能促进功能叶的生长，提高叶面积指数和光合效率，减缓叶片衰老，延长叶片功能期，又能促进幼穗发育，显著降低穗部二次枝梗的退化率，提高颖花分化数和现存数，从而促进大穗的生成。另外，优化施氮在强源扩库的同时，使穗颈节变粗以及维管束增加，有利于光合产物从营养器官向生殖器官的转运，从而降低因库容变大造成的结实率降低。优化施氮条件下，仍有大量营养物质滞留在叶、茎鞘中，且穗部枝梗退化率较高，因此促进物质适时转运、减少穗部枝梗退化是进一步提升产量的关键，*SP1* 等控制穗型的关键基因可以作为今后研究的方向。

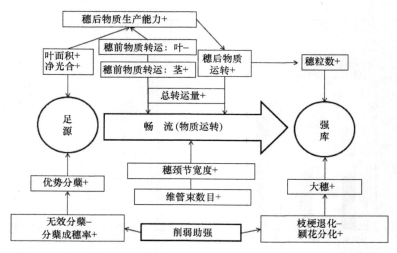

图 5-17　优化施氮提高杂交籼稻产量的机制（引自 Zhou et al.，2017）

"+"、"－"分别代表增加和减少

第二节　肥料配施与钾素优化管理

一、氮肥与其他肥料的配施

氮肥与其他肥料（特别是磷钾肥）配合施用能有效提高水稻产量及氮肥利用率。高产水稻对氮（N）、磷（P_2O_5）、钾（K_2O）的吸收比例为 $2：1：(2\sim3)$ 或 $1：0.45：1.2$，该比例是反映三要素营养平衡协调的生理指标，但并不能直接应用于指导田间施肥，田间施肥需要根据当地土壤特性和肥力，通过农业农村部推荐的测土配方施肥试验来确定。通过研究，四川等地结合杂交稻种植区土壤基础地力、农民施肥习惯和成本效益等因素，提出了在超高产栽培条件下适宜施肥配比 N：P_2O_5：K_2O 为 $2：1：1.6$，在大面积高产栽培条件下 N：P_2O_5：K_2O 为 $2：1：1$。

除氮磷钾肥配施外，有机和无机肥配施、大量和中微量元素配施也是研究与关注的热点。氮肥与硅肥、锌肥等微量肥料配施能延缓叶片衰老，改善叶片光合特性，提高水稻籽粒的含氮量和粗蛋白含量（郭九信等，2012，2014；Jafari et al.，2013）。有机肥与无机氮肥配施能提高水稻功能叶净光合速率，促进水稻对氮肥的吸收利用，提高水稻产量，改良稻米品质及土壤理化特性（周江明，2012）。微生物肥能提高氮素的农学利用率，实现减肥增产，且随着施氮量下降，氮素利用率呈升高趋势（陈惠哲等，2010）。农作物秸秆的合理处理是现今农业生产中面临的严峻问题，秸秆还田与配施化肥是未来农业可持续发展的方向。秸秆还田能有效降低水稻生产中氮肥的投入，协调群体的库源关系，促进同化物向籽粒运转，增加水稻产量，改良稻米品质，提高氮收获指数、氮肥吸收利用率、氮肥农学利用率、氮肥生理利用率和氮肥偏生产力。秸秆分解产生的有机酸易对水稻造成毒害，也与植株争氮，造成水稻发根发苗迟缓，植株前期生长缓慢，因此，在秸秆还田条件下，除掌握好秸秆还田量外，还要增加氮肥前期比例，基蘖肥、穗肥比以 $7：3$ 为宜（表 5-5）。

表 5-5　秸秆还田条件下施氮处理对产量及其构成因素的影响（引自伍菊仙等，2006）

处理		有效穗数 （万穗/hm^2）	每穗 着粒数	每穗 实粒数	结实率 （%）	千粒重 （g）	产量 （t/hm^2）
施氮量 （kg/hm^2）	0	196.8	126.29	113.12	89.60	27.15	5.73
	75	231.23b	133.21a	117.35a	88.10a	27.82a	6.65bB
	150	256.16ab	132.68a	118.00a	88.98a	28.15a	7.75aA
	225	354.04a	129.92a	112.16a	86.65b	27.83a	7.67aA
基肥：分蘖 肥：穗肥	10：0：0	266.89a	127.71ab	115.40a	89.95a	27.9ab	7.18bB
	7：3：0	251.03a	124.46b	110.12a	89.18a	28.40a	7.21bAB
	7：0：3	239.89a	134.94a	120.24a	87.83ab	27.74b	7.45abAB
	4：3：3	280.46a	134.99a	117.56a	86.38b	27.64b	7.58aA

注：不同小写字母表示不同处理间差异达到 0.05 显著水平，下同

二、钾素吸收利用与抗倒增产

（一）吸收利用

随水稻生育进程的推进，植株钾素积累量呈不可逆的增长趋势，并随钾肥用量的增加显著提高，各时期不同施钾量处理间差异均达显著水平（表 5-6）。不同生育阶级钾素积累量与施钾量之间的关系可以分别用 $y_{分蘖期}$=16.835+0.022x（S=0.662，R^2=0.947）、$y_{拔节期}$=131.815+0.179x（S=3.744，R^2=0.972）、$y_{孕穗期}$= 178.547+0.237x（S= 11.870，R^2=0.853）、$y_{齐穗期}$=214.18+0.263x（S=13.421，R^2=0.842）、$y_{成熟期}$=238.870+ 0.233x（S=5.269，R^2=0.964）进行模拟。

表 5-6　不同施钾量条件下钾素积累动态差异（引自杨波等，2008）

（单位：kg/hm²）

施钾量	分蘖期	拔节期	孕穗期	齐穗期	成穗期
0	17.13d	134.31d	183.30d	203.94d	231.17d
75	17.76c	140.48c	193.65c	247.29c	259.75c
150	20.71b	160.08b	202.10b	255.52b	277.20b
225	21.85a	172.73a	241.10a	268.14a	292.65a

施钾量对钾素稻谷生产效率和收获指数的影响达极显著水平（F_{KGPE}=129.93**，F_{KHI}=93.53**），对钾素干物质生产效率的影响达显著水平（F_{KDMPE}=3.52*），钾素农学利用率各施钾量间差异不显著（表 5-7）。随着施钾量的增加，成熟期钾素的总积累量显著增加，但钾素干物质生产效率、稻谷生产效率和收获指数随之下降，其中施钾量与干物质生产效率和稻谷生产效率的关系可以分别用方程 y_{KDMPE}=79.368−0.056x（S=1.926，R^2=0.922）和 y_{KGPE}=44.371−0.037x（S=1.353，R^2=0.918）进行模拟。结果表明，增施钾肥能显著提高植株钾素的积累量，但干物质积累量和产量的增加速率小于钾素积累的速率，从而导致干物质生产效率和稻谷生产效率的降低，同时较多钾素残留在营养器官中，钾素的收获指数减小。

表 5-7　不同施钾量条件下钾素积累动态差异（引自杨波等，2008）

施钾量（kg/hm²）	干物质生产效率（kg/kg）	稻谷生产效率（kg/kg）	农学利用效率（kg/kg）	收获指数
0	80.52a	45.36a		0.17a
75	72.92ab	40.53b	1.66a	0.16b
150	71.96ab	37.95c	1.68a	0.16b
225	66.80b	36.94d	1.67a	0.15c

（二）强秆抗倒

从抽穗期至抽穗后 30 天，增施钾肥使茎秆抗折力、机械强度和植株的抗倒力均有不同程度的提高，其中抽穗期的茎秆抗折力和抽穗后 10 天的植株抗倒力 225 kg/hm^2 施钾量处理显著高于不施钾处理（表 5-8）。表明增施钾肥能不同程度地提高茎秆和植株的抗倒伏能力。结合茎粗、茎鞘粗、茎壁厚来看，抽穗至抽穗后 30 天茎秆抗折力与茎粗的相关系数分别为 0.640、0.897**、0.812*、0.967**；茎秆抗折力与茎鞘粗的相关系数分别为 0.515、0.788*、0.907**、0.941**；茎秆抗折力与茎壁厚的相关系数分别为 0.417、0.830*、0.896**、0.735*。由此看出，茎秆抗折力与茎粗、茎鞘粗和茎壁厚之间均表现出正相关，且抽穗后随着生育进程的推进，茎粗、茎鞘粗和茎壁厚与茎秆抗折力的相关系数逐渐变大，到后期达到显著或极显著水平，表明抽穗期可能还有其他因素可对茎秆抗折力产生较大的影响，但越到生育后期其他因素的影响则越小，从而使茎秆本身物理特性逐渐成为影响茎秆抗折力的主要因素。抽穗后各时段植株抗倒力与施钾量间的相关系数分别为 0.918*、0.903*、0.748 和 0.784，表明施钾与植株抗倒力间关系密切。

表 5-8　不同施钾量条件下植株抗倒伏能力的差异（引自杨波等，2011）

抗倒伏能力	施钾量（kg/hm^2）	抽穗期	抽穗后 10 天	抽穗后 20 天	抽穗后 30 天
茎秆抗折力 （kg/茎）	0	1.13b	1.19a	0.93a	0.78a
	75	1.23ab	1.36a	1.08a	0.84a
	150	1.24ab	1.33a	1.07a	0.84a
	225	1.27a	1.39a	1.10a	0.86a
植株抗倒力 （g/茎）	0	91.21a	72.74b	74.44a	60.64a
	75	98.53a	82.08ab	81.58a	67.89a
	150	101.80a	83.37ab	82.81a	65.69a
	225	102.16a	85.35a	81.36a	68.71a
茎秆机械强度 （kg/cm）	0	2.26a	2.38a	1.86a	1.56a
	75	2.45ab	2.71a	2.16a	1.68a
	150	2.48ab	2.66a	2.14a	1.68a
	225	2.54a	2.77a	2.20a	1.72a

水稻抽穗后各种营养物质由茎鞘等营养器官向穗部运输，供籽粒灌浆所用，随着茎鞘物质的不断输出，茎鞘内可溶性糖、淀粉及纤维素含量均随生育进程的推进不断降低，而茎鞘中钾的含量则呈现逐渐上升的趋势（表 5-9）。钾肥施用量对水稻生育后期不同阶段茎秆中物质含量的影响各不相同，抽穗后 30 天，除 225 kg/hm^2 施钾量处理的纤维素含量显著高于其他三个处理外，可溶性糖和淀粉含量各处理间的差异均较小。茎秆中钾含量各生育时期均表现为随施钾量的增加

而升高，且在各阶段施钾与不施钾处理间差异均达显著水平，各取样时期分别可用 $y_{抽穗期}=16.913+0.030x$（$S=0.420$，$R^2=0.986$）、$y_{抽穗后10天}=21.802+0.029x$（$S=0.498$，$R^2=0.980$）、$y_{抽穗后20天}=31.054+0.031x$（$S=0.751$，$R^2=0.958$）和 $y_{抽穗后30天}=33.322+0.025x$（$S=0.584$，$R^2=0.964$）予以模拟，且各方程的决定系数都大于 0.95，由此表明施钾对茎秆钾含量增加具有促进作用。

表 5-9　施钾量对茎秆物质含量的影响（引自杨波等，2011）

时期	施钾量（kg/hm²）	可溶性糖（mg/g）	淀粉（mg/g）	纤维素（mg/g）	钾（mg/g）
抽穗期	0	110.51a	115.09a	48.09b	16.60d
	75	107.23b	108.03b	48.96a	19.67c
	150	104.13b	93.47c	47.85b	21.43b
	225	104.62b	103.81b	49.29a	23.59a
抽穗后10天	0	74.19b	70.32a	33.31c	21.42d
	75	74.52b	63.70b	34.05bc	24.45c
	150	80.52a	65.58ab	34.68b	26.36b
	225	83.61a	67.20ab	35.96a	28.04a
抽穗后20天	0	60.21a	48.70a	13.93ab	30.50c
	75	59.39a	48.43a	13.53b	33.95b
	150	56.87ab	44.03a	12.89c	36.08ab
	225	54.55b	46.05a	14.00a	37.42a
抽穗后30天	0	38.27a	37.71a	10.59b	32.87c
	75	37.72a	38.21a	10.30b	35.82b
	150	40.04a	37.166a	10.55b	37.27ab
	225	36.68a	38.60a	11.10a	38.71a

钾肥对单茎根重有较大的影响，各取样时期单茎根重同施钾量间均呈现出正相关关系，不同取样时期的相关系数分别为 0.968^{**}、0.973^{**}、0.973^{**}、0.912^*，达到显著或极显著水平。增施不同量的钾肥对单茎根体积增加有不同程度的促进作用，在整体上表现出单茎根体积随施钾量的增加而增加的趋势。抽穗后根倒伏系数先降低后升高，至抽穗后 30 天达最大值，表明灌浆后期根倒伏风险更大（表 5-10）。各时期根倒伏系数均随钾肥施用量的增加而降低，抽穗期至抽穗后 20 天施钾肥与不施钾肥处理间的差异均达到显著水平（$F_{抽穗期}=4.55^*$，$F_{抽穗后10天}=4.97^*$，$F_{抽穗后20天}=3.08^*$），其中抽穗后 10 天差异达最大值，不施钾肥处理根倒伏系数比施钾 75 kg/hm²、150 kg/hm² 和 225 kg/hm² 的处理分别高出 22.49%、34.36% 和 39.91%。另外，统计结果显示施钾量与根倒伏系数间呈现明显负相关关系，不同取样时期二者的相关系数分别为 -0.89、-0.94^*、-0.90^*、-0.93^*。表明，增施钾肥可以显著降低灌浆期的根倒伏风险。

表 5-10　不同种植方式和施钾量下水稻根倒伏系数（引自杨波等，2011）

施钾量（kg/hm²）	抽穗期	抽穗后 10 天	抽穗后 20 天	抽穗后 30 天
0	3.76a	3.05a	4.43a	6.19a
75	3.19b	2.49b	3.67b	5.46a
150	3.08b	2.27b	3.62b	5.28a
225	3.01b	2.18b	3.41b	5.10a

通过通径分析可知（表 5-11），单茎鲜重对根倒伏系数的直接作用表现为正效应，而且单茎鲜重对根倒伏系数还有较大的间接正效应，两效应共同作用使单茎鲜重与根倒伏系数间表现出显著或极显著正相关，即单茎鲜重越大，根倒伏系数越大，植株越容易倒伏。株高对根倒伏系数的直接作用也表现为正效应，但该效应很小，株高还通过茎秆机械强度对根倒伏系数表现出较大的间接负效应，最终导致株高与根倒伏系数表现出负相关。茎秆机械强度和单茎根重对根倒伏系数的直接作用均表现为较大的负效应，结合通过其他因子的间接作用使得茎秆机械强度在抽穗后 10 天和 20 天时与根倒伏系数呈极显著负相关，单茎根重与根倒伏系数间的负相关在抽穗后均达到极显著水平，由此表明茎秆机械强度和单茎根重越大，根倒伏系数越小，植株抗根倒伏能力越强。同时通过直接通径系数可以计算

表 5-11　根倒伏系数与其构成因子的通径系数（引自杨波等，2011）

时期	项目	$x_1 \to y$	$x_2 \to y$	$x_3 \to y$	$X_4 \to y$	riy
抽穗期	单茎鲜重（x_1）	0.3303	0.0054	−0.0235	0.2184	0.5270*
	茎秆机械强度（x_2）	−0.0029	−0.6135	0.1771	0.1431	−0.2963
	株高（x_3）	−0.0368	−0.5146	0.2111	0.2975	−0.0428
	单茎根重（x_4）	−0.0919	0.1137	−0.0814	−0.7718	−0.8314**
抽穗后 10 天	单茎鲜重（x_1）	0.2894	−0.0879	0.0294	0.2162	0.4472*
	茎秆机械强度（x_2）	0.0480	−0.5298	0.0299	−0.1862	−0.6381**
	株高（x_3）	0.1231	−0.2290	0.0692	−0.0038	−0.0404
	单茎根重（x_4）	−0.1040	−0.1640	0.0004	−0.6014	−0.8690**
抽穗后 20 天	单茎鲜重（x_1）	0.4144	0.0808	−0.0018	0.1159	0.6043**
	茎秆机械强度（x_2）	−0.0644	−0.5199	0.0366	−0.0982	−0.6459**
	株高（x_3）	−0.0141	−0.3531	0.0539	−0.0386	−0.3520
	单茎根重（x_4）	−0.0849	−0.0902	0.0037	−0.5659	−0.7373**
抽穗后 30 天	单茎鲜重（x_1）	0.3079	−0.1606	0.0001	0.3831	0.5304*
	茎秆机械强度（x_2）	0.0728	−0.6789	0.0001	0.2726	−0.3334
	株高（x_3）	0.0695	−0.3372	0.0003	−0.0072	−0.2747
	单茎根重（x_4）	−0.1446	0.2268	0.0000	−0.8158	−0.7336**

注：不同取样时期的决定系数（r^2）分别为 0.9884、0.9873、0.9866、0.9880；剩余通径系数（$p_{e \to y}$）分别为 0.1077、0.1127、0.1158、0.1095；riy 表示相关系数；*、**表示显著和极显著相关

出各因子的决定系数（$d_{y,i}=p_{y,i}^2$），不同取样时期各因子决定系数大小顺序为单茎根重>茎秆机械强度>单茎鲜重>株高。综合分析可得，单茎根重是影响根倒伏系数的第一因素，其次为茎秆机械强度、单茎鲜重，株高则影响最小。另外，不同取样时期的决定系数均大于 0.98，而剩余通径系数仅在 0.11 左右，表明根倒伏系数主要由这 4 个性状决定。增施钾肥能提高茎秆机械强度，增加单茎根重，对株高和单茎鲜重影响不显著，因此，增施钾肥能有效降低水稻根倒伏风险。

（三）产量效应

以常规翻耕插秧稻、常规翻耕抛秧稻、免耕抛秧稻和免耕高留茬抛秧稻为研究对象，研究了 0 kg/hm^2、75 kg/hm^2、150 kg/hm^2 和 225 kg/hm^2 施钾量条件下，水稻产量及其构成因素的变化。结果表明，水稻产量随施钾量的增加而增加，施钾量为 225 kg/hm^2 的处理其产量显著高于施钾量为 0 kg/hm^2 和 75 kg/hm^2 的处理，产量与施钾量的关系可以用方程 $y=10\,354.48+1.544x$（$S=58.80$，$R^2=0.912$）进行模拟（表 5-12）。移栽后 0～25 天，施钾量与分蘖速率表现出正相关关系，并可用 $y=1.546+0.001x$（$S=0.047$，$R^2=0.851$）方程模拟；移栽后 30～75 天施钾量与分蘖速率间却表现出负相关关系，可以用 $y=-0.485-0.0005x$（$S=0.013$，$R^2=0.952$）方程模拟。由此表明，施用钾肥在分蘖前期有助于促进群体分蘖的生长，后期对无效分蘖有一定的抑制作用，不同施钾量条件下最终有效穗数差异不大。不同施钾量对水稻结实率和千粒重也无显著影响。施钾量对每穗颖花数的影响达显著水平（$F=4.16^*$），每穗颖花数随施钾量的增加而增加，二者可用方程 $y=150.359+0.066x$（$S=2.924$，$R^2=0.882$）进行模拟，施钾量为 225 kg/hm^2 的处理其每穗颖花数比施钾量为 0 kg/hm^2 和 75 kg/hm^2 的处理高出 9.93% 和 9.00%，差异达显著水平。施钾量对每穗实粒数的影响达极显著水平（$F=4.70^{**}$），施钾量为 225 kg/hm^2 的处理其结实率较低，但每穗颖花数最大，使其每穗实粒数最高，为 143.66，比 0 kg/hm^2、75 kg/hm^2、150 kg/hm^2 施钾量的处理分别高 8.52%、8.08%、5.67%，差异均达显著水平。由此可知，每穗颖花数和实粒数的增加是增施钾肥提高产量的主要原因。

表 5-12　施钾量对产量及其构成的影响（引自杨波等，2011）

施钾量 （kg/hm^2）	有效穗数 （万穗/hm^2）	每穗 颖花数	每穗 实粒数	结实率 （%）	千粒重 （g）	产量 （t/hm^2）
0	307.9a	152.30b	132.38b	87.00a	29.91a	10.36b
75	308.3a	153.61b	132.92b	86.65a	30.19a	10.49b
150	305.1a	157.91ab	135.95b	86.20a	29.82a	10.52ab
225	310.9a	167.43a	143.66a	85.88a	29.96a	10.74a

综上所述可知，增施钾肥可以增强水稻茎秆的抗倒伏能力，降低根倒伏风险，同时可以增加每穗粒数，提高产量，植株的钾素吸收积累量随钾肥用量的增加而显著提高，但其利用率随之降低。因此，兼顾高产与高效，钾肥施用量在 75～150 kg/hm^2 为宜。

三、钾素优化管理

（一）钾肥中移技术

随着大穗型高产杂交稻的推广，倒伏问题越来越严重，钾肥的施用显得更加重要，但施用时期不当，伴随更多的化肥投入，导致肥料利用率不高，阻碍水稻进一步高产，且污染环境。实际生产中钾肥常常只作基肥或穗肥（于晒田复水后，即主茎幼穗二次枝梗原基分化初期）施用（图 5-18a，b），相对于不施钾肥虽然有一定增产效果，但作基肥施用到水稻需钾盛期间隔长，钾肥流失或被消耗；晒田复水后追施钾肥时水稻基部一、二节间已经伸长，发挥施钾的强秆抗倒作用已迟，两者都不能达到高产高效的目的。因此，根据水稻生长需钾规律确定合理的施钾时期是保证钾素平衡供给、提高植株抗倒伏性、高效利用钾肥和进一步提高产量的关键技术之一。

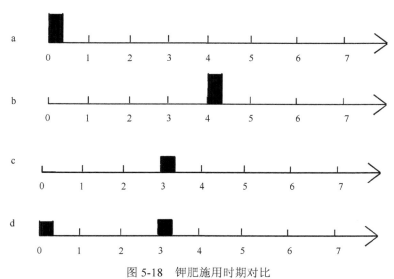

图 5-18　钾肥施用时期对比

a 水稻钾肥主要作基肥的施用时期；b 水稻钾肥主要作追肥的施用时期；c 一般高产田水稻钾肥中移的施用时期；d 超高产田水稻钾肥中移的施用时期；0~7 表示水稻生长或农事操作时期，分别为：整田期、移栽期、分蘖期、主茎幼穗第一苞原基分化初期、二次枝梗分化初期、四分体期、抽穗期、结实期

结合杂交稻吸收利用钾素的规律以及杂交稻生育进程与节间生长对应时期，通过多年大田生产实践与研究结果提出钾肥中移优化施钾技术，其中一次施钾优化方案为在主茎幼穗第一苞原基分化初期施用 $5\sim7$ kg 的钾肥（K_2O），水稻生育期配合氮磷肥施用，此时 N：P_2O_5：K_2O 重量比为 2：1：（$0.8\sim1$）（图 5-18c）；两次施钾优化方案为整田时施用 5 kg 的钾肥 K_2O 作基肥，在主茎幼穗第一苞原基分化初期施用 $5\sim7$ kg 的钾肥 K_2O 作追肥，水稻生育期配合氮磷肥施用，N：P_2O_5：K_2O 重量比为 2：1：1.6（图 5-18d）。同时配合实施钾肥浅施、富氧灌溉和控蘖早晒田等优化管理技术，能在有效促进发根、分蘖，强根、壮秆、抗倒伏，提高结实率的同时，减少化肥使用，提高肥料利用率，真正做到高产高效。

（二）钾肥中移的效果

钾肥中移后，钾的吸收利用正好与水稻基部一、二、三节间伸长同步，吸收的钾立即充实到生长的一、二、三节间和茎秆中，而水稻的倒伏主要是基部一、二节间的倒伏，因此钾肥中移的壮秆效果明显，能有效提高茎秆的抗倒伏能力，降低植株茎倒伏风险。对郫县 667 m^2 产量在 700 kg 以上的高产田块进行了调查，结果表明，采用钾肥中移栽培技术的田间实际倒伏率为 2.5%，而传统钾肥施用技术的田间实际倒伏率达到了 26.7%，钾肥中移技术降低倒伏率达 24.2 个百分点。2013 年与 2014 年在汉源运用钾肥中移高效施肥方法，建立高产示范区，分别创四川地区 7 hm^2 片历史高产纪录，7 hm^2 片经验收平均产量分别达 911 kg/667 m^2 和 921 kg/667 m^2。钾肥中移高效栽培方法的强秆抗倒伏作用突出，2014 年汉源因暴风暴雨，农民传统钾肥施用田块的水稻倒成一片，倒伏率达 80%，采用钾肥中移的示范片植株挺立，健壮不倒，倒伏率为 0。

钾肥中移后，钾的吸收利用也正好与水稻根系旺盛生长和幼穗分化同步，促进了强大根系群的建成，增强了根系活力，为提高结实率打下了基础。采用钾肥中移技术后，钾肥的总用量可适当降低。一般的钾肥施用方式，高产田块肥料用量N：P_2O_5：K_2O为2：1：(1.8~2)，采用钾肥中移技术后各肥料比例N：P_2O_5：K_2O为2：1：(0.8~1.6)，在大大减少肥料用量的同时，产量得到大幅提高，且环境得以保护，钾肥利用率提高 10% 以上。在郫县长期定位示范方的示范研究结果表明，应用钾肥中移高效施肥方法，整田时施用 5 kg 的钾肥 K_2O 作基肥，在主茎幼穗第一苞原基分化初期施用 $5\sim7$ kg 的钾肥 K_2O 作追肥，水稻生育期配合氮磷肥施用，N：P_2O_5：K_2O 重量比为 2：1：1.6，在保证较高穗数的基础上，分蘖成穗率由大面积生产的 50% 提高到了 61.4%~72.0%，结实率由 75%~85% 提高到了 85.83%~96.89%，从而实现了穗多、穗大、结实率高，产量稳定在 700 kg/667 m^2 以上，高的达到了 800 kg/667 m^2 以上。

第三节　精确定量施肥参数与技术

一、施肥量的确定

合理的施肥量能够通过满足整个生育期植株对营养的需求、保证养分的有效性来提高养分利用率和产量，供给过剩往往导致养分流失，而供给不足则会导致产量降低。调查表明（表 5-13），在四川水稻生产过程中，农民的施氮量介于 139.3～210.0 kg/hm²，水稻产量则介于 7.2～8.6 t/hm²，主要依据当地习惯和经验确定用量。

表 5-13　四川农民水稻生产氮肥施用和产量现状（引自 Deng et al., 2015）

地区	施氮量（kg/hm²）					产量（t/hm²）
	基肥	分蘖肥	促花肥	保花肥	总量	
成都	160.2	43.8	0	0	203.9	7.8
绵阳	113.8	69.0	0	0	182.8	8.6
宜宾	98.0	25.8	13.3	0	137.2	7.7
乐山	97.5	112.5	0	0	210.0	8.0
南充	123.3	49.7	4.3	0	177.3	7.6
内江	137.4	1.9	0	0	139.3	7.4
遂宁	117.3	61.5	0	0	178.8	7.9
泸州	135.9	16.9	0	0	152.8	7.3
眉山	119.9	39.2	0	0	159.0	7.2
自贡	136.5	58.2	0	0	194.1	8.6
均值	124.0	47.8	1.8	0	173.5	7.8
比例（%）	71.4	27.6	1.0	0		

在科学确定施肥量方面，主要依据斯坦福方程（Stanford）求取施氮量，然后根据测土配方试验来确定具体稻区的氮、磷、钾施用比例，最后确定磷钾肥施用量。

斯坦福公式（以氮肥为例）为

氮素施用量（kg/hm²）＝（目标产量需氮量–土壤供氮量）/氮肥当季利用率

要使上述公式应用于实际，必须找出公式中 3 个参数的稳定可靠值。

目标产量需氮量是指达到目标产量时单位面积水稻植株所吸收的氮量。在实际生产中可用每百千克籽粒吸氮量求得。百千克籽粒吸氮量计算公式为

百千克籽粒吸氮量（kg/100 kg）＝ 植株氮素积累总量/稻谷产量×100

但需要注意的是，各地高产田百千克籽粒吸氮量是不同的，因此应对当地的高产田实际百千克籽粒吸氮量进行测定。研究发现，百千克籽粒吸氮量受生态条件、播栽期、品种及栽培措施的明显影响。在仁寿和射洪等光温充足地区，其百千克籽粒吸氮量较低，而在温江和雅安等多雨寡照地区，百千克籽粒吸氮量较高（表5-14）。百千克籽粒吸氮量随着播栽期推迟整体呈增加趋势，说明播栽期越迟，籽粒吸氮量越高；不同品种间，F优498的百千克籽粒吸氮量显著低于宜香优2115（表5-15）。此外，不同播栽方式间，百千克籽粒吸氮量的差异达显著水平，表现为机直播＞手插＞机插。

表 5-14　四川部分地区水稻百千克籽粒吸氮量　　（单位：kg）

生态点	百千克籽粒吸氮量
眉山市仁寿县	1.26～1.44
成都市郫县	1.50～1.69
成都市温江区	1.57～2.02
遂宁市射洪县	1.26～1.67
雅安市雨城区	1.70～2.03

表 5-15　不同播栽期对百千克籽粒吸氮量的影响　　（单位：kg）

品种	播种期	2014 年	2015 年
F 优 498	3 月 21 日	1.54cd	1.68b
	3 月 31 日	1.53d	1.59c
	4 月 10 日	1.56c	1.65b
	4 月 20 日	1.62b	1.71a
	4 月 30 日	1.70a	1.73a
宜香优 2115	3 月 21 日	1.64d	1.75e
	3 月 31 日	1.73c	1.80d
	4 月 10 日	1.74c	1.85c
	4 月 20 日	1.83b	1.89b
	4 月 30 日	2.04a	2.15a

注：秧龄 30 天

土壤供氮量因环境、前茬作物、品种、栽培管理措施等的差异存在明显变化。为便于在生产上直接应用，一般通过测定不施氮空白区稻谷产量及其籽粒含氮量来计算籽粒需氮量，该指标反映了土壤的综合供氮量（包括农业灌溉水及雨水中的氮，以及土壤提供的氮）。在四川不同生态区，如成都市的郫县和温江、眉山市的仁寿、遂宁市的射洪、资阳市的雁江、雅安市的雨城和汉源等地，采用近 20 个品种布置了 60 多块田的空白试验，调查了不施氮情况下的基础产量。结果表明，

川中丘陵区（仁寿、射洪、雁江）基础产量较低，且变异很大，最低为
202.5 kg/667 m²，最高为 550.3 kg/667 m²，30 块田平均产量为 404.8 kg/667 m²；
川西平原区（郫县、温江）数据较为集中，最低为 327.0 kg/667 m²，最高为
545.4 kg/667 m²，24 块田平均为 430.5 kg/667 m²；盆周山区（雨城区）6 块田平均
为 301.2 kg/667 m²；汉源 3 块田平均为 704.0 kg/667 m²。就全省不同生态区和高
产水平下不施氮的基础产量而言，多数集中于 300～400 kg/667 m²。通过已测数
据计算，在不施氮条件下，百千克籽粒吸氮量平均为 1.29 kg。由此可知，四川地
区环境供氮能力在 4.5 kg/667 m² 左右。

肥料当季利用率是指肥料施入土壤后，当季作物吸收利用的养分量占所施养
分总量的比例。它受土壤肥力状况、气象条件、耕作方式、施肥量等诸多因素的
影响，变化较大。据《中国三大粮食作物肥料利用率研究报告》相关内容显示：
我国水稻、玉米、小麦三大粮食作物氮肥、磷肥和钾肥当季平均利用率分别为 33%、
24%、42%。其中，水稻氮肥、磷肥、钾肥当季利用率分别为 35%、25%、41%。
在同一个地点，只要注意氮肥不要过多，施肥方法上减少损失，合理调整基蘖肥
和穗肥的比例，完全有把握把氮肥的当季利用率提高到 40%～45%，甚至更高。
氮肥的当季利用率是确定施氮量时必须考虑的因素，通过多年多点试验表明，四
川不同生态区和不同产量水平下水稻的氮肥当季利用率，最低为 6.01%，最高为
75.91%，集中于 30%～50%，以 40% 左右居多，平均为 41.48%。

以目标产量 700 kg/667 m² 为例，生产 700 kg 稻谷需氮量为 7.0×1.67= 11.69 kg。
在不施用氮肥条件下，稻田当季可获得产量 500 kg/667 m²，则该稻田土壤当季供
氮量=5.0×1.29=6.45 kg。肥料当季利用率按平均值 41.48% 计算，则应施入的氮肥
总量=（11.69–6.45）/0.4148=12.63 kg。试验表明，成都平原的中低产田当季供氮
量一般在 6.5 kg 左右，而高产田当季供氮量一般在 8.0 kg 左右。因此，该地区高
产田水稻要达到 780 kg/667 m² 以上较高产量，则至少应施入氮素 12 kg 以上。然
而，由于近年来我国农田氮肥的大量施用，环境养分供应量大大提高，除土壤中
原有的养分外，氮素还通过大气干湿沉降、灌溉水、生物固氮等途径进入土壤，
成为作物可利用的氮源。

二、各时期施肥量的确定

在营养生长的最初阶段，提升产量的关键是保证穗数，由营养生长早期的施
氮量决定；在后期产量则主要由有效穗数和穗粒数决定，主要由在不同生长阶段
施用适当比例的氮肥决定（Sui et al.，2013）。提高氮素供给与需求之间的同步性
是提高产量和氮素利用率的基本思路。因此，调节氮肥在不同生育时期的施用量，
可以有效提高氮肥利用率。合理地配置氮肥在不同时期的施用量能有效地调控分

蘖的发生及成穗，优化群体质量，提高群体颖花数，促进籽粒充实，从而提高水稻产量。阶段施肥量（如基蘖肥和穗肥）的计算式为

$$N(kg/667\,m^2) = \frac{达到目标产量的阶段吸氮量(kg/667m^2) - 土壤的阶段供氮量(kg/667m^2)}{氮肥的阶段利用率(\%)}$$

要使上述公式应用于实际，同样必须找出公式中 3 个参数的稳定可靠值。实际应用中，按前述规律性适期施氮和钾肥中移技术实施。

三、施肥技术

（一）田间诊断

依据碳氮代谢与叶片颜色的关系，建立了多种基于叶色的水稻营养诊断方法，典型的有 3 种（表 5-16）。因杂交稻的叶片颜色（SPAD 值）在品种间、同一品种的不同生育时期间和不同生态条件下差异均较大，用 SPAD 的固定值来诊断常常会影响诊断的准确性。而用倒三叶与倒四叶的叶色差作为诊断指标，既可以用 SPAD 计准确测量，也可用肉眼直观观察，是当前生产上简便可行的方法。

表 5-16　基于叶色的水稻氮素营养诊断方法（引自任万军，2017）

方法	诊断时期	诊断内容	文献
叶绿素计法	单季稻孕穗前各阶段，杂交中稻+再生稻于头季稻齐穗期	实时测定叶片 SPAD 值，以某一 SPAD 值临界点作为水稻植株体内氮素丰缺的依据，然后用以指导氮肥施用	Ghosh et al.,2013
光谱监测法	全生育期或者某些重点生育时期	明确水稻叶片氮素与冠层光谱特征的定量关系，在找出氮素敏感波段的基础上，建立基于冠层光谱参数的叶片氮素监测模型	周冬琴等，2006
叶色差法	倒四叶期、倒二叶期等施肥关键时期，或者孕穗、抽穗等水分管理关键时期	肉眼或 SPAD 计比较倒三与倒四叶的叶色差，三种叶色差来反映植株体内氮素不足、正常和过剩三种状态	凌启鸿等，2017

（二）氮肥施用技术

凌启鸿（2009）[①]指出氮肥中基肥一般应占基蘖肥总量的 70%左右，分蘖肥占 30%，以减少氮素损失。基肥在整地时施入土中，分蘖肥则在秧苗长出新根后及早施用（一般在移栽后 1 周左右施用）。分蘖肥一般只施用 1 次，切忌在分蘖中后期施肥，以免导致无效分蘖旺长。如遇分蘖后期群体不足，宁可通过穗肥补救，也不能在分蘖后期补肥。

2008 年在雅安雨城区进行的氮肥运筹试验表明，氮素穗肥的施用能显著提高水稻分蘖成穗率、每穗实粒数，进而提高水稻产量。2011 年和 2012 年在郫县进

---

① 凌启鸿.2009. 水稻精确定量栽培技术要点. 浙江省水稻精确定量栽培技术培训班.

行的氮肥运筹试验同样表明，随穗肥比例的提高，水稻分蘖成穗率呈上升趋势，同时穗肥的增加还能提高每穗实粒数，最终有效提高水稻产量。2013 年，在温江和射洪的试验则证明，穗肥的施用能显著提高单位面积有效穗数和每穗颖花数，进而提高群体颖花数，最终显著提高水稻产量。

群体长势正常的情况下，穗肥可按原先设计的穗肥总量进行施用。一般而言，穗肥可分为促花肥（幼穗第一苞原基分化期，即拔节期，主茎基部第一伸长节间伸长 1 cm 左右）和保花肥（颖花分化期，倒二叶露尖）两次施用，促花肥占穗肥总量的 50%～70%，保花肥占 30%～50%。在群体过大、叶色过深的情况下，可将穗肥推迟到群体叶色落黄后一次施用，同时适当减少施用量。

（三）肥料配施技术

在水稻实际生产中，主要以氮、磷、钾肥配施为主。磷肥（以过磷酸钙为主）流动性较小，主要作为基肥进行施用，钾肥可按 5∶5 的比例分别作基肥和促花肥进行施用，前期钾肥的施用可有效促进水稻生根长蘖，为足穗奠定基础，中后期钾肥的施用则能促进水稻结实，从而形成大穗，并提高茎秆强度，防止倒伏。

参 考 文 献

敖和军, 王淑红, 邹应斌, 等. 2008. 不同施氮水平下超级杂交稻对氮、磷、钾的吸收积累[J]. 中国农业科学, 41(10): 3123-3132.

陈惠哲, 朱德峰, 林贤青, 等. 2010. 微生物肥对水稻产量及氮肥利用的影响[J]. 核农学报, 24(5): 1051-1055.

邓飞, 王丽, 任万军, 等. 2012. 不同生态条件下栽植方式对中籼迟熟杂交组合 II 优 498 氮素积累与分配的影响[J]. 中国农业科学, 45(20): 4310-4325.

戈乃玢, 张道勇, 马淑芳, 等. 1986. 杂交稻氮素营养和氮肥效应的研究 I. 氮肥的增产效果和杂交稻的需氮规律[J]. 南京农业大学学报, (4): 55-61.

郭九信, 廖文强, 孙玉明, 等. 2014. 锌肥施用方法对水稻产量及籽粒氮锌含量的影响[J]. 中国水稻科学, 28(2): 185-192.

郭九信, 隋标, 商庆银, 等. 2012. 氮锌互作对水稻产量及籽粒氮、锌含量的影响[J]. 植物营养与肥料学报, 28(2): 185-192.

霍中洋, 李杰, 张洪程, 等. 2012. 不同种植方式下水稻氮素吸收利用的特性[J]. 作物学报, 38(10): 1908-1919.

李祖章, 陶其骧, 刘光荣, 等. 1998. 双季两系杂交稻高产营养特性和施肥技术[J]. 江西农业学报, 10(4): 29-37.

凌启鸿. 2007. 水稻精确定量栽培理论与技术[M]. 北京: 中国农业出版社.

凌启鸿, 王绍华, 丁艳锋, 等. 2017. 关于用水稻"顶 3 顶 4 叶叶色差"作为高产群体叶色诊断统一指标的再论证[J]. 中国农业科学, 50(24): 4705-4713.

凌启鸿, 张洪程, 戴其根, 等. 2005. 水稻精确定量施氮研究[J]. 中国农业科学, 38(12):

2457-2467.

凌启鸿, 张洪程, 舒祖芳. 1994. 稻作新理论——水稻叶龄模式[M]. 北京: 科学出版社.

莫家让. 1982. 杂交稻生理基础[M]. 北京: 农业出版社.

任万军. 2017. 杂交稻高产高效施氮研究进展与展望[J]. 植物营养与肥料学报, 23(6): 1505-1513.

韦还和, 孟天瑶, 李超, 等. 2016. 籼粳交超级稻甬优 538 花后氮素积累模型与特征分析[J]. 作物学报, 42(4): 540-550.

翁仁宪. 1984. 水稻抽穗前贮藏碳水化合物和抽穗后干物质生产对籽粒生产的影响[J]. 国外农学-水稻, (2): 40-49.

伍菊仙, 任万军, 杨文钰. 2006. 氮肥运筹对水稻免耕高桩抛秧生长发育和产量的影响[J]. 杂交水稻, 21(4): 74-77.

杨波, 任万军, 杨文钰, 等. 2008. 不同种植方式下钾肥用量对水稻钾素吸收利用及产量的影响[J]. 杂交水稻, 23(5): 60-64.

杨波, 杨文钰, 任万军, 等. 2009. 不同种植方式下钾肥用量对水稻群体质量和产量的影响[J]. 作物杂志, (4): 68-71.

杨波, 杨文钰, 任万军, 等. 2011. 免耕抛秧水稻倒伏特性及钾肥调控研究[J]. 耕作与栽培, (6): 10-15.

赵敏, 胡剑锋, 钟晓媛, 等. 2015. 不同基因型机插稻植株氮素积累运转特性[J]. 植物营养与肥料学报, 21(2): 277-287.

周冬琴, 朱艳, 田永超, 等. 2006. 以冠层反射光谱监测水稻叶片氮积累量的研究[J]. 作物学报, 32(9): 1316-1322.

周江明. 2012. 有机无机肥配施对水稻产量、品质及氮素吸收的影响[J]. 植物营养学报, (1): 234-240.

Deng F, Wang L, Li Q P, et al. 2018. Relationship between nitrogen accumulation and nitrogen use efficiency of rice under different urea types and management methods[J]. Archives of Agronomy and Soil Science, 64(9): 1278-1289.

Deng F, Wang L, Mei X F, et al. 2016. Polyaspartate urea and nitrogen management affect nonstructural carbohydrates and yield of rice[J]. Crop Science, 56: 3272-3285.

Deng F, Wang L, Mei X F, et al. 2017. Morphological and physiological characteristics of rice leaves in response to PASP-urea and optimized nitrogen management[J]. Archives of Agronomy and Soil Science, 63(11): 1582-1596.

Deng F, Wang L, Ren W J, et al. 2014. Enhancing nitrogen utilization and soil nitrogen balance in paddy fields by optimizing nitrogen management and using polyaspartic acid urea[J]. Field Crops Research, 169: 30-38.

Deng F, Wang L, Ren W J, et al. 2015. Optimized nitrogen managements and polyaspartic acid urea improved dry matter production and yield of indica hybrid rice[J]. Soil&Tillage Resarch, 145: 1-9.

Deng F, Wang L, Mei X F, et al. 2019. Polyaspartic acid (PASP)-urea and optimised nitrogen management increase the grain nitrogen concentration of rice[J]. Scientific reports, 9: 313.

Ghosh M, Swain D K, Jha M K, et al. 2013. Precision nitrogen management using chlorophyll meter for improving growth, productivity and N use efficiency of rice in subtropical climate[J]. Journal of Agricultural Science, 5(2): 254-266.

Jafari H, Madani H, Dastan S, et al. 2013. Response of rice crop to nitrogen and silicon in two irrigation systems[J]. Scientia Agriculturae, 1(3): 76-81.

Sui B, Feng X M, Tian G L, et al. 2013. Optimizing nitrogen supply increases rice yield and nitrogen use efficiency by regulating yield formation factors[J]. Field Crops Research, 150: 99-107.

Zhou W, Lv T F, Zhang P P, et al. 2016. Regular nitrogen application increases nitrogen utilization efficiency and grain yield in Indica hybrid rice[J]. Agronomy Journal, 108(5): 1951-1961.

Zhou W, Lv T F, Zhang P P, et al. 2017. Morphophysiological mechanism of rice yield increase in response to optimized nitrogen management[J]. Scientific Reports, 7: 17226.

Zhou W, Yang Z P, Wang T, et al. 2019. Environmental compensation effect and synergistic mechanism of optimized nitrogen management increasing nitrogen use efficiency in indica hybrid rice[J]. Frontiers in Plant Scierce, 10: 245. doi: 10.3389/fpls.2019.00245.

第六章　稻田耕整与杂交稻育播栽关键技术

通过 30 多年的研究和推广，籼型杂交稻高产优质品种在四川盆地实现了全覆盖，对提高水稻产量、保障粮食安全起到了十分重要的作用。但由于四川盆地具有典型的"弱光、寡照、高湿"生态特点，且雾霾天气发生频率提高并加重，因此，以根蘖优化为手段，以突破分蘖成穗率和结实率低的瓶颈为目标，构建杂交稻关键栽培技术，对稳定提高单产具有十分重要的意义。

第一节　秸秆还田保育土壤与整田

近年来，由于农村能源的丰富，农民不再将秸秆作为燃料，且随养殖方式的改变，过腹还田的秸秆量日渐减少。农民多采用就地焚烧方式处理秸秆，最严重的是小麦、油菜秸秆的焚烧，"秸秆雾"遮天蔽日，污染大气环境，加重雾霾天气，影响居民正常生活，以及高速公路、机场等交通安全，成为十分严重的公害。另外，焚烧浪费了秸秆中的有机质，不利于土壤培肥。如何有效地将大面积秸秆归还土壤是直接关系到土壤保育、生态平衡、环境保护和人民健康生活的重大难题。同时，结合精确定量来指导稻田耕整，对杂交稻高产十分关键。

一、秸秆高留茬还田保育土壤

（一）秸秆还田方法优选

针对秸秆焚烧污染环境的严峻现实，20 世纪 90 年代末，在对比分析不同秸秆还田方法的基础上（表 6-1），将免耕、秸秆立茬覆盖和包衣旱育抛栽融合为一体，形成了免耕高留茬抛秧技术。该技术是在麦（油）- 稻田免耕的基础上，于小麦收获时留茬 15～30 cm，油菜秆可适当高些，其余秸秆均匀撒布全田，如秸秆过多，也可将其整齐地垒放在工作走道上。以留高茬结合覆盖的方式实现秸秆自然还田，以抛秧解决水稻在免耕田内栽插困难的问题。该技术突破了常规秸秆还田的思路，依据自然界植物间生长、繁衍、死亡的交替方式，把土壤、秸秆及后作看成一个整体系统，让秸秆自然还田改良土壤，然后抛栽后作水稻，既避免了人为因素对土壤的破坏，又节省了人工及投入。

表 6-1 不同秸秆还田方法优选

还田方法	关键技术	优点	缺点	优选结果
过腹还田	将秸秆做成饲料，喂饲家畜，生产粪肥再还田	秸秆腐解度高，粪肥养分易被吸收利用	传统方式，随规模化养殖代农户散养，该方式比大幅降低	在免耕栽培条件下，以秸秆高留茬还田为主，部分覆盖还田为辅，实现立体覆盖，配套抛秧栽培，创新形成免耕高留茬抛秧技术
焚烧还田	一是作为燃料，二是田间直接焚烧	方便省事，能一定程度减轻病虫害	污染环境，浪费能源，有机质和氮素损失殆尽	
堆沤还田	经较长时间堆沤，使其充分腐烂后再施用到农田	采用高温堆沤或制作厩肥，减轻病虫害	操作程序多，劳动强度大，投入增加，推广困难	
机械（粉碎）翻埋还田	将各种秸秆用机械铡断或粉碎，再撒施或旋耕入土壤全层	高效、省力、省工、省时，易为农民接受	地形受限，部分区域机械不能入田；稻田淹水条件下秸秆嫌气分解产生有毒物质，影响秧苗生长	
覆盖还田	将前作秸秆直接或粉碎后覆盖于地表还田	不仅能补充土壤有机质，而且保温保湿	整秆覆盖劳动力投入多，全面覆盖后影响抛栽秧等农事操作	
高留茬还田	土壤免耕，前作收获时秸秆留高茬还田	将"土壤-秸秆-后作"看作一个整体，既实现秸秆还田，又节省人工及投入	免耕与秸秆留茬还田影响手插或机插操作，因此需要配套抛秧栽培技术	

（二）免耕高留茬抛秧的核心技术

通过研究，建立了免耕高留茬抛秧的核心技术，为"包衣旱育、高留立茬、带泥定抛"（图 6-1 和图 6-2）。首先，使用旱育保姆包衣种子育秧，与秧盘育秧相比，成本显著降低，同时可根据前作茬口衔接，合理提早水稻播期，调整苗床秧苗生长空间，提高秧苗素质和秧龄弹性，为秧苗带土抛栽提供了条件。其次，通过秸秆留茬立体还田，一是铺在田里的秸秆较少，使抛栽的秧苗更易触泥成活；二是秸秆养分逐步分解、释放，供给土壤及作物，避免了秸秆迅速分解与秧苗生长竞争氮素养分和产生大量有机酸等有毒物质对秧苗根系产生毒害；三是不需开深沟填埋秸秆，既可减轻劳动强度和节约开沟人工投入，又有效地防止了开深沟打破犁底层造成的水分渗漏和对机械化收割作业的影响；四是留茬秸秆的养分主要在中后期供给水稻植株，对水稻生长后期根叶防衰和籽粒增重具有较好效果。最后，移栽前起秧时增加秧苗带土量，改传统的"满天星"抛秧方式为"单穴定抛"。这样，因抛栽秧苗带有较多泥土，抛栽后易立苗成活，无明显返青期，有利于分蘖早生快发，解决了常规免耕抛秧发根成活慢的技术难题；同时，带泥定抛有利于构建均匀合理的群体结构，为高产打下基础。

具体操作时，前作采取机械或人工收获。小麦、油菜等收获时视情况留茬还田，割下部分脱粒后均匀撒布全田。秸秆留茬高度对产量的影响不显著（表 6-2）。但留茬过低，剩余秸秆多，在田间堆积过厚，影响抛栽秧苗立苗成活。此时，可将多余秸秆整齐地垒放在工作走道上，按 3 m 宽的间距呈条带式堆放后自然腐烂。

图 6-1　田间高留油菜茬（左）和小麦茬抛秧（右）（引自 Ren et al., 2012）

（彩图另见封底二维码）

图 6-2　免耕高留茬抛秧田间长势（左）和水稻收获后秸秆腐解程度（右）（引自 Ren et al., 2012）

（彩图另见封底二维码）

在前作播种或移栽前将田整平，开好围沟和十字沟，开沟的目的主要是防止前作湿害，保证水稻抛栽后能有效进行节水湿润灌溉。水稻抛栽前，将田边内耕翻 0.5 m 左右，糊抹田埂，以利保水，减少水分渗漏。另外，在泡田移栽前使用安全、快速、高效、耐雨性强、成本低、残留低的除草剂进行化学除草。

表 6-2　留茬高度对水稻籽粒性状与产量的影响

	处理	每穴有效穗数	每穗颖花数	每穗实粒数	结实率（%）	充实度（%）	千粒重（g）	产量（t/hm）
留麦茬 30 cm	富优 1 号	15.65Aa	130.35Bb	120.81Bb	89.02Aa	92.22Aa	25.84ABb	8.84ABa
	D 优 527	14.79Aab	135.86Bb	114.75Bb	84.46Aa	90.80Aa	27.84Aa	9.67Aa
	冈优 881	13.33Ab	191.90Aa	161.97Aa	84.52Aa	93.51Aa	25.35Bb	7.44Bb
	平均	14.59Aa	152.71Aa	130.88Aa	86.00Aa	92.18Aa	26.34Aa	8.65Aa
留麦茬 15 cm	富优 1 号	16.51Aa	128.17Bb	116.53Bb	90.86Aa	95.33Aa	26.23Bb	8.33Aab
	D 优 527	16.23Aa	136.04Bb	108.87Bb	80.00Bb	93.67Aa	28.57Aa	9.12Aa
	冈优 881	12.07Bb	191.77Aa	162.14Aa	84.72ABb	93.78Aa	25.47Bb	7.73Ab
	平均	14.94Aa	151.99Aa	129.18Aa	85.19Aa	94.26Aa	26.76Aa	8.40Aa

注：不同大、小写字母分别表示不同处理间差异达到 0.01 和 0.05 显著水平，下同

（三）免耕高留茬秸秆还田保育土壤

土壤养分含量的多少影响植物生长的好坏，是土壤生态系统的重要组成成分（刘世平等，2006）。秸秆还田可改善土壤结构，提高土壤养分含量（高明等，2004），不同程度地增加土壤有机质和速效氮、磷、钾等含量（卜玉山等，2006）。免耕高留茬抛秧（免耕+秸秆）除前作秸秆留茬 20～50 cm 外，还将上半部分秸秆撒于田间覆盖还田，改善了土壤结构，提高了土壤养分含量，上层（0～10 cm）土壤因秸秆分解和活跃的土壤微生物活动，有机质、全氮、全磷、全钾和碱解氮、速效磷、速效钾含量都高于其他处理（表6-3），但下层（10～20 cm）土壤养分含量低于常耕+秸秆、常耕处理，表现出十分明显的表层富集特征，雅安、双流等其他地点和不同年份的试验表现出了相同结果。

表 6-3　不同耕作方式对稻田土壤养分含量的影响（引自任万军等，2009）

土层	处理	有机质（g/kg）	全氮（g/kg）	全磷（g/kg）	全钾（g/kg）	碱解氮（mg/kg）	速效磷（mg/kg）	速效钾（mg/kg）
上层	免耕+秸秆	30.02Aa	1.67Aa	0.260Aa	29.114Aa	120.250Aa	82.593Aa	81.063Aa
	免耕	24.69Bb	1.62Aab	0.255Aa	26.556ABa	113.436Bb	70.739Bb	71.095Aab
	常耕+秸秆	27.23ABab	1.59Ab	0.254Aa	22.900BCb	110.966Bc	69.013Bbc	64.718Aab
	常耕	24.65Bb	1.56Ab	0.244Ab	21.920Cc	101.778Cd	64.001Bc	60.497Ab
下层	免耕+秸秆	20.69Aa	1.35Aa	0.223Aa	11.255BCb	85.162Aa	40.305Aa	48.983Aa
	免耕	18.12Ab	1.34Ab	0.221Aa	10.241Cb	84.572Aa	40.622Aa	46.781Aa
	常耕+秸秆	22.20Aa	1.42Aa	0.224Aa	18.784Aa	89.686Aa	42.890Aa	54.674Aa
	常耕	22.20Aa	1.40Aab	0.226Aa	16.345ABa	87.918Aa	40.755Aa	51.640Aa

土壤微生物主要栖息在土壤的有机质颗粒上，土壤微生物量与土壤有机质积累有关（Doran and Parkin，1994）。土壤气候因子对土壤微生物也有影响，如土壤表层通气状况良好，有利于好气性土壤微生物的繁殖（Kandeler et al.，1998）。不同耕作方式对土壤微生物类群数量也有很大影响（Balesdent et al.，1990）。免耕高留茬抛秧因秸秆立体覆盖，表层土壤的碳源和水、肥、气、热条件有所改善，促进了微生物在田间表面的大量富集，并不断分解新鲜秸秆，使微生物在田间得到了大量繁殖，上层（0～10 cm）土壤的细菌和真菌数量在水稻各生育时期均高于其他处理，土壤放线菌数量除分蘖期外也最高（表6-4），同时纤维素分解强度也最高。虽然常耕+秸秆处理也有大量秸秆还田，但土壤通气条件差，纤维素分解强度小，其微生物数量也相应较低。从下层（10～20 cm）土壤来看，常耕+秸秆处理的微生物数量最高，主要原因在于秸秆翻埋到了土壤下层，直接刺激了土壤微生物，从而使该层土壤微生物数量得到提高。

表 6-4　不同耕作方式对稻田土壤微生物数量的影响（引自任万军等，2009）

土层	处理	细菌（×10³ CFU/g）				真菌（×10³ CFU/g）				放线菌（×10³ CFU/g）			
		分蘖期	拔节期	孕穗期	成熟期	分蘖期	拔节期	孕穗期	成熟期	分蘖期	拔节期	孕穗期	成熟期
上层	免耕+秸秆	168	171	202	191	2.6	2.9	5.2	6.2	130	108	155	189
	免耕	145	150	197	136	1.6	2.6	4.4	5.3	135	90	120	134
	常耕+秸秆	137	151	190	148	1.2	1.7	3.4	4.8	134	72	104	108
	常耕	85	103	157	94	0.8	1.4	2.6	4.5	104	44	96	97
下层	免耕+秸秆	72	89	132	94	1.0	1.1	2.7	3.1	50	30	67	57
	免耕	75	78	138	98	0.5	0.7	2.3	2.2	46	27	59	48
	常耕+秸秆	83	99	143	100	1.1	1.5	2.9	3.9	64	41	77	66
	常耕	64	70	109	63	0.3	0.5	1.5	2.7	32	12	48	39

　　土壤酶来自土壤微生物、植物和动物活体或残体，是土壤生化过程的产物，参与土壤物质循环，可客观地反映土壤肥力状况（程丽娟，2012）。脲酶、酸性磷酸酶、蛋白酶和纤维素酶在土壤氮、磷、钾等养分的循环与转化中起着十分重要的作用。绝大部分的土壤酶都是诱导酶，秸秆还田改善了土壤水热状况，有利于酶活性的提高。4 种耕作方式的酶活性在土壤剖面上表现为上层（0～10 cm）高于下层（10～20cm），其中免耕高留茬抛秧（免耕+秸秆）处理上、下土层间的差异大于其他处理，与土壤肥力一样，在空间分布上表现出了典型的表层富集特性。上层土壤的脲酶、酸性磷酸酶、蛋白酶和纤维素酶活性为免耕处理大于常耕处理，有秸秆还田处理大于无秸秆还田处理，以免耕+秸秆处理最高，常耕处理最低；下层土壤 4 种酶活性以常耕+秸秆处理最高，免耕+秸秆处理次之，免耕和常耕处理较低（表 6-5）。

表 6-5　不同耕作方式对抽穗期土壤酶活性的影响（引自任万军等，2011）

土层	处理	脲酶 （mg/100g 干土）	酸性磷酸酶 （mg/100g 干土）	蛋白酶 （mg/100g 干土）	纤维素酶 （mg/100g 干土）
上层	免耕+秸秆	34.53a	169.28a	11.97a	18.94a
	免耕	30.80ab	150.29b	11.04a	17.63ab
	常耕+秸秆	28.32b	159.93ab	9.76ab	17.57ab
	常耕	25.94b	147.36b	9.37b	16.82b
下层	免耕+秸秆	13.76a	110.00ab	7.09ab	14.41ab
	免耕	12.62ab	108.53b	6.19b	11.62b
	常耕+秸秆	14.08a	114.67a	7.95a	16.52a
	常耕	11.09b	106.78b	7.40ab	10.99b

免耕高留茬抛秧因秸秆立体覆盖（立茬和平铺覆盖结合），表层土壤的碳源和水、肥、气、热条件有所改善，促进了微生物在田间表面的大量富集，并不断分解新鲜秸秆，使微生物得到了大量繁殖，表层土壤的细菌、真菌、放线菌数量、纤维素分解强度和土壤矿质营养含量在各生育时期均高于其他处理。微生物的活动与土壤养分有密切关系，微生物越活跃，物质循环越快，养分的积累也就越快。研究分析表明，细菌、放线菌和纤维素分解强度与土壤肥力指标呈显著或极显著的正相关关系，说明免耕高留茬秸秆还田首先促进了表层土壤微生物，如细菌、放线菌和纤维素分解菌等微生物群落数量的提高。相应的，0～10 cm 土层酶活性大幅度提高，从而进一步促进了秸秆分解与土壤养分循环，并提高了表层土壤养分供给。水稻根系主要分布于 0～10 cm 表层土壤，免耕高留茬稻田的土壤养分表层富集化和肥力提高有利于水稻植株的生长，为水稻后期衰老延缓和高产、稳产奠定了基础。

（四）免耕高留茬秸秆还田延缓中后期根叶衰老

多年多点田间试验表明，免耕高留茬秸秆养分分解缓慢，后期土壤养分高，根叶不易早衰。在拔节、孕穗和抽穗期发根力均为常耕插秧极显著高于常耕抛秧和免耕高留茬抛秧，后两者之间差异不显著；抽穗后 10 天免耕高留茬抛秧的发根力强于其他栽插方式，抽穗后 30 天根系伤流量显著高于常耕插秧和常耕抛秧，后期植株根系衰老得到延缓（表 6-6）。

表 6-6　不同处理对抽穗后 30 天根系伤流量的影响（引自任万军等，2008a）

（单位：g/株）

组合	种植方式			平均
	常耕插秧	常耕抛秧	免耕高留茬抛秧	
冈优 22	10.13Bb	12.08ABab	13.96Aa	12.06Aa
K 优 047	7.13Aa	6.65Aa	8.27Aa	7.35Bb
平均	8.63Bb	9.36ABb	11.12Aa	

叶绿素含量和可溶性蛋白含量的降低，发生在叶片衰老过程的早期，可作为衡量水稻叶片衰老程度的可靠指标（丁四兵等，2004）。抽穗后 7 天免耕高留茬抛秧的 SPAD 值下降幅度低于常耕处理，但其绝对值要高于常耕处理（图 6-3）。同时，其可溶性蛋白平均含量比常耕插秧和常耕抛秧处理分别高 15.59% 和 19.86%，充分说明免耕高留茬抛秧处理使水稻叶片衰老得到延缓，光合作用时间得到延长。免耕高留茬抛秧处理的叶片 SOD 和 CAT 活性下降缓慢，且活性高于常耕插秧和常耕抛秧处理，从而维持了细胞对活性氧的清除能力，O_2^- 产生速率和 MDA 含量

处于较低水平。O_2^-产生速率与 SOD 活性、POD 活性、CAT 活性、可溶性蛋白含量、可溶性糖含量和叶绿素含量呈显著或极显著负相关（表 6-7），降低脂质过氧化水平对于延缓叶片衰老、促进光合同化物的积累有重要意义。常耕插秧与常耕抛秧虽然和免耕高留茬抛秧生育进程一致，但衰老明显比免耕高留茬抛秧快，且灌浆中后期抗氧化能力弱，衰老迅速。

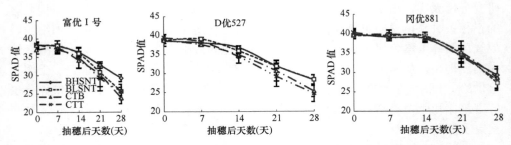

图 6-3　不同栽稻方式和杂交稻组合抽穗后剑叶的 SPAD 值变化（引自肖启银等，2009）

BHSNT：免耕高留茬抛秧；BLSNT：免耕低留茬抛秧；CTB：常耕抛秧；CTT：常耕手插

表 6-7　水稻抽穗后叶片衰老相关生理指标之间的相关性

	MDA	O_2^-	SOD	CAT	POD	SPAD	SPC
O_2^-	0.6631**	1					
SOD	0.2875*	−0.3251*	1				
CAT	−0.5921**	−0.3712**	0.3810**	1			
POD	−0.5188**	−0.4849**	0.3731**	0.5865**	1		
SPAD	−0.8672**	−0.6535**	0.3551**	0.6001**	0.5607**	1	
SPC	−0.7627**	−0.7186**	0.4342**	0.5488**	0.4581**	0.6970**	1
SSC	−0.5471**	−0.6349**	0.6958**	0.4143**	0.3443**	0.5432**	0.8021**

注：MDA：丙二醛；O_2^-：超氧自由基；SOD：超氧化物歧化酶；CAT：过氧化氢酶；POD：过氧化物酶；SPAD：叶绿素含量相对值；SPC：可溶性蛋白含量；SSC：可溶性糖含量；*、**分别表示相关性达到 0.05、0.01 显著水平

　　水稻生育后期叶片衰老延缓，从而为籽粒灌浆提供了充足的物质来源，籽粒充实率和千粒重得到提高，这是免耕高留茬抛秧及免耕抛秧大穗形成的生理基础。因此，在生产上应充分利用免耕高留茬抛秧栽培模式的这一特点，在保证穗数的基础上主攻大穗而获得高产。

（五）免耕高留茬秸秆还田增产

　　通过小区试验、定位试验和大面积生产调查等，证明了免耕高留茬抛秧技术的先进性，既降低了劳动强度，由妇女、老人就可完成水稻生产操作，每 667 m² 节省用工 2～3 个，节省机耕费及秧盘费等 100 元，还田秸秆 300 kg 以上，节水 80～100 m³，又保育土壤，增强了土壤持续生产能力，稻谷增产 3.0%～16.6%（表 6-8），进一步分析发现，与常耕抛秧相比，免耕高留茬抛秧分蘖数量和有效穗数较低，但分蘖成穗率、每穗颖花数、结实率和千粒重均较高（表 6-9）。

表 6-8　免耕高留茬抛秧示范田产量对比（引自阎洪等，2012）

年份	地点 （农户）	处理	面积 （667 m²）	产量 （kg/667 m²）	增产 （%）	备注
2007	双流 （罗成青）	免耕高留茬抛秧	1.6	622.6	16.6	2007. 9. 8 省级验收
		常耕抛秧	1.8	533.8		
2008	双流 （罗成青）	免耕高留茬抛秧	1.5	722.6	10.2	2008. 9. 16 省级验收
		常耕抛秧	0.15	648.9		
2009	双流 （罗成青）	免耕高留茬抛秧	1.5	665.0	3.0	2009. 9. 1 省级验收
		常耕抛秧	0.12	645.9		

表 6-9　不同栽插方式和品种对水稻产量与产量构成因素的影响（引自任万军等，2008a）

	处理	分蘖成穗率 （%）	有效穗数 （穗/m²）	每穗 颖花数	结实率 （%）	千粒重 （g）	产量 （kg/m²）
常耕 抛秧	冈优 22	67.4Ab	177.4Bb	155.5ABa	82.16Aa	25.57Aa	0.650Aab
	II 优 162	72.1Aab	184.6Bb	172.4Aa	72.90Bb	25.49Aa	0.596Ab
	K 优 047	76.6Aa	227.0Aa	131.8Bb	80.90Aa	25.68Aa	0.670Aa
	平均	72.0Aa	196.3Aa	153.2Bb	78.65Bb	25.58Bb	0.641Aa
免耕高留茬 抛秧	冈优 22	68.1Bc	172.7Bb	187.6Aa	82.35ABb	26.77Aa	0.676Aa
	II 优 162	75.8ABb	172.0Bb	201.0Aa	79.48Bb	26.98Aa	0.677Aa
	K 优 047	82.9Aa	205.5Aa	141.1Bb	87.12Aa	26.60Aa	0.628Aa
	平均	75.6Aa	183.4Ab	176.6Aa	82.99Aa	26.78Aa	0.660Aa

二、稻田耕整

（一）浅翻耕或旋耕

四川稻田耕作层常在 15～20 cm，据试验，水稻根系主要分布在 0～10 cm 土层，直播和机插根干重占植株根系总干重的比例分别为 76.9% 和 76.5%，手插则为 67.9%；10～20 cm 土层直播、机插、手插根干重所占比例分别为 16.1%、17.0%、22.3%；20 cm 以下土层直播、机插、手插根干重所占比例分别为 7.0%、6.5%、9.8%。四川季节性干旱严重，如犁底层遭到破坏，则易受旱灾危害。因此，耕作上以采用耕深 15 cm 的浅翻耕或旋耕为宜。

移栽前耕耙田土 2～3 次，首次以旱整为宜，犁耕耙碎或旋耕炕土，旱整结合水耕水耙有利于减少栽后田间水分渗漏损失（陶诗顺和王双明，2005）。在田块旋耙前 2～4 h 淹水，水深以 6～8 cm 为宜，不宜过深，若过深在整田过程中难以确定平整度。之后，均匀撒施基肥，再旋耕耙地 1～2 次，做到田面平整，高低差在 5 cm 以内，土壤达到上糊下实，耙出泥浆，土肥相融，并抹糊田埂。机插则要求田平泥细，寸水不露泥，表层有泥浆，插秧时要求水深不超过 3 cm。一般整田后沉淀 1～2 天栽插，如为沙性田土，为防泥浆沉淀，可整田当天栽插。

（二）开沟起垄或作厢

冬水田是水利设施缺乏、灌溉条件差的地区特有的一种简易的以田蓄水的田块，水稻收割后，冬水田蓄秋雨过冬，到次年栽秧。四川丘陵区季节性干旱十分突出，冬水田有效地解决了四川丘陵区水稻种植缺水的问题，全省冬水田面积在 3.33×10^5 hm^2 左右。冬水田因长年淹水，最大的问题是土壤冷、瘦，有毒物质含量高，因此，在一些地方，推行利用开沟起垄技术来提高水稻产量。在邻水等冬水田区，根据不同品种水稻生长特点，结合宽窄行栽培技术，设计了两种规格的开沟起垄器，其结构相同（任万军等，2014a）。其中，适于穗重型品种的开沟起垄器规格全宽为 92 cm、垄宽为 25 cm、沟面宽为 42 cm、沟底宽为 32 cm、沟深为 10 cm；适于穗数型品种的开沟起垄器规格全宽为 76 cm、垄宽为 20 cm、沟面宽为 36 cm、沟底宽为 26 cm、沟深为 10 cm。开沟起垄器中部有手柄连接处。生产应用中，埂宽、沟深、沟底宽和沟面宽由开沟起垄器直接决定，水稻栽插于垄埂两侧，窄行行距=垄宽，宽行行距=沟面宽，沟中灌水，宽行通风透光，能有效减轻冬水田因湿度大纹枯病严重的情况；垄埂插秧，窄行保证基本苗数。农机与农艺相结合，可优化群体结构，获得高产。

四川大多数地区水稻生育中后期雨水多，水稻进入无效分蘖期后，因阴雨高湿天气，难以有效晒田，造成无效分蘖多、群体恶化、病虫害严重等问题。针对以上问题，试验了畦沟式栽培方法。旋田后待水分落干到零星积水，按包沟宽 2.1 m 将稻田分成若干畦面，畦面宽度为 170～180 cm，该宽度匹配 6～7 行秧苗的行距（平均行距为 30～33.3 cm），沟宽 30～40 cm，沟深 10～15 cm，在畦面上可以实现手插栽秧、优化定抛或机插栽秧，为干湿交替灌溉奠定了基础。

第二节 机插秧高产高效播栽期

水稻机械化栽插具有省工、节本、劳动强度小和育秧要求高的特点，四川地区两季田主要以小麦和油菜为前作，水稻常规插秧（抛秧）的秧龄一般大于 45 天。在机插条件下，大田备耕和农机衔接等不可预料的推迟，常导致水稻秧龄延长，秧苗形态和其余性状均极不适宜机插，较大程度地限制了水稻单产和总产的提高，也严重阻碍了机插秧技术的推广。机插秧生产实践表明，适当推迟播种期能缩短秧龄，缓解水稻超秧龄移栽与高产的矛盾。

一、机插秧的适栽秧龄

（一）秧苗生长与素质

1. 长龄秧旱育的秧苗素质

秧龄对机插秧苗素质有较大影响。在早期双膜旱育秧情况下，随着播种期的延迟、秧龄的缩短，秧苗株高得到了有效控制（表 6-10）。35 天、45 天和 55 天秧龄处理的秧苗平均株高分别为 23.45 cm、26.10 cm 和 28.79 cm，三者差异达到极显著水平。就秧苗茎粗、重高比和根系活力 3 个性状指标而言，45 天秧龄的秧苗极显著优于其余 2 个秧龄的秧苗，而 55 天秧龄的秧苗茎粗和根系活力也极显著高于 35 天秧龄的秧苗。不同秧龄处理的秧块质量存在较大差异，以 45 天秧龄处理的秧块质量最好，其盘结力较 55 天和 35 天秧龄处理分别高 0.219 kg/m^2 和 0.133 kg/m^2。各供试品种中，以 II 优 498、冈优 305 和冈优 906 的秧块质量较好，其秧块盘结力较高；冈优 527、中优 448 和 D 优 162 的秧块盘结力较弱。

2. 工厂化育秧秧苗生长特性

由图 6-4 可知，长秧龄温室苗床秧苗株高增长较田间苗床秧苗株高增长慢，40 天秧龄温室苗床秧苗株高（13.50cm）小于田间苗床秧苗株高（14.12 cm），且秧苗株高变异系数温室苗床（19.85%）小于田间苗床（21.01%）。40 天秧龄温室苗床营养土培育秧苗单株叶面积（6.76 cm^2）极显著小于田间苗床营养土培育秧苗单株叶面积（10.66 cm^2）。40 天秧龄田间苗床营养土培育秧苗叶龄增加较快，长势过旺，移栽当天其叶龄达到了 4.02，极显著高于其他处理。恒奥达基质培育的秧苗根系生长差，移栽当天其所培育秧苗单株总根数极显著少于营养土，且 20 天秧龄温室苗床营养土培育秧苗单株总根数极显著高于田间苗床营养土培育秧苗，短秧龄温室苗床秧苗能较快地进行根系生长。40 天秧龄田间苗床营养土培育秧苗

表 6-10　移栽期各处理秧苗素质和秧块质量比较（引自姚雄等，2009）

秧龄	品种	株高（cm）	茎粗（mm）	重高比	根系活力[μg/(g·h)]	丙二醛含量（μmol/g）	单株分蘖数	秧块盘结力（kg/m）
	川香 9838	21.50	2.288	0.105	200.52	26.40	0.00	1.70
	内香 8156	22.20	2.147	0.100	205.80	27.27	0.00	1.85
	II 优 498	23.10	2.375	0.120	210.75	25.50	0.00	2.44
	冈优 305	23.50	2.290	0.115	208.55	26.20	0.00	2.50
35 天	冈优 906	24.80	2.368	0.110	206.00	26.85	0.00	1.89
	冈优 527	23.00	1.572	0.098	190.12	32.80	0.00	—
	中优 448	25.20	1.370	0.080	185.50	35.40	0.00	—
	D 优 162	24.30	1.710	0.094	196.20	31.17	0.00	—
	平均	23.45Cc	2.015Cc	0.102Bb	200.43Cc	28.95Aa	0.00Cc	2.076Bb
	川香 9838	25.50	3.738	0.125	240.50	24.48	2.00	2.40
	内香 8156	26.20	3.645	0.121	244.70	25.50	1.00	2.52
	II 优 498	24.00	4.222	0.134	252.81	25.00	0.00	2.66
	冈优 305	25.00	4.230	0.132	249.00	26.55	1.00	2.72
45 天	冈优 906	25.40	3.984	0.129	247.55	27.74	0.00	2.15
	冈优 527	27.20	2.687	0.117	220.08	30.20	1.00	1.80
	中优 448	27.70	2.510	0.105	190.43	32.51	1.00	1.67
	D 优 162	27.80	2.624	0.108	211.00	30.25	1.00	1.75
	平均	26.10Bb	3.455Aa	0.121Aa	232.01Aa	27.78Bb	0.88Bb	2.209Aa
	川香 9838	28.50	3.288	0.110	225.25	27.20	3.00	2.00
	内香 8156	29.70	3.375	0.114	230.70	28.00	2.00	2.12
	II 优 498	27.80	3.824	0.122	238.75	26.52	1.00	2.50
	冈优 305	27.40	3.790	0.125	235.54	26.70	2.00	2.47
55 天	冈优 906	26.80	3.587	0.118	229.90	27.50	1.00	2.55
	冈优 527	28.40	2.240	0.102	210.50	29.97	2.00	1.50
	中优 448	31.70	1.875	0.085	184.47	36.55	2.00	1.36
	D 优 162	30.00	2.000	0.096	202.87	33.20	2.00	1.44
	平均	28.79Aa	3.000Bb	0.109Bb	219.72Bb	29.46Aa	1.88Aa	1.990Cc

注："—"表示秧块易松散，未测定

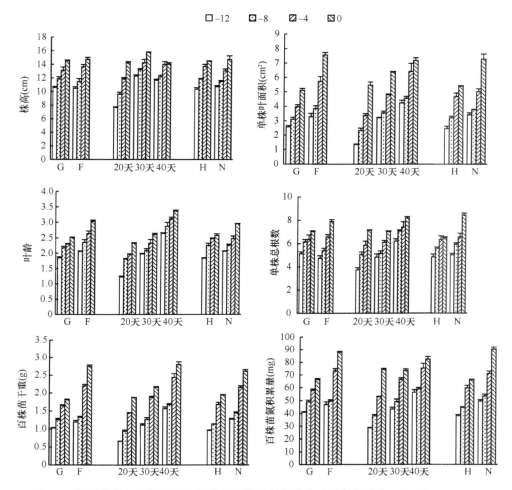

图 6-4 不同苗床、秧龄和育秧载体对秧苗形态的影响（引自赵敏等，2015）

G：温室苗床；F：田间苗床；20 天：20 天秧龄；30 天：30 天秧龄；40 天：40 天秧龄；H：恒奥达基质；N：营养土；−12：移栽前 12 天，−8：移栽前 8 天，−4：移栽前 4 天，0：移栽当天

百株苗干重（4.18 g）极显著高于温室苗床营养土培育秧苗百株苗干质量（2.69 g），秧苗长势旺，物质积累快。

株高、叶面积、叶龄、总根数、干物质积累量和氮积累量是反映植株生长状况的主要指标，不同环境下秧苗株高、单株叶面积、叶龄、单株总根数和百株苗干质重均随生长时间增加而增加，但不同处理趋势不同。移栽前 12 天田间苗床环境下秧苗株高增长幅度大于温室苗床秧苗株高增长幅度，移栽前 12 天和 8 天的秧苗株高为温室苗床＞田间苗床，移栽前 4 天的秧苗株高转变为田间苗床＞温室苗床，且移栽当天秧苗株高为田间苗床＞温室苗床。移栽前 12 天、8 天、4 天和移栽当天单株叶面积、叶龄、百株苗干重和百株苗氮积累量始终表现为田间苗床＞温室苗床。田间苗床和温室苗床秧苗单株叶面积随时间增加呈明显加速增长趋势，且秧苗单株叶面积增长幅度为田间苗床＞温室苗床。田间苗床环境下叶龄随时间增加呈持续增长趋势，温室苗床环境下叶龄增长到一定程度后出现增长趋势减缓。移栽前 12 天和 8 天单株总根数表现为温室苗床＞田间苗床，田间苗床秧苗持续增长，且增长速率大于温室苗床，温室苗床秧苗在移栽前 8 天后增长速率缓慢，到移栽前 4 天和移栽当天单株总根数则表现为田间苗床＞温室苗床，移栽前 12 天整个过程温室苗床和田间苗床秧苗的平均增长速率分别为每天 0.26 No./天和每天 0.16 No./天。不同育秧苗床百株苗干重和百株苗氮积累量增长率表现为田间苗床＞温室苗床，移栽前 12 天到移栽当天百株苗干重增长量和百株苗氮积累量增长量田间苗床和温室苗床分别为 1.55 g、0.78 g 和 40.92 mg、25.34 mg。

移栽前 12 天、8 天、4 天和移栽当天单株叶面积、叶龄和百株苗干重始终表现为 40 天＞30 天＞20 天秧龄。株高受播种量和生长期环境温度、相对湿度影响差异很大，移栽前 12 天内，20 天和 30 天秧龄秧苗表现出持续增长趋势，30 天秧龄秧苗增长速率较 20 天秧龄秧苗缓慢，40 天秧龄秧苗在移栽前 4 天株高增长变缓，到移栽当天只增长了 0.04 cm，移栽前 12 天、8 天、4 天百株苗氮积累量表现为 40 天＞30 天＞20 天秧龄，而移栽当天 20 天秧龄秧苗超过 30 天秧龄秧苗。不同秧龄秧苗株高、单株叶面积、单株总根数增长幅度均表现为 20 天＞30 天＞40 天，秧苗株高增长速率分别为 0.55 cm/天、0.29 cm/天和 0.19 cm/天，单株叶面积增长速率分别为 0.34 cm²/天、0.26 cm²/天和 0.25 cm²/天，单株秧苗总根数增长速率分别为每天 0.29、每天 0.18 和每天 0.17。移栽前 12 天不同秧龄秧苗的单株叶面积表现为 20 天和 30 天呈加速增长趋势，而 40 天秧龄秧苗移栽前 4 天单株叶面积增长减缓。移栽前 12 天、8 天和 4 天不同秧龄秧苗之间单株总根数均表现为 40 天＞30 天＞20 天，移栽当天 30 天秧龄秧苗略低于 20 天，但差异不显著。移栽前 12 天到移栽当天秧龄 40 天、30 天和 20 天的秧苗百株苗干重增长量和百株苗氮积累量增长量分别为 1.23 g、1.05 g、1.21 g 和 25.82 mg、30.09 mg、45.53 mg。

不同育秧基质相比，移栽前 12 天、8 天、4 天和移栽当天单株叶面积、叶龄、百株苗干重和百株苗氮积累量始终表现为营养土大于恒奥达基质。移栽前 12 天到移栽当天，恒奥达基质和营养土培育秧苗株高分别增加 4.11 cm 和 4.02 cm，恒奥达基质培育秧苗株高、单株叶面积、叶龄、单株总根数和百株苗干重均表现为先快后慢的增长趋势，移栽前趋势减缓，而营养土培育秧苗株高持续增长。移栽前 8 天和 4 天恒奥达基质培育秧苗与营养土培育秧苗叶龄差异不显著，在移栽前 12 天和移栽当天恒奥达基质培育秧苗叶龄极显著低于营养土培育秧苗。移栽前 12 天到移栽当天不同育秧载体之间单株总根数始终表现为营养土＞恒奥达基质，且整个过程营养土和恒奥达基质培育秧苗的增长速率平均分别为每天 0.14 和每天

0.29。移栽前 12 天到移栽当天百株苗干重与百株苗氮积累量的增长量营养土和恒奥达基质分别为 1.34 g、0.99 g 和 40.70 mg、28.03 mg。

对不同播种密度和秧龄下工厂化育秧的秧苗素质进行分析，其结果如表 6-11 所示，秧苗充实度、百株苗干重、茎粗、单株氮积累量都随秧龄的增大而增大，各秧龄处理间百株苗干重和茎粗两指标差异极显著，秧苗充实度差异显著，20 天和 26 天、32 天秧龄处理之间单株氮积累量差异极显著，但 26 天与 32 天秧龄处理之间差异不显著。发根力随秧龄的延长而减小，3 个秧龄处理间差异显著，20 天、26 天与 32 天秧龄处理之间差异达到显著水平。播种密度为 75 g/盘和 100 g/盘的秧苗根冠比显著高于 50 g/盘，但 75 g/盘和 100 g/盘处理之间差异不显著。秧苗充实度、发根力、百株苗干重、茎粗、单株氮积累量均随播种密度的增加而减小，发根力和单株氮积累量两个指标不同播种密度处理间差异均达到极显著水平，秧苗充实度、百株苗干重、茎粗指标 50 g/盘和 75 g/盘、100 g/盘处理之间差异极显著，75 g/盘和 100 g/盘处理之间无显著差异。

表 6-11　播种密度和秧龄对工厂化育秧秧苗素质的影响

处理		秧苗充实度（mg/cm）	发根力（cm）	百株苗干重（g）	根冠比	茎粗（cm）	单株氮积累量（mg）
20 天	50 g/盘	1.19Aa	9.51Aa	1.77Aa	0.22Bb	0.172Aa	0.89Aa
	75 g/盘	1.02Aa	5.68Bb	1.39Bb	0.29Aa	0.140Bb	0.66Bb
	100 g/盘	1.13Aa	4.69Bc	1.40Bb	0.24Bb	0.140Bb	0.65Bb
26 天	50 g/盘	1.54Aa	8.03B	2.23Aa	0.24Aba	0.210Aa	1.14Aa
	75 g/盘	1.23Bb	6.53Ab	1.76Bb	0.23Ab	0.162Bb	0.88Bb
	100 g/盘	1.28ABb	2.74Bc	1.72Bb	0.26Aa	0.158Bb	0.81Bb
32 天	50 g/盘	1.82Aa	5.62Aa	2.65Aa	0.24Aab	0.269Aa	1.23Aa
	75 g/盘	1.74Aa	3.26Bb	2.30Ab	0.23Ab	0.188Bb	1.05Ba
	100 g/盘	1.23Bb	1.81Bb	1.79Bc	0.26Aa	0.188Bb	0.76Bc
20 天		1.11Bc	6.23Aa	1.52Cc	0.25Aa	0.150Cc	0.73Bb
26 天		1.35ABb	5.77Ab	1.90Bb	0.24Aa	0.177Bb	0.95Aa
32 天		1.60Aa	3.57Bc	2.25Aa	0.24Aa	0.215Aa	1.01Aa
50 g/盘		1.51Aa	7.72Aa	2.22Aa	0.23Ba	0.217Aa	1.09Aa
75 g/盘		1.33ABb	5.16Bb	1.82Bb	0.25Aa	0.163Bb	0.87Bb
100 g/盘		1.21Bb	3.08Cc	1.64Bb	0.25Aa	0.162Bb	0.74Cc

（二）栽插质量

1. 长秧龄旱育秧的栽插质量

秧龄对插秧机的作业质量影响较大（表 6-12）。依据各栽插指标判断，早期研究的双膜旱育秧以 45 天秧龄的栽插质量较好，各栽插指标均极显著高于其余秧龄处理。55 天秧龄处理的漏插率、翻倒率、漂秧率和全漂率较 35 天秧龄处理依次低 3.78 个百分点、1.82 个百分点、0.83 个百分点和 0.09 个百分点，但其勾秧率和伤秧率较 35 天秧龄处理分别高 0.83 个百分点和 2.04 个百分点。两者除漏插率和伤秧率 2 项指标的差异达极显著水平外，其余栽插指标差异不显著。各品种的栽插质量存在较大的差异，以冈优 305 和 II 优 498 的栽插质量较好，其次是冈优 906、川香 9838 和内香 8156，冈优 527、中优 448 和 D 优 162 的栽插质量较差。由漏插率可知，同一品种在 3 种秧龄条件下的平均漏插率，冈优 305、II 优 498 较低，分别为 10.41% 和 10.97%；其次是冈优 906、内香 8156 和川香 9838，分别为 12.28%、12.32% 和 12.81%；冈优 527、D 优 162 和中优 448 较高，分别为 13.88%、15.50% 和 16.00%。

表 6-12　不同秧龄和品种秧苗栽插质量比较（引自姚雄等，2009）

秧龄	品种	漂秧率（%）	全漂率（%）	勾秧率（%）	伤秧率（%）	漏插率（%）	翻倒率（%）
	川香 9838	10.84	8.870	14.000	19.20	15.68	14.72
	内香 8156	10.55	7.550	13.500	20.20	15.25	13.58
	II 优 498	9.87	7.480	12.200	17.50	14.47	12.65
	冈优 305	9.78	7.900	12.570	16.77	13.30	11.24
35 天	冈优 906	10.28	8.200	13.380	8.20	16.58	13.25
	冈优 527	10.77	9.510	14.770	19.88	18.52	14.85
	中优 448	11.22	10.700	15.680	22.20	20.21	15.55
	D 优 162	10.90	9.550	13.580	17.84	17.85	15.02
	平均	10.53Aa	8.72Aa	13.71Aa	18.97Bb	16.48Aa	13.86Aa
	川香 9838	8.20	6.350	12.080	18.03	9.02	10.60
	内香 8156	7.82	7.020	12.000	17.77	9.25	9.52
	II 优 498	7.77	6.540	11.140	15.54	8.21	9.00
45 天	冈优 305	7.69	6.280	10.280	14.62	8.34	9.07
	冈优 906	8.85	7.500	13.540	14.20	9.70	9.47
	冈优 527	9.22	7.690	15.500	18.58	10.55	10.52
	中优 448	10.72	8.900	16.200	21.14	12.20	11.24

续表

秧龄	品种	漂秧率（%）	全漂率（%）	勾秧率（%）	伤秧率（%）	漏插率（%）	翻倒率（%）
45 天	D 优 162	9.68	8.580	14.900	20.00	11.78	11.60
	平均	8.74Bb	7.36Bb	13.21Bb	17.49Cc	9.88Cc	10.13Bb
	川香 9838	9.25	7.700	13.750	21.40	13.75	12.00
	内香 8156	9.44	7.900	13.200	22.25	12.45	12.64
	II 优 498	8.84	7.480	12.400	17.68	10.24	11.50
	冈优 305	8.20	7.250	12.600	19.52	9.58	10.85
55 天	冈优 906	9.15	7.890	14.240	18.20	10.55	11.65
	冈优 527	10.45	9.250	15.250	22.25	12.57	12.25
	中优 448	11.74	11.580	18.200	25.58	15.58	12.85
	D 优 162	10.54	10.000	16.640	21.17	16.87	12.57
	平均	9.70Aa	8.63Aa	14.54Aa	21.01Aa	12.70Bb	12.04Aa

2. 苗床环境和秧龄对栽插质量的影响

由表 6-13 可知，漏插率和漂秧率均表现为田间苗床高于温室苗床，分别高 4.29 个百分点和 2.73 个百分点，且漂秧率的差异达极显著水平。伤秧率和每穴苗数均表现为温室苗床高于田间苗床，且每穴苗数温室苗床显著高于田间苗床。30 天秧龄秧苗漏插率显著低于 20 天和 40 天，且 30 天秧龄秧苗漏插率比 20 天和 40 天分别低 8.75% 和 8.75%，20 天和 40 天秧龄之间差异不显著。秧龄越大，机插时伤秧率和漂秧率越大，且 20 天秧龄秧苗漂秧率显著低于 40 天，30 天秧龄秧苗漂秧率与 20 天和 40 天差异不显著，30 天秧龄秧苗每穴苗数最高，且显著高于 40 天，20 天秧龄秧苗每穴苗数与 30 天和 40 天差异不显著。

表 6-13　两种苗床不同秧龄和育秧载体对栽插质量的影响（引自赵敏等，2015）

处理		漏插率（%）	伤秧率（%）	漂秧率（%）	连桥率（%）	每穴苗数
	田间苗床	14.06Aa	1.39Aa	5.93Aa	0Aa	2.34Ab
	温室苗床	9.77Aa	2.35Aa	3.20Bb	0Aa	2.86Aa
	20 天	10.86Aa	1.64Aa	3.28Ab	0Aa	2.69Aab
秧龄	30 天	9.91Ab	1.89Aa	4.79Aab	0Aa	2.86Aa
	40 天	10.86Aa	2.08Aa	5.62Aa	0Aa	2.25Ab
	恒奥达基质	15.91Aa	1.30Ab	6.48Aa	0Aa	2.20Bb
	营养土	7.91Bb	2.44Aa	2.65Bb	0Aa	3.00Aa

3. 秧龄和播种密度对工厂化育秧移栽期秧块质量及栽插质量的影响

由表 6-14 可以看出，秧苗密度、盘结力和基本苗数都随播种密度增加而增加，不同播种密度处理在秧苗密度上差异极显著，100 g/盘和 75 g/盘、50 g/盘之间盘结力有极显著差异，而 75 g/盘和 50 g/盘之间差异未达到显著水平，75 g/盘、100 g/盘和 50 g/盘之间基本苗差异极显著，75 g/盘、100 g/盘之间差异未达到显著水平。株高均匀度和漏插率均随播种密度增加而减小。20 天、26 天、30 天三个秧龄下，除盘结力 20 天秧龄显著低于其他秧龄外，其他秧块质量及栽插指标差异未达到显著水平。

表 6-14　播种密度和秧龄对工厂化育秧秧块质量及栽插质量的影响

处理		成苗率（%）	株高均匀度（%）	秧苗密度（cm⁻²）	盘结力（kg/dm²）	漏插率（%）	每穴苗数	基本苗（万株/hm²）
20 天	50（g/盘）	82.00	93.11Aa	0.89Aa	1.04Bb	20.42Aa	1.49Ab	23.95Bb
	75（g/盘）	80.84	86.00Bb	1.32Bb	1.10Bb	14.49Aa	1.66Aab	31.98Aa
	100（g/盘）	79.67	76.18Cc	1.74Cc	1.51Aa	6.70Bb	1.79Aa	35.41Aa
26 天	50（g/盘）	82.01	85.31ABa	0.89Aa	1.29Bb	21.82Aa	2.08Aa	32.30Bb
	75（g/盘）	81.77	80.84Bb	1.34Bb	1.48Bb	13.63Ab	2.08Aa	32.78Bb
	100（g/盘）	80.77	86.93Aa	1.79Cc	2.13Aa	2.99Bc	2.37Aa	45.70Aa
32 天	50（g/盘）	83.66	77.70Aa	0.91Aa	1.37Bb	14.99Aa	1.91Bb	32.45Ab
	75（g/盘）	80.73	82.31Aa	1.32Bb	1.55Bb	14.72Aa	2.44Aa	41.61Aa
	100（g/盘）	80.10	79.75Aa	1.75Aa	2.06Aa	8.72Ab	1.75Bb	31.83Ab
20 天		80.85	85.80Aa	1.32Aa	1.22Bb	13.87Aa	1.65Aa	30.45Aa
26 天		81.85	82.44Aa	1.34Aa	1.63Aa	11.50Aa	2.18Aa	36.93Aa
32 天		81.53	79.95Aa	1.33Aa	1.66Aa	12.67Aa	2.03Aa	35.30Aa
50 g/盘		82.56	85.99Aa	0.90Aa	1.23Bb	18.98Aa	1.83Bb	29.57Bb
75 g/盘		81.11	83.12ABab	1.33Bb	1.38Bb	14.28ABa	2.06Aa	35.46Aa
100 g/盘		80.53	81.17Bb	1.76Cc	1.90Aa	5.89Bb	1.97Aab	37.65Aa

（三）水稻产量及构成

1. 不同秧龄和品种对水稻产量的影响

由表 6-15 可知，早期研究的双膜旱育秧不同秧龄处理的产量差异达到极显著水平，以 45 天秧龄处理的产量最高。分析产量构成因素可知，除每穗着粒数和每穗实粒数外，45 天秧龄处理的各产量构成因素均极显著高于 55 天和 35 天秧龄处理；而 55 天和 35 天秧龄处理间仅有效穗数、穗长差异达显著水平，其余产量构成因素差异不显著。因此，55 天和 35 天秧龄处理的产量差异主要是由有效穗数、穗长引起，而 45 天秧龄处理的产量极显著高于 55 天和 35 天秧龄处理则是由各产量构成因素共同引起。在 3 种秧龄条件下，Ⅱ优 498 的产量最高，其结实率和千粒重也较高；其次为川香 9838，产量居于后 4 位的依次为冈优 305、冈优 906、D优 162 和中优 448。

表 6-15 不同秧龄和品种的产量及其构成比较（引自姚雄等，2009）

秧龄	品种	穗长（cm）	有效穗数（万穗/hm²）	每穗着粒数	每穗实粒数	结实率（%）	千粒重（g）	产量（t/hm²）
35 天	川香 9838	23.30	2267.8	173.80	135.60	78.02	28.51	8.63
	内香 8156	23.66	2280.0	174.30	132.80	76.21	27.60	8.10
	Ⅱ优 498	24.44	2291.0	163.30	139.20	85.24	28.70	8.83
	冈优 305	23.50	2295.6	166.00	138.40	83.40	25.24	7.65
	冈优 906	23.00	2286.5	157.30	131.70	73.72	24.65	7.21
	冈优 527	24.40	2273.8	171.80	134.00	78.00	28.24	8.26
	中优 448	21.74	2145.0	139.40	110.40	79.20	25.00	6.01
	D优 162	21.80	2163.5	164.00	127.50	77.75	25.70	6.43
	平均	23.23Cc	2251.0Bc	163.60Aa	131.20Bb	80.19Bb	26.71Bb	7.64Cc
45 天	川香 9838	25.08	2271.3	173.90	137.80	79.25	28.65	8.81
	内香 8156	25.50	2288.0	174.40	135.60	77.74	28.20	8.56
	Ⅱ优 498	25.72	2388.9	163.20	140.50	86.07	28.71	9.52
	冈优 305	24.00	2377.8	165.00	139.70	84.70	25.66	8.56
	冈优 906	23.45	2347.5	155.80	133.80	85.88	25.78	8.23
	冈优 527	25.04	2287.4	169.80	135.00	79.50	28.50	8.65
	中优 448	22.69	2190.1	143.40	112.20	78.24	25.22	6.16
	D优 162	23.54	2205.2	165.90	130.50	78.65	26.40	7.33
	平均	24.38Aa	2295.0Aa	163.80Aa	133.10Aa	81.25Aa	27.14Aa	8.23Aa
55 天	川香 9838	24.50	2251.4	173.40	134.71	77.70	28.60	8.47
	内香 8156	24.74	2294.7	173.60	134.00	77.20	27.84	8.40
	Ⅱ优 498	25.20	2301.4	163.30	139.20	85.27	28.52	8.82
	冈优 305	23.68	2300.2	166.60	137.70	82.64	25.58	8.03
	冈优 906	22.20	2290.7	156.70	132.50	84.55	25.00	7.32
	冈优 527	24.58	2283.6	169.00	133.40	78.94	28.00	8.33
	中优 448	22.14	2178.0	139.40	107.40	77.04	25.04	5.97
	D优 162	22.70	2174.8	165.50	129.40	78.20	25.50	7.01
	平均	23.72Bb	2259.0Bb	163.4Aa	131.00Bb	80.19Bb	26.76Bb	7.79Bb

2. 工厂化育秧秧龄和播种密度对机插秧产量的影响

播种密度和秧龄对工厂化育秧机插秧产量及其构成的影响如表 6-16 所示，结实率、千粒重均随秧龄的延长而减小。有效穗数随秧龄的增大而增大，32 天和 20

天之间差异极显著，和 26 天之间差异显著，分蘖成穗率随秧龄的增大呈先减小后增大的趋势，32 天和 20 天、26 天之间差异达到极显著水平。每穗实粒数随秧龄的增大先增大后减小，20 天、26 天和 32 天秧龄处理之间差异达到显著水平。分蘖成穗率、每穗实粒数随播种密度的增加而减小，不同播种密度处理间分蘖成穗率差异显著，每穗实粒数则表现为 50 g/盘和 100 g/盘差异极显著。产量和有效穗数随播种密度的增加先增加后减小，50 g/盘和 75 g/盘产量极显著高于 100 g/盘处理，而 50 g/盘和 75 g/盘处理之间差异不显著。结实率、千粒重随播种密度的增加先减小后增大，不同处理间结实率差异未到达显著水平，千粒重表现为 50 g/盘、100 g/盘和 75 g/盘之间差异极显著，50 g/盘和 100 g/盘处理之间差异不显著。

表 6-16　播种密度和秧龄对工厂化育秧产量的影响

处理		产量 （kg/hm²）	有效穗数 （万穗/hm²）	分蘖成穗率 （%）	每穗 实粒数	结实率 （%）	千粒重 （g）
20 天	50（g/盘）	8394.3Bb	171.96Ab	71.09Aa	168.7Aa	94.05Aa	31.59Aa
	75（g/盘）	9505.1Aa	188.99Aab	59.77Bb	166.63Aa	93.65Aa	31.27Aa
	100（g/盘）	8388.9Bb	190.27Ba	52.66Cc	151.96Ab	90.98Ab	31.52Aa
26 天	50（g/盘）	8491.6Bb	191.16Aa	62.73Aa	166.76Aa	85.07ABab	28.36Aa
	75（g/盘）	8997.5Aa	188.78Aa	60.39ABa	145.73Bb	82.40Bb	27.48Bb
	100（g/盘）	8879.7Aa	193.32Aa	55.25Bb	153.74ABab	88.79Ab	28.28Aa
32 天	50（g/盘）	9259.3Aa	204.08Aa	67.73Aa	165.28Aa	76.99Aa	27.64Ab
	75（g/盘）	7736.7Bb	210.91Aa	69.61Aa	159.14ABa	75.41Aa	25.69Bc
	100（g/盘）	7654.4Bb	192.23Aa	65.66Aa	135.37Bb	75.36Aa	26.75ABb
20 天		8762.8Aa	183.74Bb	61.32Bb	162.43Aa	92.95Aa	31.46Aa
26 天		8789.6Aa	191.09ABb	59.47Bb	165.41Aa	85.52ABb	28.04Bb
32 天		8216.8Bb	202.40Aa	67.68Aa	153.26Ab	75.93Bc	26.69Cc
50 g/盘		8715.1Aa	189.07Aa	67.23Aa	166.91Aa	86.16Aa	29.20Aa
75 g/盘		8746.4Aa	196.23Aa	63.32Ab	157.17ABab	84.68Aa	28.15Bb
100 g/盘		8307.7Bb	191.94Aa	57.92Bc	147.03Bb	85.64Aa	28.85Aa

分析播种密度和秧龄对产量及其构成因素的互作发现，播种密度和秧龄间互作效应对产量有极显著影响，具体表现为：在 20 天和 26 天两个秧龄下，产量均以 75 g/盘最高，而在 32 天秧龄处理下，产量表现为 50 g/盘极显著高于 75 g/盘、100 g/盘，随秧龄的增加，稀播在分蘖成穗率上的优势逐渐减弱，20 天秧龄下，3 种播种密度间分蘖成穗率差异极显著，在 32 天秧龄下则表现为无显著差异。

（四）机插秧的适宜秧龄

综合前述，且由表 6-17 可知，同期移栽时提前播种 30 天，与不提前播种相比，成熟期仅提前 3 天，秧龄越长，管理成本和难度越大，秧苗分层严重，死苗率增加，栽插时伤秧和漏插率高，产量呈降低趋势。从高产栽培实践可看出，早播早栽的早茬口田，机插秧龄以 30～35 天为宜，而迟播迟栽的迟茬口田，健壮秧苗的秧龄则低于 30 天。因此，早播条件下机插秧龄为 30 天左右，迟播条件下秧龄为 25 天左右。

表 6-17 不同秧龄对 F 优 498 机插栽培生育进程与产量的影响（引自任万军等，2017）

秧龄 （天）	播种期 （月/日）	移栽期 （月/日）	抽穗期 （月/日）	成熟期 （月/日）	栽插期- 成熟期（天）	全生育期 （天）	产量 （t/hm²）
20	4/21	5/11	7/30	9/8	120	140	12.41
30	4/11	5/11	7/29	9/7	119	149	12.42
40	4/01	5/11	7/28	9/6	118	158	12.04
50	3/22	5/11	7/28	9/5	117	167	11.81

二、机插秧的播栽期

（一）干物质生产对播栽期的响应

开展了机直播、机插和手插 3 种播栽方式的比较试验，评价播栽方式配合播栽期对杂交稻生长发育的影响。由表 6-18 可知，各处理在拔节-抽穗和抽穗-成熟阶段的干物质积累量最大，且具有较高的干物质积累速率。播栽方式及其与播栽期的互作对各生育时期干物质积累量、干物质积累速率、干物质积累量占总干物质积累量的比例均存在影响。在播栽期-分蘖盛期和分蘖盛期-拔节期机械化播栽方式的干物质积累量与积累速率均低于手插。迟播能有效提高播栽期-分蘖盛期的干物质积累量、干物质积累速率以及干物质积累量占总干物质积累量的比例，然而迟播的干物质积累量、干物质积累速率以及干物质积累量占总干物质积累量的比例在抽穗期-成熟期分别比早播低 25.31%、23.53% 和 16.77%。

表 6-19 表明，干物质在叶的分配比例在分蘖盛期和拔节期较大，在茎鞘的分配比例在拔节期和抽穗期较高，在叶和茎鞘的分配比例均在成熟期降至最低；在穗的分配比例随着生育进程逐渐上升，在成熟期达最高。播栽期和播栽方式能有效调控干物质在各器官的分配比例，播栽期主要对分蘖盛期和成熟期各器官的分配比例产生显著或极显著影响，在分蘖盛期和成熟期叶平均分配比例表现为早播＜迟播，茎鞘平均分配比例则表现为早播＞迟播，早播在成熟期穗平均分配比例比迟播高 2.01%。

叶和茎鞘输出量、输出率和转化率受播栽方式影响显著或极显著（表 6-20），且受播栽方式与播栽期的互作影响达极显著水平，早播的叶输出量和输出率均高于迟播，而茎鞘输出量、输出率和转化率反而表现为早播分别比迟播低 34.92%、

表6-18 不同播栽方式下杂交籼稻主要生育时期群体干物质积累差异（引自刘利等，2014）

播栽方式		播栽期-分蘖盛期			分蘖盛期-拔节期			拔节期-抽穗期			抽穗期-成熟期		
		积累量(t/hm²)	积累速率[t/(hm²·天)]	比例(%)	积累量(t/hm²)	积累速率[t/(hm²·天)]	比例(%)	积累量(t/hm²)	积累速率[t/(hm²·天)]	比例(%)	积累量(t/hm²)	积累速率[t/(hm²·天)]	比例(%)
早播	机直播	0.20b	0.01b	1.04	2.30b	0.08b	11.98	9.47a	0.24a	49.22	7.29a	0.17a	37.77
	机插	0.14b	0.01b	0.81	2.19b	0.09b	12.45	7.91c	0.20c	45.02	7.33a	0.18a	41.72
	手插	0.52a	0.03a	2.75	2.69a	0.13a	14.31	8.77b	0.21b	46.68	6.83a	0.16a	36.27
	平均	0.29	0.01	1.53	2.39	0.10	12.91	8.72	0.22	46.97	7.15	0.17	38.59
迟播	机直播	0.64b	0.02b	4.25	2.49a	0.13b	16.69	8.55b	0.24b	57.20	3.27c	0.08c	21.85
	机插	0.40c	0.02b	2.41	1.68b	0.09c	10.12	9.38a	0.31a	56.72	5.11b	0.12b	30.74
	手插	0.91a	0.05a	5.23	2.80a	0.19a	16.05	6.11c	0.15c	34.98	7.65a	0.18a	43.75
	平均	0.65	0.03	3.97	2.32	0.14	14.29	8.01	0.23	49.63	5.34	0.13	32.12
F值	播栽方式	267.15**	256.85**	215.28**	58.98**	107.09**	29.63**	82.77**	320.28**	51.82**	12.81**	9.49**	21.82**
	播栽期	520.40**	651.86**	673.63**	1.22	104.01**	10.00*	45.68**	28.91**	6.37*	32.70**	26.90**	25.78**
	播栽方式×播栽期	11.51**	59.08**	24.60**	13.29**	25.08**	22.15**	131.87**	395.02**	47.40**	19.88**	20.96**	31.20**

注：*、**分别表示达到0.05、0.01显著水平

表 6-19　不同播栽方式下杂交稻主要生育时期干物质分配比例及其变化（引自刘利等，2014）

播栽方式		叶分配比例（%）				茎鞘分配比例（%）				穗分配比例(%)	
		分蘖盛期	拔节期	抽穗期	成熟期	分蘖盛期	拔节期	抽穗期	成熟期	抽穗期	成熟期
早播	机直播	48.97a	39.39b	31.76a	15.70a	51.03a	60.61a	55.78a	27.74b	12.46b	56.55a
	机插	48.03a	46.19a	31.49a	15.42a	51.97a	53.81b	54.56b	27.95b	13.95b	56.62a
	手插	47.97a	45.09a	29.78b	13.06b	52.03a	54.91b	54.52b	33.03a	15.70a	53.91a
	平均	48.32	43.56	31.01	14.73	51.68	56.44	54.95	29.57	14.04	55.70
迟播	机直播	54.21a	45.73a	32.21a	18.54a	45.79a	54.27b	52.29b	27.65b	15.50a	53.81b
	机插	51.64a	43.69ab	29.79b	16.99b	48.36a	56.31ab	56.19a	29.39a	14.02b	53.61b
	手插	52.19a	41.26b	33.38a	14.75c	47.81a	58.74a	53.29b	28.87ab	13.34b	56.39a
	平均	52.68	43.56	31.79	16.76	47.32	56.44	53.92	28.63	14.29	54.60
F 值	播栽方式	3.53	4.33*	5.66*	47.78**	3.53	4.33*	8.90**	27.65**	1.99	0.01
	播栽期	55.54**	0.00	5.52*	53.86**	55.54**	0.00	10.77**	6.59**	0.95	5.09*
	播栽方式×播栽期	0.66	21.62**	21.22**	2.14	0.66	21.62**	21.22**	28.80**	37.99**	13.55**

注：*、**分别表示达到 0.05、0.01 显著水平

36.59%和 47.29%。抽穗后物质同化量、抽穗后干物质积累量所占比例以及抽穗后干物质贡献率受播栽方式、播期及两者互作的影响显著或极显著，均表现为机直播显著低于机插和手插，早播有利于提高抽穗后物质同化量、抽穗后干物质积累量所占比例以及抽穗后干物质贡献率。早播收获指数比迟播高1.96%；收获指数受播栽期与播栽方式互作的影响显著，机直播和机插早播、手插迟播有利于提高收获指数。

（二）播栽期对水稻产量的影响

表 6-21 表明，早播条件下，较高的群体颖花数和每穗粒数是机插与手插产量显著高于机直播的主要原因；由于机直播迟播的结实率显著低于机插和手插，因此其产量低于机插和手插。播栽期及其与播栽方式互作均能影响水稻的最终产量，早播的有效穗数、颖花数、结实率、每穗粒数和产量分别比迟播高 7.09%、12.23%、1.96%、8.14%和 15.24%。播栽方式对有效穗数、颖花数、结实率、每穗粒数、千粒重和产量均能产生显著或极显著影响。相关分析表明（表 6-22），有效穗数、结实率与产量显著正相关。从通径分析看出，结实率对产量的贡献最大，而每穗粒数和有效穗数对产量也有较大贡献。可见，不同播栽方式下水稻可以通过提高结实率、保证每穗粒数和有效穗数来提高产量。

表 6-20　不同播栽方式下杂交籼稻干物质输出和运转（引自刘利等，2014）

播栽方式		叶			茎鞘			抽穗后干物质同化量 (t/hm²)	抽穗后干物质积累所占比例 (%)	抽穗后干物质贡献率 (%)	收获指数 (%)
		输出量 (t/hm²)	输出率 (%)	转化率 (%)	输出量 (t/hm²)	输出率 (%)	转化率 (%)				
早播	机直播	0.78b	20.52b	7.15b	1.34a	20.06a	12.38a	7.29a	37.77ab	66.73a	56.55a
	机插	0.51c	15.96c	5.17c	0.67b	12.07b	6.79b	7.33a	41.72a	73.71a	56.62a
	手插	1.11a	31.24a	11.00a	0.45b	6.88c	4.46c	6.83a	36.27b	67.40a	53.96a
	平均	0.80	22.57	7.77	0.82	13.00	7.88	7.15	38.59	69.28	55.71
迟播	机直播	0.99a	26.31a	12.30a	1.97a	32.33a	24.54a	3.27c	21.85c	40.73c	53.86a
	机插	0.60a	17.53a	6.77b	1.57b	24.36b	17.74b	5.11b	30.74b	57.47b	53.66a
	手插	0.71a	21.19a	7.16b	0.25c	4.81c	2.56c	7.65a	43.75a	77.63a	56.39a
	平均	0.76	21.68	8.74	1.26	20.50	14.95	5.34	32.12	58.61	54.64
F值	播栽方式	16.51**	14.28**	13.69**	118.63**	116.74**	126.17**	12.81**	21.82**	15.08**	0.00
	播栽期	0.48	0.36	2.39	40.72**	46.77**	83.81**	32.70**	25.78**	14.27**	1.78
	播栽方式×播栽期	11.19**	10.14**	17.42**	22.26**	19.05**	33.90**	19.88**	31.20**	14.67**	4.72*

注：*、**分别表示达到 0.05、0.01 显著水平

表 6-21　播栽期和播栽方式对杂交稻产量及其构成因素的影响

播栽方式		有效穗数（万穗/hm²）	颖花数（×10⁶/hm²）	结实率（%）	每穗粒数	千粒重（g）	产量（t/hm²）
早播	机直播	290.15a	362.43c	94.30a	117.67b	31.24a	9.51b
	机插	250.33c	408.24b	92.82b	151.18a	28.74b	10.74a
	手插	270.83b	461.59a	87.23c	148.65a	28.25b	10.38a
	平均	270.44	410.75	91.45	139.17	29.41	10.21
迟播	机直播	270.66a	442.04a	80.78b	132.09a	28.79b	8.16b
	机插	233.35b	324.98b	94.47a	131.51a	30.61a	9.36a
	手插	253.60ab	330.98b	93.82a	122.46a	30.49a	9.08ab
	平均	252.54	366.00	89.69	128.69	29.96	8.86
F 值	播栽方式	26.41**	5.33*	14.22**	14.78**	3.56	14.98**
	播栽期	17.05**	21.98**	3.52	17.46**	7.96*	51.51**
	播栽方式×播栽期	0.03	44.49**	41.88**	25.21**	59.09**	0.01

注：*、**分别表示达到 0.05、0.01 显著水平

表 6-22　产量构成因素对产量的作用

产量性状	相关系数					通径系数							贡献率
						直接作用	间接作用						
	y	x₂	x₃	x₄	x₅		总和	x₁→y	x₂→y	x₃→y	x₄→y	x₅→y	
x_1	0.63*					0.38	0.25		0.24	0.50	-0.50	0.00	0.24
x_2	-0.26	-0.42				-0.59	0.33	-0.16		-0.41	0.92	-0.01	0.15
x_3	0.68*	0.76**	-0.62*			0.66	0.01	0.29	0.37		-0.65	0.01	0.45
x_4	-0.26	-0.52	0.95**	-0.68*		0.96	-1.22	-0.20	-0.56	-0.45		-0.01	0.25
x_5	0.17	0.14	-0.58*	0.35	-0.49	0.02	0.15	0.06	0.34	0.23	-0.47		0.01

x_1：有效穗数；x_2：颖花数；x_3：结实率；x_4：每穗粒数；x_5：千粒重；y：产量；*、**分别表示达到 0.05、0.01 显著水平

（三）机插杂交稻的高产高效播栽期

表 6-23 表明，随播栽期推迟，机插杂交稻有效穗数差异不显著，结实率呈降低趋势，每穗实粒数表现为 4 月 30 日播种的显著低于前面 4 个播期，产量则呈降低趋势。结合气象资料与各地高产实践来看，四川盆地产量品质俱佳的水稻抽穗期在 7 月中旬至 8 月上旬。因此，适宜播种期为 3 月下旬至 4 月中旬，早播早栽的早茬口（蔬菜茬口）田机插秧龄为 30～35 天，而迟播迟栽的迟茬口（小麦、油菜茬口）田健壮秧苗的秧龄为 25 天左右。成都平原机插杂交籼稻在 4 月 11 日前播种、5 月 11 日前移栽有利于产量的提高；而在 4 月 21 日前播种、5 月 21 日前移栽有利于稳产；在 4 月 21 日以后播种、5 月 21 日以后移栽产量则显著降低。产量降低的主要原因在于结实率降低，籽粒灌浆充实不良。四川大部分地区进入

9 月后，阴雨天气多，气温下降快，病虫害发生严重，越迟收获，减产风险越大。因此，要保证高产稳产，9 月底前必须正常收获，需要在 5 月底前抢早栽插，4 月底前抢早播种。

表 6-23　不同播栽期条件下宜香优 2115 产量及其构成因素（引自任万军等，2016）

播种期 （月/日）	移栽期 （月/日）	有效穗数 （万穗/hm²）	每穗 着粒数	结实率 （%）	每穗 实粒数	千粒重 （g）	产量 （t/hm²）
3/21	4/21	238.2a	154.2	86.73a	133.7c	33.27c	12.49a
3/31	5/01	223.7b	178.6	87.45a	156.2a	34.89ab	12.33a
4/10	5/11	221.3b	172.3	86.10a	148.4ab	35.27a	12.19a
4/20	5/21	234.0ab	161.9	85.63a	138.5bc	34.83ab	11.31b
4/30	5/31	232.3ab	148.1	78.30b	116.0d	33.27c	10.26c

第三节　健康适栽秧苗培育

培育健康适栽秧苗是实现高产的基本前提。因此，在水稻生产过程中应根据气候条件、种植制度、品种特性等确定最佳的播种期、秧龄及播种量，采用适宜育秧方式培育壮秧。

一、播种量确定

（一）播种量与播种均匀度的关系

播种均匀度是衡量播种质量的重要指标，直接影响出苗后秧苗的均匀度，进而影响栽插质量。对粒型、机条播规格和播种密度三因子对播种均匀度的影响建立了三维动态模拟模型，结果如图 6-5 所示。由三维模型可以得出，长粒型水稻种子（a）和圆粒型水稻种子（b）播种均匀度与机条播规格（X_1）与播种密度（X_2）的关系可以分别用以下方程模拟：

$$Y_a = -75.5462 + 14.0074X_1 + 0.3099X_2 - 0.3099X_1^2 - 0.0023X_2^2 \quad R^2 = 0.6512 \quad P = 0.1059$$

$$Y_b = -65.1813 + 11.5876X_1 + 0.8165X_2 - 0.2614X_1^2 - 0.0048X_2^2 \quad R^2 = 0.8789 \quad P = 0.0163$$

播种均匀度与播种密度和机条播行数均呈现抛物线性关系，两种种子粒型均在 75 g/盘播种密度和 24 行机条播配合时均匀度达到最高，且圆粒型种子整体上播种均匀度要高于长粒型种子。

由表 6-24 可知，机条播较机散播和人工撒播在播种均匀度上有明显的优势，播种密度为 75 g/盘的优势最明显，各处理间播种均匀度均表现为：机条播＞机散播＞人工撒播。方差分析表明：在低播种密度（50 g/盘）和中等播种密度（75 g/盘）下，3 种播种方式间差异显著，而高播种密度（100 g/盘）下差异不显著。随

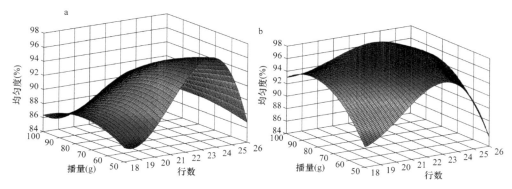

图 6-5　两种粒型水稻种子在不同播种密度与不同行数条播器下的播种均匀度三维模型
（引自胡剑锋等，2017）（彩图另见封底二维码）
a：长粒型种子均匀度模型；b：为圆粒型种子均匀度模型

播种密度的增加，3 种播种方式间均匀度差异规律不一致，机散播和人工撒播条件下，播种均匀度随播种密度增加而增加，机条播的播种均匀度则随播种密度的增加先增加再减小，原因是机条播下播种密度越大，其排种口堵塞的可能性越高，从而导致播种均匀度下降。

表 6-24　不同播种方式下播种效果差异（引自胡剑锋等，2017）

种子粒型	播种密度（g/盘）	均匀度（%）						
		机条播					机散播	人工撒播
		18 行	20 行	24 行	26 行	平均		
长粒型（长/宽＞2.7）	50	85.98b	88.04b	96.60a	86.81b	89.36a	77.07b	72.27c
	75	88.07b	89.81b	94.17a	87.95b	90.00a	84.14b	78.88c
	100	86.35b	86.04b	90.81a	88.00ab	87.80a	87.52a	87.29a
	平均	86.80b	87.96b	93.86a	87.58b	89.05a	82.91b	79.48c
圆粒型（长/宽＜2.2）	50	87.17bc	90.51b	94.55a	85.51c	89.43a	79.58b	74.49c
	75	94.28a	94.97a	96.27a	93.82a	94.83a	92.01a	83.27b
	100	92.99a	93.84a	96.27a	93.82a	94.23a	93.27a	92.03a
	平均	91.48b	93.11ab	95.69a	91.05b	92.83a	88.29b	83.26c

播种量不同导致秧苗素质存在明显差异，秧苗素质各指标总体上均有随播种密度增加而降低的趋势（表 6-25）。较 60 g/盘和 70 g/盘，播种量为 40 g/盘和 50 g/盘时，秧苗充实度、百株苗干重和每株氮积累量均显著增加。秧苗发根力、根冠比和分蘖发生率均以 40 g/盘最高，70 g/盘最低。播种量对漏插率有极显著影响，漏插率随播种密度的增大而减小。

表 6-25　播种量对秧苗素质的影响（引自胡剑锋等，2017）

播种量 （g/盘）	秧苗充实度 （mg/cm）	发根力 （cm）	百株苗干重 （g）	根冠比	每株氮积累量 （mg）	分蘖发生率 （%）
40	3.22a	80.02a	6.44a	0.140	3.03a	71.42a
50	3.05a	63.57b	5.79a	0.132	2.62a	36.98b
60	2.63b	58.19c	4.72b	0.135	1.88b	31.88bc
70	2.50b	53.72d	4.66b	0.131	1.76b	23.47c

（二）适宜播种量

播种量除与机插成苗率有关外，还与千粒重和发芽率关系密切。调查了近年来长江中上游选育的 27 个优质杂交籼稻品种，千粒重范围为 18.47～31.94 g，变异幅度较大，各品种间千粒重差异明显。千粒重大于 30 g 的品种仅有一个为德优 4923，千粒重小于 20 g 的品种也仅有一个为 Y 两优 1 号，其余品种的千粒重集中分布在 20～30 g，其中，20.00～21.75 g 有 6 个品种，22.66～24.42 g 有 7 个品种，25.49～27.03 g 有 8 个品种。

发芽率为 72%～95%，变异幅度较大，各品种间发芽率差异明显。发芽率小于 80% 的品种有中 9 优 2 号、蓉 18 优 2348、渝优 7109、天优华占和宜香优 1108，发芽率大于 92% 的品种有晶两优 534、晶两优华占等 5 个品种，其余品种的发芽率集中分布在 84%～91%，其中，84%～87% 有 9 个品种，89%～91% 有 7 个品种，整体上呈现正态分布。

基于成苗 1～2 株/cm^2，且秧苗群体质量均衡，无明显弱苗、病株和虫害，根系盘结牢固，盘根带土厚薄一致，秧苗韧性强、弹性好，秧块柔软能卷成筒，提起不断、不散，底面布满白根，形如毯状的秧苗素质要求，在正常发芽率条件下，千粒重 20～25 g 的杂交籼稻，每盘播干谷 60～75 g；千粒重 25～30 g，播 75～90 g。

二、工厂化育秧

（一）工厂化育秧的气候条件

温室苗床和田间苗床环境小气候差异较大。由表 6-26 可以看出，2014 年温室苗床和田间苗床小气候的温度、相对湿度与光照强度差异很大，20 天、30 天和 40 天秧龄秧苗的最低与平均温度均为温室苗床均比田间苗床高，且随秧龄增大最低温度和平均温度逐渐降低。20 天秧龄秧苗的最高温度为温室苗床比田间苗床高，而 30 天和 40 天秧龄秧苗的最高温度为温室苗床比田间苗床低，这是由于温室苗床在育秧过程中进行了控温。20 天、30 天和 40 天秧龄秧苗的最高相对湿度为温室苗床比田间苗床低，且随秧龄增大最高相对湿度逐渐升高。20 天、30 天和

40天秧龄秧苗的最低相对湿度为温室苗床比田间苗床高，且随秧龄增大田间苗床最低相对湿度逐渐升高。因此，整个育秧过程，温室苗床相对湿度变化幅度低于田间苗床。20天和30天秧龄秧苗平均相对湿度为温室苗床比田间苗床高，但40天秧龄秧苗平均相对湿度温室苗床略低于田间苗床。

表 6-26　两种苗床不同秧龄处理秧苗生长期间的气候资料

秧龄		苗床环境	温度（℃）			相对湿度（%）			光照强度（klx）			活动积温（℃）
			最高	最低	平均	最高	最低	平均	最高	最低	平均	
2014	20天	温室苗床	27.73	17.48	21.45	95.54	61.76	83.61	18.16	0	3.26	429.03
		田间苗床	27.67	15.12	20.00	99.83	52.91	81.86	34.61	0	7.30	399.93
	30天	温室苗床	27.21	16.84	20.89	96.36	62.51	84.57	18.25	0	3.29	626.77
		田间苗床	27.74	14.55	19.48	100.51	54.32	83.53	38.57	0	7.68	584.40
	40天	温室苗床	27.68	16.14	20.46	96.65	60.68	84.82	18.14	0	3.28	818.54
		田间苗床	29.61	13.73	19.34	101.08	56.44	85.29	39.53	0	7.69	773.55
2015	20天	温室苗床	29.65	16.14	20.90	98.75	49.36	82.40	20.56	0	4.56	417.91
		田间苗床膜内	39.16	16.70	23.81	100.67	72.08	92.49	41.10	0	8.00	476.28
		田间苗床膜外	23.78	13.32	17.85	97.49	55.22	80.46	47.97	0	9.40	357.03
	30天	温室苗床	29.77	15.72	21.02	99.15	48.87	81.93	20.14	0	4.87	630.65
		田间苗床膜内	39.69	16.66	24.49	100.15	69.76	91.18	42.57	0	9.07	734.69
		田间苗床膜外	24.59	12.90	18.15	98.14	53.80	80.41	47.79	0	10.19	544.38
	40天	温室苗床	30.23	16.07	21.52	99.00	49.41	81.71	20.23	0	4.96	860.85
		田间苗床膜内	39.33	16.95	24.78	99.97	67.08	89.56	43.92	0	9.70	991.29
		田间苗床膜外	25.43	13.29	18.70	98.35	52.82	80.12	47.83	0	10.54	747.84
	50天	温室苗床	30.37	16.46	21.92	98.62	48.91	80.98	20.89	0	5.99	1096.11
		田间苗床膜内	37.83	17.02	24.57	99.54	62.02	86.18	49.99	0	11.54	1228.68
		田间苗床膜外	26.33	13.74	19.37	98.15	50.91	78.82	53.12	0	12.21	968.31

　　温室苗床和田间苗床环境小气候存在差异表现最为明显的是光照强度，温室苗床光照强度远低于田间苗床，且光照强度昼夜变化的峰值为温室苗床显著低于田间苗床。20天、30天和40天秧龄秧苗温室苗床的平均光照强度分别只有田间苗床的 44.66%、42.84% 和 42.65%，且最高光照强度分别只有田间苗床环境的 52.47%、47.32% 和 45.89%。由于温室苗床平均温度高于田间苗床，整个秧苗期的积温也是温室苗床高于田间苗床，20天、30天和40天秧龄秧苗两个苗床环境的秧苗期平均积温为 414.48℃、605.59℃ 和 796.05℃，30天和40天秧龄分别比20天秧龄多 46.10% 和 92.06%，30天和40天秧龄秧苗期平均相对湿度、光照强度分

别比 20 天秧龄高 1.70%、2.92%和 3.88%、3.88%。

2015 年通过持续调查记录温室苗床、田间苗床膜内和膜外的温度、相对湿度与光照强度可以看出，田间苗床膜内的温度（最低、最高和平均温度）最高，而田间苗床膜外的温度（最低、最高和平均温度）最低，50 天秧龄温室苗床和田间苗床膜外最低、最高与平均温度分别是田间苗床膜内的 80.28%、96.71%和 89.21%以及 69.60%、80.73%和 78.84%。最高相对湿度和平均相对湿度表现为田间苗床膜内＞温室苗床＞田间苗床膜外，而最低相对湿度表现为田间苗床膜内＞田间苗床膜外＞温室苗床，温室苗床育秧更容易散失水分，需特别注意秧苗的需水状况。平均光照强度均表现为田间苗床膜外＞田间苗床膜内＞温室苗床，20 天、30 天、40 天和 50 天温室苗床光照强度是田间苗床膜外的 48.51%、47.79%、47.06%和 49.06%，而田间苗床膜内是田间苗床膜外的 85.11%、89.01%、92.03%和 94.51%，说明温室苗床薄膜对光照的遮蔽要比田间薄膜对光照的遮蔽效果更强。

（二）工厂化育秧流程

工厂化育秧采用全套播种流水线，将以前主要靠人力进行的粉碎筛土、铺土、播种、浇水、覆土等工序全部由机械取代，实现了整个育秧过程的机械化，一台机子每小时能播种 400～800 盘，其播种效率较人工播种提高了 10 多倍，在种子发芽到秧苗出售或栽插前的这段时期，秧苗的浇水、施肥、打药等日常管理全部由厂房的自动化设备完成。水稻大棚工厂化育苗采用自动化播种、移动喷灌、硬盘育苗等先进生产技术（图 6-6），提高了水稻规模化、标准化、机械化育秧水平，便于科学管理、规范操作，是机插秧集中育秧的发展方向之一。

（三）工厂化育秧的注意事项

实际生产中工厂化育秧主要受以下条件制约：第一，标准化厂房设施等基础建设条件要求较高，造价昂贵，前期投入较大，需要强大资金链做后盾，一般中小企业难以承受。第二，对商业化要求程度高，企业运转需要强大市场需求做保障。和基础设施的投入相比，收益小，回收成本是一个长期的过程。因此，很多中小企业对经营工厂化育秧都望而却步，大企业又因为其见效慢、收益小，不愿涉足。第三，温室苗床是一极度弱光环境，秧苗根系生长受阻，在四川弱光条件下秧苗茎部生长纤弱，根系盘结力较低，卷秧运秧较为困难，栽插时伤秧率较大。

由于工厂化育秧厂房设备投入太高，现阶段很多地方尚不具备大面积推广的经济条件，但是在播种环节上利用播种流水线机械化作业成本相对较低，可利用价值很高，因此结合各地具体情况，以全自动播种流水线取代常规人工撒播，以田间拱棚育秧法取代工厂化育秧温室的田间苗床育秧，在大幅提高播种质量和劳

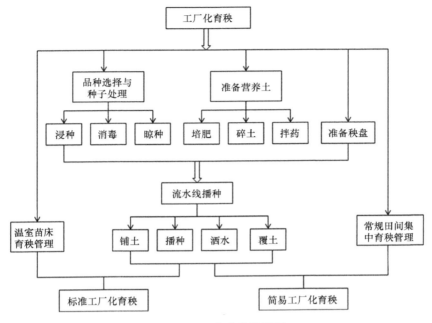

图 6-6　工厂化育秧流程图

动效率的同时，大大降低育秧投入，也是一种适合现阶段国情的具有地方特色的机插秧育秧模式。田间苗床育秧由于不受厂房遮阳的影响，自然光照条件较工厂化好，其秧苗素质高于工厂化育秧，产量也较高，实际推广中简单可行，成本投入低，更易为广大种植大户和中小企业所接受。

三、营养土（基质）育秧

（一）基质理化性状对秧苗生长与栽插质量的影响

不同基质育秧效果不同，这主要是因为不同基质拥有不同的理化性质，基质的理化性质包括容重、孔隙状况、持水性、吸水力、pH、养分含量等指标，它们对秧苗的生长有着巨大的影响。引进筛选的商品基质和开发的配方基质的容重在 $0.30 \sim 0.54$ g/cm^3，均在理想基质容重标准范围之内（表 6-27）。基质的孔隙状况指标主要包括总孔隙度、通气孔隙度、大小孔隙比等，一般来说，容重与总孔隙度呈负相关关系，总孔隙度大，基质越表现出疏松、质轻的性质，总孔隙度、通气孔隙度可以反映基质内部的空气含量高低，秧苗根系需要进行有氧呼吸，基质相对于营养土通气性明显更好，进而更利于秧苗根系的生长。试验结果发现，基质育秧的地下部干重与白根数等根系指标都优于营养土。基质的水分特性指标主要包括持水孔隙度、含水率、吸水力等，中诺基质的含水率只有 12.64%，在育秧过程中表现出吸水能力差、吸水速度慢等特点。

表 6-27　育秧基质的理化性质

处理	容重（g/cm³）	总孔隙度（%）	通气孔隙度（%）	持水孔隙度（%）	含水率（%）
商品基质嘉和	0.36c	65.27b	17.69b	46.11b	35.58b
商品基质中诺	0.30d	72.57a	19.73a	46.85b	12.64c
配方基质	0.54b	59.91c	20.23a	56.96a	43.01a
营养土	1.11a	50.81d	6.19c	41.82c	8.23d

基质中适宜的养分含量能够调控秧苗的生长，其中氮素含量主要影响秧苗的株高和地上部干物质的积累，现有育秧基质的全氮浓度在 1.54～15.2 g/kg，碱解氮浓度在 36.02～990.46 mg/kg。本研究发现，全氮和碱解氮含量过低，如用淮农和苏欣两种基质育秧，秧苗表现为叶片发黄、干物质积累缓慢；而全氮和碱解氮含量过高，如嘉和与恒奥达两种基质，前期秧苗株高和干物质积累快，但是在秧苗后期会出现疯长，秧龄弹性小，不适宜长秧龄机插。本研究中嘉和基质和配方基质的碱解氮含量分别比中诺基质高出 161.08%和 40.10%（表 6-28），在播种 20～40 天嘉和基质和配方基质的株高、生长速度都极显著高于中诺基质，所以合理地调节基质中碱解氮的含量可以有效控制秧苗的株高，短秧龄要求适当提高碱解氮含量，而长秧龄则适当降低碱解氮含量。基质在氮含量低的情况下，全磷和速效磷含量高育出的秧苗素质表现差，如淮农基质和苏欣基质的全磷含量与速效磷含量高于其他基质，但表现出地上部干物质积累停滞，叶绿素含量显著低于其他基质处理，所以可能磷元素才是在氮肥水平适宜的情况下可以促进秧苗地上部干质量和叶绿素积累的主要元素。本研究还发现，基质中适当的速效钾含量可以促进秧苗根系的生长，特别是秧苗白根的生长。

表 6-28　育秧基质的养分含量

处理	pH	有机质（g/kg）	全氮（g/kg）	全磷（g/kg）	全钾（g/kg）	碱解氮（mg/kg）	速效磷（mg/kg）	速效钾（mg/kg）	电导率（mS/cm）
嘉和基质	6.50b	153.08a	15.30a	7.01a	6.13b	1239.04a	357.03a	1779.87b	2.56a
中诺基质	6.40c	133.45c	4.47c	2.82b	6.57b	474.58c	141.32c	1638.12b	2.18c
配方基质	6.50b	144.99b	7.67b	2.01d	19.29a	664.87b	204.31b	3028.25a	2.50b
营养土	6.90a	13.10d	1.36d	2.44c	1.65c	112.85d	43.12d	164.94c	0.69d

从表 6-29 可知，漏插率低于营养土育秧的基质处理只有鲁亿基质处理，其也是所有处理中漏插率最低的处理。漏插率最高的是淮农基质处理（33.33%），其次是苏欣基质处理（23.61%），其他处理的漏插率低于 20%。在对漂秧率指标的调查中发现，漂秧率低于营养土的处理有鲁亿基质和中诺基质处理，其中鲁亿基质

处理的漂秧率最低，而漂秧率最高的是苏欣基质处理，高达 32.83%。嘉和、中诺以及鲁亿基质处理的伤秧率都显著低于营养土对照，其中伤秧率最低的是鲁亿基质处理，伤秧率最高的是苏欣基质处理。每穴苗数最高的是鲁亿基质处理，达到3.36，此外，嘉和与中诺基质处理的每穴苗数也高于对照，分别为 2.96 和 2.76，其中每穴苗数相对较低的两个处理分别是苏欣与淮农基质处理，其中以苏欣基质处理的最低（1.71）。

表 6-29　不同商品基质育秧对移栽期秧苗栽插质量的影响

处理	漏秧率（%）	漂秧率（%）	伤秧率（%）	每穴苗数
嘉和	17.36c	23.61ef	6.57d	2.96ab
中诺	18.06c	10.16de	5.44d	2.76ab
淮农	33.33a	14.73b	21.84b	2.21bc
中禾	15.28c	13.19bc	10.38cd	2.25bc
鲁亿	9.72d	6.29f	4.13d	3.36a
恒奥达	15.28c	12.29bcd	16.10bc	2.38bc
苏欣	23.61b	32.83a	33.66a	1.71c
营养土	13.89cd	10.41cde	9.93cd	2.39bc
F 值	32.20**	70.12**	20.91**	3.12*

注：*、**分别表示达到 0.05、0.01 显著水平

不同基质育秧对秧苗栽插质量的影响非常显著，不同基质由于具不同的理化性质，培育的秧苗健壮程度也不尽相同。我们于 2017 年选择了 2016 年引进的商品基质中理化性状相差最大的两种进行与配方基质的对比试验，特别是对氮、磷元素含量以及基质物理性质容重、孔隙性、水分特性等指标进行对比调查，其中利用菌渣制备的配方基质的理化性质基本在两种商品基质之间。试验结果也显示出相应的规律，苗高与基质含氮量呈正相关，短秧龄移栽的栽插质量也与苗高呈正相关，由此可以看出栽插质量与基质养分含量可能存在一定的联系。而稍微延长移栽期，3 种基质处理的栽插质量呈现与短秧龄移栽相反的结果，且显著提高了基质育秧的栽插质量。因此制备基质时可以适当地降低用肥量，本试验结果发现基质碱解氮含量在 474～1239 mg/kg、速效磷在 141～357 mg/kg 都是适宜秧苗生长的，可以看出，将基质速效氮、磷含量调控在这个区间比较低的情况下更适宜。由于容重的关系，基质育秧的根系盘结力和营养土差异大，栽插质量低，需要适当延长秧龄来满足根系的生长，提高根系盘结力。若基质养分含量高，秧苗在后期会疯长，苗高会超出适宜机插的苗高范围，且含氮量过高会抑制秧苗根系的生长。因此适当地降低基质的养分含量可以使秧苗的苗高生长速率放缓，而且可以促进秧苗根系的生长，从而提高基质育秧的栽插质量。

（二）育秧流程

育秧流程包括种子处理、秧床准备、营养土制备、流水线播种、暗化催芽和苗期管理等（图6-7）。要求秧床厢面净宽1.4～2.0 m，厢沟宽0.4～0.5 m，厢沟视情况深10～15 cm。苗床土块细碎，无杂物、杂草，床面平整一致。秧床四周开围沟，确保排水畅通。旱育秧床在铺盘前应浇足秧床底水，并提浆刮平秧床；或者不浇底水，压平压实床面，播种摆盘后再浸润床土。

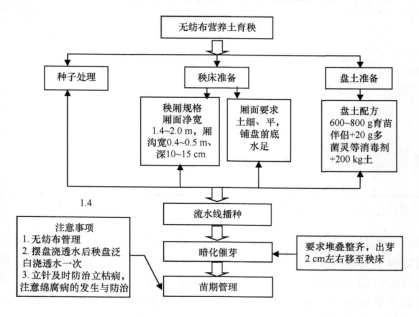

图6-7　无纺布营养土（基质）育秧流程

营养土配制以疏松肥沃的菜园土加育苗伴侣为佳，建议每200 kg土混600～800 g育苗伴侣，同时添加20 g多菌灵或敌克松消毒，并确保土肥药充分混匀，避免出苗后秧苗长势不一。而后用水稻育秧播种机流水线播种。播种后将秧盘堆叠起来，最上层用不透明的彩条布等覆盖暗化催芽以确保整齐出苗，要求秧盘之间堆砌整齐，避免暗化出芽后因堆砌不齐造成秧苗损伤。

秧盘中出芽2 cm左右时移至准备好的厢面，要求盘与厢面、盘与盘之间紧密接触，起厢沟中泥土填满盘边空隙，而后同上覆盖无纺布。在无纺布操作方面，不要压得太紧，以便秧苗长高可将无纺布顶起，直至二叶一心期揭掉无纺布，其间若温度低于15℃，应在无纺布上面加盖一层薄膜保温，若预计低温出现于夜间，应于傍晚覆膜清晨去掉，严防冷害。

四、泥浆育秧

（一）秧床准备

秧田要求土壤肥沃、排灌与运秧方便，于播种前 1 周左右灌水，视土壤肥力施用肥料，翻耕并耙平让其沉实。于播种前 2～3 天排水作厢，秧田耙平，要求田面整体高低差小于 5 cm。泥浆呈糊状时，按 2.0 m 开厢，其中，厢面宽 1.4 m。将厢面整平，暂时不起厢沟。

（二）"片层式"装盘播种

"片层式"泥浆育秧包括生物活性物质层、装填厢沟泥浆层、种子层和覆盖层（图 6-8）。育秧过程中，在厢面中部拉秧绳，将秧盘整齐排布在厢面上，要求盘与厢面、盘与盘之间紧贴。将含 N、P_2O_5、K_2O、Zn 等养分以及杀菌剂和植物生长调节剂的生物活性物质，如育苗伴侣等育秧肥均匀撒于盘底，每盘撒育苗伴侣 15～20 g。表 6-30 表明，生物活性物质处理的株高、叶龄、绿叶数、白根数、茎基宽及叶面积都优于无生物活性剂的对照处理，尤其是白根数及叶面积优势突出，高白根数表明秧苗根系活力较强。之后将厢沟泥浆平铺入秧盘中，泥浆高度与盘边齐平，然后刮平盘面泥浆。用简易播种机播种或者人工撒播，播种要均匀。播后用平板塌谷，或用细土或自配基质等覆盖种子。盖种材料可为 50%锯末+50%砂土，解决了单土壤覆盖保水吸水性和透气性较差，遇高温或者大雨天气易死苗，以及单锯末覆盖易被水冲走等缺陷。播后平铺无纺布于盘面，如果温度低于 15℃，则在无纺布上面加盖地膜。

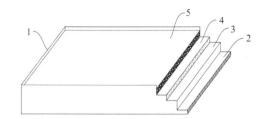

图 6-8　"片层式"泥浆育秧示意
1：秧盘；2：生物活性物质层；3：装填厢沟泥浆层；4：种子层；5：覆盖层

表 6-30　添加生物活性剂的秧苗素质

处理	株高（cm）	叶龄	绿叶数	白根数	茎基宽（cm）	茎基厚（cm）	平均叶长（cm）	平均叶宽（cm）
生物活性剂	19.00	4.79	4.60	17.66	2.92	1.45	10.03	0.52
对照	18.03	4.35	3.68	13.76	2.50	1.14	7.78	0.35

注：品种为 F 优 498，秧龄 30 天

（三）苗期管理

无纺布不要压得太紧，以便秧苗长高可自然将无纺布顶起，直至二叶一心期揭掉无纺布。在水分管理方面，可在秧田一侧预留蓄水田，秧田和蓄水田之间开设连通平缺，连通平缺的缺口顶部与秧盘的底部齐平。在秧田的另一侧开设排水平缺，排水平缺的缺口顶部比秧盘的底部高 1 cm 左右。在播种至移栽前一周保持厢沟有水、厢面湿润即可，一叶一心期前严防水位高于厢面，以防烂种烂秧，之后自然落干视情况干湿交替灌水，移栽前脱水便于盘根起苗。

第四节　田间配置与栽插密度

四川盆地"弱光、寡照、高湿"的生态特点，通过密植增穗来增产的方式，导致水稻存在叶层厚、群体荫蔽重、光合效率低、病虫害严重、分蘖成穗率和颖花结实率低等生理与生产问题，在深入研究弱光下水稻叶片捕获光能和光能利用机制的基础上，从不同品种、栽植方式、群体密度等方面设置了多种田间配置，建立了适宜不同移栽方式的精确定量手插、优化定抛和减穴稳苗机插技术，在一定穗数水平上充分发挥大穗优势，进而实现高产。

一、精确定量手插

精确定量手插是通过精确计算基本苗，人工手插实现行大穴稀植的水稻栽培方式。综合考虑预期穗数、品种主茎总叶数、伸长节间数、分蘖发生率以及移栽秧苗叶龄、带蘖多少，按叶蘖同伸规则计算表明，四川杂交中籼稻栽插适龄带蘖秧苗密度以 22.50 万～30 万株/hm² 为宜。移栽时按行距 33.3 cm、穴距 20.0～26.7 cm 进行田间配置，栽植 11.25 万～15.0 万穴/hm²。穴栽基本符合叶蘖同伸的壮秧 2 株，确保封行期在孕穗至抽穗期。在浅（薄）水时栽秧，出手要轻，栽插要浅。

在郫县、彭山、广汉、旺苍等地采用精确定量手插、优化定抛、强化栽培或常规栽培进行同田对比。由表 6-31 可知，郫县 2008 年（秧龄为 44 天）和 2009 年（秧龄为 41 天）实施中大苗精确定量高产攻关，两年的产量均达到本地攻关技术优化定抛和强化栽培的高产水平。从产量构成来看，优化定抛主要依靠高有效穗数获得了高产，而精确定量手插则依靠高颖花数获得高产。2008 年精确定量手插的每穗实粒数比优化定抛高 20.55 粒（品种不同），2009 年更是高 39.09 粒。从设计目标和结果的比较来看，两年的目标产量均为 12 t/hm²，2008 年水稻生长期间光热条件较好，产量超过了预期目标；2009 年前期遭遇低温，中期有一段时间灌不上水，后期多阴雨，因而产量略低于目标产量。从产量构成因素来看，两年在有效穗数方面均略低于设计目标，特别是 2009 年，有效穗数较低，可能与品种分蘖特性有关，而每穗实粒数达到了或略高于设计目标。

表 6-31　郫县精确定量手插水稻产量性状（引自王春英和任万军，2015）

年份	处理	有效穗数（万穗/hm²）	每穗颖花数	每穗实粒数	结实率（%）	千粒重（g）	验收产量（t/hm²）	备注
2008	精确定量施氮处理	241.76	204.45	175.05	85.62	29.43	12.24	川香 9838
	精确定量空白处理	204.75	166.65	140.90	84.55	28.68	7.67	川香 9838
	优化定抛	276.60	161.11	154.50	95.90	29.94	12.71	II 优 498
2009	精确定量	226.50	190.07	177.20	93.23	29.16	11.56	II 优 498
	优化定抛	280.80	148.30	138.11	93.13	30.09	11.41	II 优 498
	强化栽培	257.70	157.75	147.72	93.64	29.55	11.37	II 优 498

2009 年在彭山、广汉、旺苍等地示范了大苗精确定量栽培，其中，彭山秧龄为 47 天，广汉秧龄为 46 天，旺苍秧龄达到了 66 天。从示范结果来看，产量均达到了 10.5 t/hm²，远远高于当地一般生产田块。增产的原因在于有效穗数和每穗实粒数较协调，普遍表现出了穗大粒多的优势（表 6-32）。

表 6-32　各示范点精确定量手插水稻产量性状（引自王春英和任万军，2015）

地点	处理	有效穗数（万穗/hm²）	每穗颖花数	每穗实粒数	结实率（%）	千粒重（g）	产量（t/hm²）	备注
彭山	精确定量	238.1	182.6	159.2	87.19	31.5	10.7	川农优 498，大苗
	一般大田	169.5	207.9	167.1	80.38	28.2	8.2	冈优 725，大苗
广汉	精确定量	214.5	199.5	181.5	91.00	27.5	10.8	川优 727，大苗
	无氮空白	168.0	163.0	132.0	81.00	27.5	6.9	
旺苍	精确定量	177.0	235.6	208.7	88.58	28.7	10.5	II 优 498，大苗

二、优化定抛

传统的"满天星"抛栽方式导致秧苗分布不均匀而出现产量不稳定或减产问题，针对此问题，采用单元图形镶嵌法进行计算机模拟作图和田间试验检测，以 Thiessen polygons 多边形法确定单株秧苗所占面积（area of single seedling occupancy，ASSO）（图 6-9）。以 ASSO 的变异特性为对照研究了水稻形态性状的变异特性（表 6-33），运用不同数学模型对水稻产量构成因素和部分形态指标进行拟合，利用数学统计模型分析了相对有序平面分布的增产机制。数学统计模型证实，合理的相对有序平面分布增产是有可能的，条件为 ASSO 的变异系数与产量的变异系数之比大于两者的相关系数（$v_A/v_S > r_{SA}$）。数学模型结果证明，相对有序平面分布比绝对有序分布增产 4.6%。图 6-10，为抛栽均匀度与产量的关系，发现当均匀度为 92.4%时产量最高，在本试验条件下为 663.5 kg/667 m²。

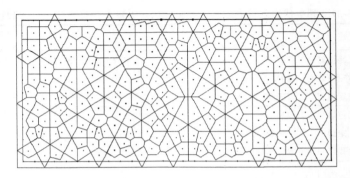

图 6-9　模拟的小区内各点和栽后各点所占面积的划分（引自 Huang et al.，2012）

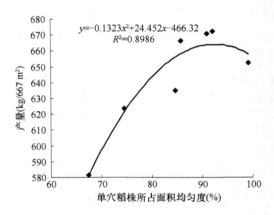

$$y=-0.1323x^2+24.452x-466.32$$
$$R^2=0.8986$$

图 6-10　抛栽均匀度与产量的关系

表 6-33 非均匀无序平面分布水稻主要产量性状的数量和变异性特征（引自 Huang et al.，2012）

指标	最大值	最小值	平均数	标准差	变幅（%）	变异系数（%）	CK
面积（cm²）	816.70	269.98	541.01	178.14	202.5	32.93	529.00
有效穗数（万穗/667m²）	21.00	6.00	13.23	3.59	250.0	29.37	12.72
每穗着粒数（万穗/667m²）	204.80	78.00	147.27	25.54	162.6	17.34	130.36
每穗实粒数（万穗/667m²）	134.00	40.17	96.74	20.28	233.6	20.96	91.98
结实率（%）	72.70	0.49	65.40	0.06	48.2	8.81	70.56
千粒重（g）	31.92	28.68	29.87	1.02	11.3	3.62	28.83
产量（kg/667 m²）	807.4	173.6	471.0	129.6	365.1	30.4	421.6

在以上研究基础上，创新定抛方法，实现秧苗由无序到相对有序分布的变革，

即在旱育秧的基础上，带土拔（起）秧，单穴 1～2 株，秧龄越长带土越多，翻耕田单穴带土 20～50 g，免耕田单穴带土 50～100 g。秧苗带土既能实现定向抛栽，又便于秧苗立苗成活，开厢、分厢或打窝确定行距，用秧绳标记或目测确定穴距，按预设行穴距或抛栽位点，将带土秧苗分穴定点抛栽，使秧苗在田间呈相对有序分布，均匀度控制在 87%～97%。定抛秧苗经人为向下投掷，在翻耕耙田的条件下基本上不倒苗。定抛可以减小或杜绝不均匀现象，达到秧苗的有序或相对有序分布。杜绝"满天星"抛栽导致的秧苗分布不匀而减产的问题。

通过研究分析不同耕作方式、秧龄、生产习惯的效果和成本效益，形成了不同杂交稻定抛栽培方法。其一是针对大苗、轻简高效和稳产需求，发明了分厢定抛方法。抛栽前，按厢面宽 2～3 m、厢沟宽 0.3～0.4 m 用秧绳分厢，人为地预先目测行窝距，按经验进行单穴均匀抛栽，做到大窝间相对有序分布，既可以提高抛栽效率，又可以将秧苗平面分布均匀度较好地控制在 87%～97% 等高产稳产范围内。

其二是针对中小苗、翻耕田块和超高产栽培要求，发明了畦沟式定抛方法。旋田后待水分落干到零星积水，按包沟宽 2.1 m 将稻田分成若干畦面，畦面宽度为 170～180 cm，该宽度匹配 7 行秧苗的行距（平均行距为 30 cm），并在畦面的中部拉一根带穴距标识的秧绳。通过秧绳将畦面宽度分成两部分，一侧抛栽 $(n+1)/2$ 行，另一侧抛栽 $(n-1)/2$，既缩短了一次抛栽秧苗的畦面宽度，因抛栽行数固定，且由秧绳确定穴距，又实现了相对有序定抛，秧苗均匀度可控制在 90%～95%，同时为干湿交替灌溉奠定了基础（图 6-11）。

其三是针对免耕稻田的高产栽培要求，发明了免耕打窝定抛方法。在灌水泡田后，使用轮式打窝器或农户自制窝撬按预设行穴距打窝，然后将秧苗直接抛栽在窝孔中，保证秧苗均匀度和分蘖节入土。行距控制在 30 cm 左右，窝距控制在 17 cm 左右，能够同时保证一定的行距和窝距，解决了密度不均造成的减产问题，同时打出一定深度的窝，解决了表层抛栽造成的倒苗、浮苗问题。

不同生态条件下的秧龄和每穴苗数试验表明，定抛杂交稻产量以光温充足的仁寿点最高，其次是光温条件次之的郫县，高湿寡照稻区雅安最低（表 6-34）。从不同栽植方式来看，总体上是单苗 22.5 万穴/hm² 定抛优于双苗 11.25 万穴/hm² 定抛。与迟播的 30 天秧龄相比，早播的 50 天秧龄定能有效增加水稻全生育期的日照时数和积温，消除水稻穴内竞争，促进植株合理株型的建立，促进抽穗前干物质和氮素的积累，提高抽穗后叶片氮素的转运，保持较高的每穗颖花数，促进结实率提高，确保水稻的增产稳产。结合其他试验结果以及茬口和品种分析，畦沟式定抛适宜秧龄为 30～40 天，单苗抛栽 19.5 万～22.5 万穴/hm²，分厢定抛和免耕打窝定抛适宜秧龄为 40～55 天，单苗抛栽 18 万～24 万穴/hm²。

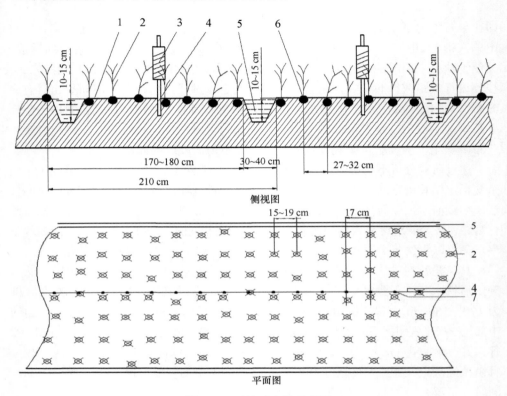

图 6-11　畦沟式定抛示意图

1：畦面；2：秧苗；3：秧绳；4：秧秆；5：畦沟；6：泥球；7：穴距标识

表 6-34　不同生态条件和栽植方式下水稻产量及充实程度（引自邓飞等，2012）

	栽植方式	有效穗数（万穗/hm²）	每穗颖花数	结实率（%）	千粒重（g）	充实度（%）	充实率（%）	产量（t/hm²）
仁寿	30 天秧龄单苗定抛	171.81ab	234.29a	87.46a	27.69bc	93.49a	82.60b	10.01b
	30 天秧龄双苗定抛	164.81b	242.77a	87.37a	27.62c	93.47a	81.60b	9.97b
	50 天秧龄单苗定抛	173.50a	249.12a	89.54a	28.53a	95.99a	88.07a	10.79a
	50 天秧龄双苗定抛	153.66c	233.53a	89.91a	28.44ab	95.77a	87.73a	9.80b
郫县	30 天秧龄单苗定抛	189.97a	172.49c	92.37a	30.02a	98.82a	93.80a	9.12b
	30 天秧龄双苗定抛	170.81b	184.23bc	92.89a	29.73a	97.43b	92.07a	9.04b
	50 天秧龄单苗定抛	187.95a	197.72ab	92.37a	30.27a	99.24a	93.07a	10.23a
	50 天秧龄双苗定抛	171.84b	201.36a	94.40a	30.59a	98.95ab	95.87a	10.07a
雅安	30 天秧龄单苗定抛	183.38a	190.09ab	87.84a	27.49b	96.81a	90.67a	8.26cd
	30 天秧龄双苗定抛	170.81b	167.93b	90.86a	27.62b	96.80a	91.27a	7.77d
	50 天秧龄单苗定抛	189.88a	179.23ab	89.49a	29.61a	98.32a	93.33a	8.77a
	50 天秧龄双苗定抛	171.84b	195.99a	91.01a	28.84ab	96.51a	91.07a	8.67bc

注：不同小写字母表示不同处间差异达到 0.05 显著水平

三、机插

针对生产上机插秧漏插、缺窝、断行现象，以及机插秧穴数多、每穴苗数少，穴间竞争加剧，病虫害严重，从而限制产量发挥等问题，建立了减穴稳苗机插栽培技术，即在不改变单位面积土地现有用秧量的情况下，保持栽插行距不变，穴距从 15～17 cm 提高到 20～25 cm，穴苗数从栽后平均每穴 2～3 提高到栽后平均每穴 3～4。该技术的核心思想是"减穴不减苗"，即减少穴数、提高每穴苗数，从而提高栽插质量与稳定栽后基本苗，突破了常规的只有高密度才能保证基本苗的思路，减少穴数后提高了田间通透性，降低了病虫害的发生风险；提高每穴苗数后，漏插率降低，减少了补秧人工投入，提高了栽插效率和效益（图 6-12）。

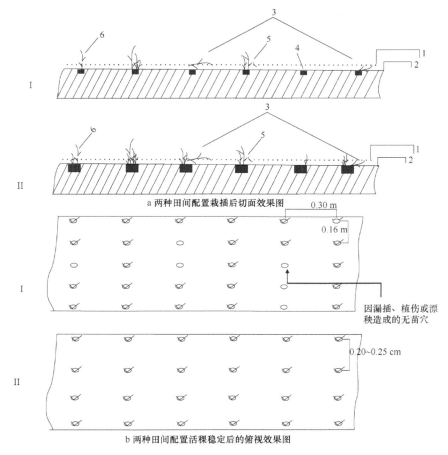

a 两种田间配置栽插后切面效果图

0.30 m

0.16 m

因漏插、植伤或漂秧造成的无苗穴

0.20～0.25 cm

b 两种田间配置活稞稳定后的俯视效果图

图 6-12　常规栽插（Ⅰ）与减穴稳苗栽插（Ⅱ）效果对比示意图

1：水面；2：泥面；3：漂倒秧；4：漏插秧；5：叶鞘植伤秧苗；6：切断秧苗

通过试验确定了基本苗根据品种特性不同为 45 万～60 万/hm^2。栽插前调查栽插批次秧苗的秧苗密度及成苗率，调节穴距到 20～25 cm，而后调节抓秧量，平均每穴抓秧量根据前面的每盘秧苗实际生长状况及穴距调节到栽后 3～4 苗。设置后试栽 1～2 m 验证设置参数。大面积示范及试验表明，设置每穴苗数 3～4，栽插质量更高，漏插率可控制在 5%以内（表 6-35）。

表 6-35 不同穴苗数对栽插质量的影响

每穴苗数	漏插率（%）		漂秧率（%）		返青效果
	变异范围	均值	变异范围	均值	
2～3	5.3～26.5	12.31	0～12.1	4.80	漂秧死亡后，大部分只有 1～2 苗，有一部分无苗且有连穴无苗
3～4	3.5～4.6	4.16	0～1.25	0.65	基本上每穴都有秧苗

通过小区试验和大尺度生产示范，证明了减穴稳苗机插栽培技术的先进性，即大幅降低了漏插率，提高了栽插效率，比常规栽插减少栽插穴数 25.8%～41%（表 6-36）；漏插率降低 10 个百分点以上，每公顷减少补秧人工 3～4 个。四川多熟制稻田机插迟栽迟收面积大，秋季雨水多，减少栽插穴数，通风透光条件变优，病虫害发生减少，倒伏降低，实现了与高穴低苗处理相当的高产稳产（表 6-37）。大面积生产中能稳定在 600 kg/667 m^2 以上，高产示范田普遍达到 650～800 kg/667 m^2（表 6-38）。

表 6-36 田间配置下的水稻栽插质量

处理		规格（cm）	栽插质量			
			每穴苗数	伤秧率（%）	漂秧率（%）	漏插率（%）
42 万株/hm^2	高穴低苗	30×12	1.5	5.63ab	9.95a	23.80a
	中穴中苗	30×17	2.1	3.65abc	5.73b	17.13b
	低穴高苗	30×23	2.9	2.87bc	6.52b	9.97c
63 万株/hm^2	高穴低苗	30×12	2.3	6.67a	6.09b	17.13b
	中穴中苗	30×17	3.2	3.43bc	6.34b	16.05bc
	低穴高苗	30×23	4.3	1.61c	3.09c	10.88bc
F 值	基本苗	—	—	0.03	10.82**	1.57
	配置	—	—	7.76**	7.65**	11.57**
	基本苗×配置	—	—	0.65	4.43*	1.82

注：*、**分别表示达到 0.05、0.01 显著水平，"—"表示未进行方差分析

表 6-37　田间配置对产量构成因素的影响

年份	处理	田间配置 [cm×cm（苗数）]	有效穗数 （万穗/hm²）	每穗 颖花数	结实率 （%）	每穗 实粒数	千粒重 （g）	产量 （t/hm²）
2016	F优498	30×12（1.5）	212.22bcd	232.07a	88.23d	204.70a	29.48c	12.25ab
		30×17（2.1）	206.28cd	226.75ab	90.67bc	205.53a	30.56b	12.50a
		30×23（2.9）	196.62d	208.02b	90.49c	188.14a	30.94b	11.84b
	宜香优2115	30×12（1.5）	232.87a	142.42c	93.02a	132.21b	36.25a	10.51c
		30×17（2.1）	228.23ab	149.5c	91.83abc	137.26b	35.84a	11.06c
		30×23（2.9）	226.52abc	144.42c	91.96ab	132.77b	35.74a	10.68c
2017	42万株/hm²	30×12（1.5）	224.07c	177.34a	89.60a	159.28a	34.25a	11.72a
		30×17（2.1）	218.11c	173.53ab	91.02a	157.91a	34.41a	11.42a
		30×23（2.9）	218.02c	168.44abc	87.99ab	148.16ab	34.31a	11.66a
	63万株/hm²	30×12（2.3）	253.89a	162.90bc	85.66b	139.70b	33.88a	11.76a
		30×17（3.2）	240.00b	156.72c	89.32a	139.98b	34.14a	11.62a
		30×23（4.3）	239.76b	160.62c	88.66ab	142.35b	34.25a	11.49a
F值	2016	品种	20.54**	193.62**	47.73**	196.56**	449.6**	83.93**
		配置	1.41	1.9	1.29	1.97	1.14	3.4
		品种×配置	0.29	1.89	10.48*	1.22	4.98*	1.11
	2017	基本苗	79.39**	15.64**	3.39	22.75**	1.28	0.01
		配置	5.90*	1.23	2.84	0.77	0.45	0.32
		基本苗×配置	0.94	0.67	2.17	2.06	0.20	0.22

注：*、**分别表示达到0.05、0.01显著水平

表 6-38　减穴稳苗机插示范田专家验收产量

地点	品种	行穴距	验收产量（kg/667 m²）
郫县	蜀优217	30 cm×24 cm	799.65
	F优498	30 cm×19 cm	779.87
	宜香优2115	30 cm×22 cm	747.87
大邑	天优华占	30 cm×22 cm	734.15
	F优498	30 cm×22 cm	721.32
射洪	晶两优534	30 cm×20 cm	691.10
	隆两优534	30 cm×21 cm	684.90
	F优498	30 cm×21 cm	703.00
南部	天优华占	30 cm×20 cm	728.52
	F优498	30 cm×20 cm	659.14

参 考 文 献

卜玉山, 苗果园, 周乃健, 等. 2006. 地膜和秸秆覆盖土壤肥力效应分析与比较[J]. 中国农业科学, 39(5): 1069-1075.

陈德春, 杨文钰, 任万军. 2007. 秧苗平面分布对水稻群体动态和冠层透光率及穗部性状的影响[J]. 应用生态学报, 18(2): 359-365.

程丽娟. 2012. 微生物学实验技术[M]. 北京: 科学出版社.

邓飞, 王丽, 刘利, 等. 2012. 不同生态条件下栽培方式对水稻干物质生产和产量的影响[J]. 作物学报, 38(10): 1930-1942.

丁四兵, 朱碧岩, 吴冬云, 等. 2004. 温光对水稻抽穗后剑叶衰老和籽粒灌浆的影响[J]. 华南师范大学学报(自然科学版), (1): 117-121, 128.

高明, 周保同, 魏朝富, 等. 2004. 不同耕作方式对稻田土壤动物、微生物及酶活性的影响[J]. 应用生态学报, 15(7): 1177-1181.

高文道, 顾贤水, 韩开峰. 2006. 水稻机插稻的特性和关键技术[J]. 现代农业科技, (2): 54-55.

胡剑锋, 杨波, 周伟, 等. 2017. 播种方式和播种密度对杂交籼稻机插秧节本增效的研究[J]. 中国水稻科学, 31(1): 81-90.

林云峰. 2005. 水稻机械插秧与旱地育秧配套技术[J]. 福建农机, (4): 13-14.

凌启鸿, 张洪程, 丁艳锋, 等. 2007. 水稻高产精确定量栽培[J]. 北方水稻, (2): 1-9.

刘波, 田青兰, 钟晓媛, 等. 2015. 机械化播栽对杂交籼稻根系性状的影响[J]. 中国水稻科学, 29(5): 490-500.

刘利, 雷小龙, 田青兰, 等. 2014. 机械化播栽对杂交中稻干物质生产特性的影响[J]. 杂交水稻, 29(5): 55-64.

刘世平, 聂新涛, 张洪程, 等. 2006. 稻麦两熟条件下不同土壤耕作方式与秸秆还田效用分析[J]. 农业工程学报, 22(7): 48-51.

任万军, 胡晓玲, 杨万全, 等. 2008b. 水稻优化定抛的增产机理与关键技术[J]. 中国稻米, (3): 54-56.

任万军, 黄云, 吴锦秀, 等. 2011. 免耕与秸秆高留茬还田对抛秧稻田土壤酶活性的影响[J]. 应用生态学报, 22(11): 2913-2918.

任万军, 李兰平, 邓飞, 等. 2014b. 畦沟式水稻定抛栽培方式. 中国: 2013100213978[P].

任万军, 刘代银, 刘基敏, 等. 2010. 水稻中大苗精确定量栽培技术[J]. 四川农业科技, (7): 19.

任万军, 刘代银, 吴锦秀, 等. 2009. 免耕高留茬抛秧对稻田土壤肥力与微生物群落的影响[J]. 应用生态学报, 20(4): 817-822.

任万军, 刘代银, 伍菊仙, 等. 2008a. 免耕高留茬抛秧稻的产量及若干生理特性研究[J]. 作物学报, 34(11): 1994-2002.

任万军, 杨文钰, 樊高琼, 等. 2007. 不同种植方式对土壤肥力和水稻根系生长的影响[J]. 水土保持学报, 21(2): 108-110, 162.

任万军, 杨文钰, 刘代银, 等. 2003. 水稻连免高桩抛秧技术[J]. 中国稻米, (2): 22-23.

任万军, 钟晓媛, 邓飞, 等. 2016. 超级杂交稻宜香优 2115 高产提质栽培技术[J]. 杂交水稻, 31(2): 38-40.

任万军, 钟晓媛, 陶有凤, 等. 2017. 籼型超级杂交稻 F 优 498 机插高产栽培技术[J]. 杂交水稻,

32(3): 40-43.

任万军, 周伟, 陈勇, 等. 2014a. 一种开沟起垄器. 中国: 2013206207995[P].

陶诗顺, 王双明. 2005. 论川西北丘陵春夏旱区二熟制水稻节水栽培技术途径[J]. 灌溉排水学报, 24(1): 12-23.

王春英, 任万军. 2015. 水稻中大苗精确定量栽培技术初探[J]. 耕作与栽培, (5): 27-30.

王林水. 2004. 浅谈水稻机械化插秧及配套技术措施[J]. 农机科技推广, (7): 43.

吴一梅, 张洪程. 2009. 秧龄对机插水稻秧苗素质及产量的影响[J]. 中国稻米, (1): 36-39.

肖启银, 任万军, 杨文钰, 等. 2009. 免耕留茬抛秧栽培模式对水稻生育后期叶片衰老特性的影响[J]. 作物学报, 35(8): 1562-1567.

阎洪, 杨波, 任万军. 2012. 增加定抛水稻秧苗带土量的关键技术[J]. 耕作与栽培, (4): 11-13.

杨文钰, 任万军. 2000. 连免高桩抛秧新技术[J]. 四川农业科技, (4): 13-14.

姚雄, 任万军, 胡剑峰, 等. 2009. 稻油两熟区机插水稻的适宜秧龄与品种鉴选研究[J]. 杂交水稻, 24(5): 43-47.

于林惠. 2006. 机插水稻育秧技术[J]. 农机科技推广, (2): 7-41.

袁钊和, 杨新春, 张文毅, 等. 2000. 面向21世纪的中国水稻生产过程机械化[C] //中国农业机械学会. 中国农业机械学会种植机械学术研讨会论文集. 北京: 中国农业机械学会: 1-7.

袁钊和, 杨新春. 1998. 水稻生产机械化的重点与难点[J]. 中国农机化, (5): 2-5.

赵敏, 钟晓媛, 田青兰, 等. 2015. 育秧环境与秧龄对杂交籼稻秧苗生长及机插质量的影响[J]. 浙江大学学报(农业科学与生命科学版), 41(5): 537-546.

朱德峰, 陈惠哲, 徐一成. 2007. 我国水稻种植机械化的发展前景与对策[J]. 北方水稻, (5): 13-18.

Balesdent J, Mariotti A, Boisgontier D. 1990. Effect of tillage on soil organic carbon mineralization estimated from abundance in maize fields[J]. Soil Science, (41): 587-896.

Doran J W, Parkin T B. 1994. Defining and assessing soil quality[M]. *In*: Doran J W, Coleman D C, Bezdicek D F, et al. Defining Soil Quality for a Sustainable Environment. USA: SSSA Special Publication: 3-21.

Huang Y, Chen D C, Zhou W, et al. 2012. Variability and correlation analysis between area of single seedling occupancy (ASSO) and rice individual characters under non-uniformity spatial distribution[J]. Australian Journal of Crop Science, 6(12): 1606-1612.

Kandeler E, Tscherko D, Bardgett R D, et al. 1998. The response of soil microorganisms and roots to elevated CO_2 and temperature in a terrestrial model ecosystem[J]. Plant and Soil, (202): 251-262.

Ren W J, Huang Y, Yang W Y. 2012. Effects on soil fertility and microbial populations of broadcast-transplanting rice seedlings in high standing-stubble under no-tillage in paddy fields[M]. *In*: Joann K W. Soil Fertility Improvement and Integrated Nutrient Management. Croatia: INTECH: 81-94.

第七章　杂交稻精确定量栽培区域化
集成技术与高产栽培实践

第一节　区域化集成栽培技术规程

一、杂交稻中大苗精确定量栽培技术规程

（一）范围

本标准规定了杂交稻中大苗精确定量栽培的育秧、整田、栽插、施肥、灌溉、病虫害防治、收获等田间操作技术。

本标准适用于水源基本有保证、排灌方便的稻田。

（二）术语和定义

1. 精确定量栽培

根据水稻高产的生育规律，以适宜的作业次数，在最适宜的生育时期、用最适宜的物化技术数量，定向培育高产群体，达到"高产、优质、高效、生态、安全"综合目标的栽培技术。

2. 中大苗

中大苗指秧龄为 30～55 天、叶龄为 4～8 的秧苗。

（三）技术经济指标

1. 稻谷目标产量

杂交稻 9750～11 250 kg/hm^2。

2. 群体指标

中籼迟熟杂交稻的总叶片数为 16～17 片，中籼中熟类型为 15～16 片，中籼早熟类型为 14～15 片。中、迟熟类型杂交稻品种的伸长节间为 5～6 个，早熟类型为 5 个。分蘖发生率 70%～80%，分蘖成穗率 60%～70%，结实率 85%～90%，氮肥当季利用率 40%～50%。

（四）栽培技术

1. 品种选择

当地推广的主栽品种均可应用，以高产、优质、多抗、剑叶直立性好的中大穗型杂交稻品种为佳。

2. 培育壮秧

1）壮秧标准　适龄叶蘗同伸，移栽时主茎保持 4 片以上绿叶，根系健壮，无病虫害。6～8 叶龄秧苗带 3 个以上分蘗。

2）育秧方式　可采用旱育秧、湿润育秧和塑盘育秧等方式。

3）播种技术　栽插 1 hm² 大田用优质杂交稻种 15 kg。秧田与本田面积比旱育秧 4～5 叶龄秧苗为 1∶(20～30)，6～8 叶龄秧苗为 1∶(10～15)；湿润育秧 4～5 叶龄秧苗为 1∶(15～20)，6～8 叶龄秧苗为 1∶(8～12)。秧床尽量与本田邻近，选择蔬菜地，或在本田留一定面积作秧床。旱育秧采用药肥缓释高吸水种衣剂（旱育保姆）包衣，将包好的种子均匀撒播在苗床上。湿润育秧则浸种催芽后再播种，稀撒匀播，播种完毕后用细土覆盖。

4）苗床管理　6～8 叶龄秧苗一叶一心期，每平方米秧床用 0.5 mg/L 多效唑药液 0.15～0.30 kg 喷苗，保持床面干燥，不能有积液，以免发生药害。6～8 叶龄秧苗移栽前 3～4 天每平方米秧床施 15 g 尿素作送嫁肥。

3. 稻田耕整

1）浅耕翻耕田在前作收获后浅耕 10～15 cm，土层达到上虚下实。

2）免耕田在前作收获后及时泡水，注意田埂防漏。

4. 精确计算基本苗，扩行稀植

四川杂交中籼稻 4～5 叶龄移栽，每公顷栽插秧苗 20 万～24 万株；6～7 叶龄移栽，每公顷栽插秧苗 22 万～27 万株；7～8 叶龄移栽，每公顷栽插秧苗 25 万～30 万株。扩行稀植移栽时按行距 33.3 cm、穴距 20.0～26.7 cm 进行浅插，每穴栽基本符合叶蘗同伸的壮秧 2 株。

5. 精确定量施肥，氮肥后移

1）氮肥施用　冬水田施纯 N 150～180 kg/hm²，基蘗肥氮∶穗肥氮为 7∶3，其中，基蘗肥按基肥氮∶分蘗肥氮为 7∶3，穗肥按促花肥氮∶保花肥氮为 6∶4 的比例施用。水旱轮作田施纯 N 165～195 kg/hm²，基蘗肥氮∶穗肥氮为 6∶4 或 5∶5。

2）磷钾肥施用　根据 N：P_2O_5：K_2O 为 1：0.5：0.8，确定施 P_2O_5 75～100 kg/hm^2，施 K_2O 120～150 kg/hm^2。磷肥作基肥一次施用。钾肥分基肥和促花肥 2 次施用，各占 50%。

3）追肥时期　分蘖肥在返青后立即施用。促花肥在倒 4 叶期看叶色差异施用，四川中、迟熟杂交籼稻品种在主茎拔节期施用。保花肥在倒 1.5 叶期（拔节后 15～20 天）时看苗情施用。

6. 精确定量灌溉

1）返青分蘖期在水稻返青成活后至分蘖前期，采取湿润灌溉或浅水（1～2 cm）干湿交替灌溉。

2）晒田在 10～11 叶期，或群体茎蘖数达到预定穗数的 80% 时开始晒田，直至拔节后幼穗开始分化，分次晒田，先轻后重。第一次轻晒田，晒至田面不裂缝、不陷脚时复水，水层深度 3～4 cm。经历 5～7 天水分自然落干后，进行第二次重晒田，晒田程度达到田边发白、中间不发白、田面泛白根为止。第二次晒田后，可视情况再进行多次轻晒田。

3）中后期从幼穗开始分化到抽穗后 25 天浅水勤灌，以浅水层和湿润为主，切忌长期保持水层，避免使土壤再次恢复到陷脚状态。抽穗后 25 天到成熟，以湿润为主，养根保叶。

7. 防治病虫害

坚持预防为主、综合防治。根据病虫监测预报结果，实行达标防治和预防。

8. 收获

当全田 95% 以上的稻谷黄熟时，及时抢晴天收割。

二、机插杂交稻精确定量栽培技术规程

（一）范围

本标准规定了杂交籼稻机械插秧配套栽培技术的育秧、栽插、肥水管理、病虫草害防治、收获等农艺操作技术规程。

本标准适用于西南杂交籼稻的机插栽培稻田。

（二）术语和定义

1. 根系盘结力

根系盘结力是反映机插秧苗盘根能力的指标。栽插时取标准秧块，一端固定，

另一端用长 28 cm、宽 4 cm 木条上下固定后，用弹簧秤钩拉，秧块断裂时的拉力即为盘结力。根据机插秧苗对盘根能力的要求和测定结果，根系盘结力应≥3.5 kg，才能保证插秧时秧块整体提起，土块不散落并整体成型装入秧箱。

2. 漏插率

漏插率为栽插至大田后无水稻秧苗的插穴占总插穴的比例。

3. 日产量

日产量为单位土地面积上每天所生产的稻谷重量，即日产量为某品种单位面积产量与该品种全生育期天数的比值。

4. 暗化催芽

暗化催芽指播种后将秧盘放入透气黑暗条件下催芽至芽长 1～2 cm 时再移至准备好的秧床。暗化空间内温度为 25～32℃。

（三）技术经济指标

稻谷产量：杂交稻 8250～9750 kg/hm^2。

（四）栽培技术

1. 品种选择

选择适合机插、优质、日产量高、多抗的品种。前作为小麦、油菜等迟茬口作物，宜选择生育期较短的水稻品种。

2. 育秧技术

（1）秧苗要求

秧块长（580±1）mm、宽（280±1）mm、土层厚 2.0～2.5 cm。秧块四角垂直方正，不缺边、缺角。秧苗均匀，成苗 1.5～2.0 株/cm^2。根系盘结牢固，带土厚薄一致，形如毯状。

叶龄 3～5，苗高 12～20 cm，茎基宽度 0.15 cm 以上。叶挺色绿，单株白根 6条以上。

（2）育秧方式

采用营养土育秧或泥浆育秧，选用标准的硬（软）盘培育秧苗。营养土育秧采用旱育秧床或湿润秧床。

（3）育秧材料准备

每公顷本田，备软（硬）盘 300～360 个。秧盘符合 NY/T 1534—2019 规定。

底部渗水孔直径 3～4 mm，孔距 15～35 mm，孔数 180～650 个。优选孔数≥300 个的多孔秧盘。

每公顷本田，拱膜覆盖准备 2.0 m 幅宽农膜 60 m，其技术要求应符合 GB 4455—2006。无纺布覆盖准备无纺布 60 m，要求无纺布幅宽≥1.6 m，重量≥20 g/m²。

（4）播种期的确定

播种期要综合考虑茬口、秧龄、品种和当地的气候条件来确定。机插秧的秧龄一般为 25～35 天，冬闲田和早茬口田的播种期与当地手插或抛秧一致，在适栽期提前栽插。小麦、油菜等迟茬口田则根据前作收获时间倒推 25 天播种。

（5）播种量的确定

播种量主要由机械抓秧要求、种子千粒重、出苗率和秧苗素质要求决定，在满足抓秧的情况下，单位面积播种量越低，则秧苗素质越高。按每平方厘米成苗 1～2 株、平均 1.5 株计算，则每个秧块（58 cm×28 cm）需播 60～90 g，种子千粒重越低和发芽率越高，则播种量越小。

（6）种子处理

先晒种 1～2 天，用水选法剔除不饱满种子。然后用杀菌剂等药剂浸种 12～24 h，清水浸洗 12～24 h 后晾晒至种子之间不粘连用于播种。

（7）营养土或基质育秧技术要点

a）精做秧床。选择地势平坦、背风向阳、水源方便、土层深厚、肥沃疏松、运秧方便、便于操作管理的田块作秧板田，按照秧本比 1∶80～1∶100 准备秧田。播种前翻（旋）耕秧田，整平整细。然后开沟做秧床，秧床宽 1.4～2.0 m，沟宽 0.4 m，沟深 0.15 m。厢面平整，旱育秧床灌透底水，水育秧床要求厢面无渍水。

b）全自动播种流水线播种。调整排土阀门张开度至排出底土（基质）厚度为 1.8～2.0 cm。铺完底土（基质）后，调节洒水阀门的大小，淋透底土，且土表不积水。然后调节播种量为杂交籼稻 60～90 g/盘。调节盖土排土阀门的大小，盖土厚度约为 0.5 cm，保证种子不外露。

c）秧盘叠置。预先准备秧盘托架，托架可根据油动或简易叉车规格准备，采用托架可使秧盘与地面隔离，起到提升底盘温度、降低上下盘温差的作用。播种后清除秧盘上缘的泥土，并将秧盘整齐叠置于秧盘托架，上下盘间堆叠整齐，防止相互压住营养土（或基质），叠盘高度以 25～30 盘为宜，切忌超过 35 盘，避免暗化过程上下温差过大导致出苗不齐。顶盘采用空盘倒扣，以降低顶盘温度和预留生长空间。

d）暗化催芽。暗化催芽宜选择开阔场地便于操作，将堆叠后的秧盘带托架运输至催芽场地整齐放置，每个托架间留 10～15 cm 的间隙以促进空气流通，确保堆内温度相对均匀。秧盘摆放完成后，采用三色彩条防雨油布进行遮光覆盖，油布四周压住以防风、保温、保湿。暗化过程适宜平均温度为 28～32℃，湿度为 65%～80%。早茬口杂交稻育秧暗化过程中若遇低温天气，可在彩条油布上覆盖农用薄膜保温增温；迟茬口水稻育秧暗化过程若遇超过 33℃的高温天气，应采取加高顶盘或揭开彩条油布周围的措施以适当通风降温。当中部秧盘稻芽伸出土表 1.5～2.0 cm 时，暗化过程结束，一般在适宜温度下需要 3～5 天，温度越低暗化时间相应延长。暗化结束的秧苗生长整齐一致，颜色嫩黄，无病害，入田可快速转绿生长。

e）摆盘和无纺布覆盖。暗化结束后的秧苗应及时摆入秧床，摆盘要求整齐一致，盘与厢面、盘与盘之间紧密接触，摆盘后起厢沟中泥土填敷盘边空隙，防止盘周缺水，影响整齐度。搬运秧盘时，应避免上下盘相互碾压导致断芽、伤芽。摆盘后应快速灌水浸透一次，淹水以恰好淹没秧盘为宜，保证每盘浸透，切忌淹水过深导致漂盘、漂土。淹水后，及时排干，并宜采用 50 g/m² 厚度规格的白色无纺布覆盖，并用泥土压住无纺布边缘，无纺布宜松不宜紧，为秧苗预留生长空间。当秧苗生长至 2 叶 1 心时，可完全揭开无纺布，早茬口秧床的无纺布可回收继续用于晚茬口秧床，质量较好的无纺布头年使用后也可回收于第二年再次使用。如遭遇长时间 20℃以下的低温，则需加盖薄膜保温。无纺布覆盖大大促进了秧床控温保湿效果，其可以有效控制迟栽茬口秧床温度，避免高温烧苗，也可保证秧床的湿度，减少水分蒸发，为秧苗生长提供优良的温湿度环境，大大减少人工频繁管水的烦琐工序，具有省工、省本的作用。

f）秧床水肥管理。

水分管理：推荐采用干湿交替管理。3 叶期前要求速灌速排，严禁长期淹水，以防烂种烂苗。整个秧苗生长期，应采用干湿交替灌溉，秧苗浇一次透水后自然落干或排水保持土壤湿润，之后视情况于盘面泥土泛白时再浇透水一次，反复如此管理。

肥药管理：揭开无纺布后，应及时用药防治立枯病、绵腐病、稻瘟病。对于已发生绵腐病的秧床建议用铜高尚或瑞苗清等于晴天早晚喷施，连续施药 2～3 次。移栽前 5～7 天，采用尿素 15～20 g/m² 作送嫁肥，同时施送嫁药，以保证秧苗生长旺盛，带肥带药入田。施肥时应采用兑水浇施或秧床保持适当水层后撒施，施用时间应选择阴天或晴天傍晚，切忌晴天高温时施用。

适栽秧龄：早茬口秧苗 30 天左右秧龄，迟茬口秧龄 25 天左右，秧苗可达到生长均匀，颜色嫩绿，白根数多，盘根力强，适栽性好。

（8）泥浆育秧技术要点

a）制作苗床。耕耙好的秧田沉实 1～2 天后作湿润秧厢，厢面宽 1.4 m，沟宽 0.6 m，取土前厢沟内保持半沟水，确保沟内泥浆不板结。晾晒到厢面沉实，摆秧盘前还要铲高补低，刮平厢面，保证厢面平实。

b）铺放秧盘。在做好的秧床上按秧盘长边及与秧床长边垂直的方式横摆两排秧盘，使秧盘与秧盘之间相互对齐靠紧，软盘飞边重叠，盘底紧贴秧床泥面，尽量保证平直，空隙处用泥土填实，防止秧盘变形影响秧块尺寸。

c）装填盘泥。育苗伴侣等细粉末状育秧肥作底肥，每盘 15～20 g，均匀撒于盘底，然后从厢沟中取泥浆填入秧盘，填至盘沿为止。装入育秧盘的泥浆剔除石子、植物根茎等硬物杂质，然后刮平。

d）精量播种。秧盘内无明水后，分厢按每盘播 60～90 g 杂交稻种子均匀播种。可采用分次撒播、细播、匀播，也可用播种器进行精量播种，保证播种均匀。

e）踏谷入泥。播种后对露出泥面的种子踏谷入泥，或者用细土、锯末、基质覆盖。用 70%的敌克松兑水 600～800 倍液均匀喷施杀菌。

f）覆盖。稻种踏谷入泥后，用竹片在秧床上搭建均匀一致的拱棚，拱棚顶高 40～60 cm，拱棚四周农膜用泥土压实。或者直接平铺无纺布于秧厢盘面，如果温度低于 15℃，则在无纺布上面加盖地膜。覆盖完毕，整理厢沟和秧田四周围沟，确保水系畅通。

g）科学管水。播种后排出厢面积水，促进发芽扎根。播种后至秧苗 3 叶期保持厢沟有水，厢面湿润。在 3 叶后放干厢沟积水，实行水育旱管，促进盘根。如遇倒春寒，灌拦腰水护苗，气温正常后排水透气。

h）苗期追肥。秧苗 2 叶 1 心施"断奶肥"，按每 667 m² 秧田用 500 kg 沼液或腐熟清粪水兑 2.5～3.0 kg 尿素泼施。移栽前 3～4 天施送嫁肥，按每 667 m² 秧田用 750 kg 沼液或腐熟清粪水兑 8～10 kg 尿素泼施。

i）防病害。在秧苗生长到 1.5 叶时，用 70%敌克松兑水 600 倍液均匀喷施防治立枯病。栽插前 1～2 天，用 20%三环唑兑水 750 倍液喷苗，预防稻瘟病。

3. 本田栽插

（1）精细整地

机插水稻的大田整地质量要做到田平、泥软、肥匀。通过旋耕机、水田驱动耙等耕整机械对田块进行耕整，达到田面平整，全田高低差以不超过 3 cm 为宜，田面整洁，无杂草杂物，无浮渣等，表土上细下粗，上烂下实。为防止壅泥，水田整平后需沉实，沙质土沉实 1 天左右，壤土沉实 1～2 天，黏土沉实 2～3 天，待泥浆沉淀、表土软硬适中、作业时不陷机，保持薄水机插。

（2）插秧机准备

在准备插秧前，应选用维护保养合格的插秧机，并再次检查以保证液压系统的升降灵敏，行驶部分的主离合器、转向离合器能正常离合，取秧口的间隙、秧针的压出时间与使用说明书规定一致，其余各紧固部件应无松动。加足燃油和润滑油（水冷式发动机还需加足冷却水）备用。按照作业质量要求，根据秧苗密度，确定适宜的取秧量，调整纵向取秧量和横向取苗次数，并根据田块情况，调整株距档位，调整栽插深度。在田中试插一段后，检查取秧量、株距和插深是否符合作业质量要求。若不符合要求，应再次进行调整，确保达到作业质量和标准要求。

（3）插秧机使用

插秧机田间转移时启动发动机，工作手柄置于提升状态，缓慢驶入待插田块后，工作手柄置于下降状态，准备装秧。田间转弯时，应停止栽插部件工作，并使栽插部件提升。经过田间水沟和田埂时，工作手柄置于提升状态，保持直线、垂直于田间水沟和田埂，缓慢行驶。

划印器使用方法：拨开下次插秧一侧的划印杆，使用划印器划印。转向前，收回划印器。插下一趟时，插秧机中间标杆对准划印器划出的线，同时拨开下次插秧侧的划印杆，使用划印器划印。

侧对行器使用方法：插秧时把侧浮板前方的侧对行器拉开对准已插好的秧苗行，保证邻近行距与标准行距一致。

（4）装秧与秧苗补给

装秧：首次装秧时，将秧箱移到插秧机的最左或最右侧后装秧。秧块放置在秧箱上，应展平，秧块底部紧贴秧箱。秧块放好后，将压苗器压下，压苗器压紧程度达到秧苗能在秧箱上滑动，而不上下跳动。

秧苗补给：秧苗在达到补给位置之前，就应及时补给。补给秧苗时，应注意剩余秧块端面与补给秧块端面对齐。补给秧苗时，若秧块长度超出秧箱，应拉出秧箱延伸板，防止秧块往后弯曲断裂。补给秧苗时若秧箱内各行都有秧苗，不必把秧箱移动至最左或最右侧。

（5）作业行进路线选择

作业前弄清田块形状，确定插秧方向。作业路线选择：其一是先在田块周围留有一个工作幅宽的余地，田块中间插完后，插秧机沿田块边进行插秧作业，并驶出田块。其二是第一行直接紧靠田埂边栽插，田块两端转弯处留有两个工作幅宽，田块中间插完后，靠田埂最后直行留一个工作幅宽，两端插完后，驶出田块。

当田块宽度为插秧机工作幅宽的非整数倍，或田块形状不规则时，应在最后第二趟，根据需要停止一行或数行插秧工作，保证最后一趟满幅工作。

（6）栽插基本苗、密度和抓秧量

机插秧群体起点低，栽插适宜基本苗为 45 万～60 万株/hm²，栽插密度为 15.0万～18.0 万穴/hm²，抓秧量=基本苗数/合理栽插穴数，适宜抓秧量为 3～4 苗。同时要提高栽插的均匀度。

（7）栽插质量要求及补苗

栽插时严防漂秧、伤秧、重插、漏插，把漏插率控制在 5%以内，连续缺穴 3穴以上时，应进行人工补插。栽插深度以秧块表土面不低于田面 1.5 cm 为宜。机插后及时进行人工补缺，以减少空穴率和提高均匀度，确保基本苗。

4. 本田管理

（1）水分管理

栽插时水层深度为 1～2 cm，不漂不倒不空插。机插秧苗小，以浅水湿润灌溉为主，分蘖期应浅水勤灌。穗数 85%时自然断水落干晒田，反复多次晒田至田中裂小口。水稻孕穗、抽穗、灌浆结实期间歇灌水。

（2）平衡施肥

视稻田肥力而定，一般视土壤施纯氮 150～180 kg/hm^2，氮、磷、钾配比为 2∶1∶1.6，氮肥基肥、分蘖肥、穗肥比例为 4∶2∶4 或 5∶2∶3，钾肥基肥、分蘖肥、穗肥比例为 5∶0∶5。

（3）防治病虫害

根据当地病虫测报和田间观察调查，及时防治螟虫、稻苞虫、稻飞虱、稻瘟病、稻纹枯病、稻曲病等，坚持预防为主、综合防治。

5. 收获

当全田 95%以上的稻谷黄熟时，及时抢晴天收割。

三、杂交稻优化定抛栽培技术规程

（一）范围

本标准规定了水稻优化定抛栽培的育秧、抛栽、肥水管理、病虫草害防治、收获等田间操作技术。

本标准适用于四川及类似生态区，且水源基本有保证、排灌方便、耕层深厚、保水保肥力强的稻田。

（二）术语和定义

1. 优化定抛

优化定抛是指采用旱育壮秧，按预设行穴距或抛栽位点，将带土秧苗分穴定点抛栽，使秧苗在田间呈相对均匀分布，并优化集成施肥、灌溉等的一项栽培技术。

2. 免耕留茬

免耕留茬是指在上一季作物收获后未经翻耕犁耙和去除前作立茬秸秆的稻田，使用除草剂灭除杂草后，灌水并施肥沤田，在立茬秸秆间抛栽水稻秧苗的稻田处理方式。

（三）栽培技术

1. 品种选择

当地推广的主栽品种均可应用，以高产、优质、多抗的大穗型品种更为适宜。

2. 育秧技术

（1）育秧方式

旱地育秧按水稻旱育秧栽培技术规程进行，培育中长龄即叶龄 4～8 叶、秧龄 30～55 天的壮秧。塑料钵体软盘育秧的适栽秧苗为叶龄 4～6，秧龄 30～40 天。旱育秧型旱育保姆育壮秧，籼稻品种选用籼稻专用型，具体操作参考使用说明。

（2）播种技术

a）大田用种量。优质杂交稻 15 kg/hm²。

b）苗床地选择与耕整。苗床地尽量与本田邻近，选择蔬菜地，或在本田留一定面积作苗床。4～8 叶龄秧苗秧本比为 1∶（11～18），苗床地面积 40～60 m²。翻耕耙平后按 DB51/T 277—1998 技术要求制作苗床。苗床采用少免耕旱育秧则于播种前，按 2 m 开厢做好苗床，苗床宽 1.6 m，工作走道宽 0.4 m，将苗床表面 3 cm 土壤刮到走道上用于盖种，刮平苗床表面。

c）播种。旱育秧种子采用药肥缓释高吸水种衣剂（旱育保姆）包衣，将包好的种子均匀撒播在苗床上。塑料钵体软盘育秧则用床土调理剂配制营养土再播种。播种完毕后覆盖细土，然后用喷壶浇湿，最后喷施旱育秧田专用除草剂。

（3）苗床管理技术

a）出苗期。一叶一心期，未用旱育保姆和壮秧剂的秧床，每平方米苗床用 0.5 mg/L 多效唑药液 0.15～0.3 kg 喷苗，要保持床面干燥，不能有积液，免生药害。

b）二叶至三叶期。二叶一心期，每平方米苗床用敌克松 2～3 g 稀释喷苗，防治立枯病。当叶龄达 3 时即可全部揭膜。视苗情在二叶一心期追施"断奶肥"。用尿素 15～20 g/m² 或硫酸铵 50 g/m² 兑水 3～5 kg/m² 喷施，施后喷清水洗苗，防止肥害。

c）四叶至八叶期。土壤不发白、叶片不卷筒不浇水，反之在早晚适度补水。此期各地要根据当地的病虫害种类，及时防治。根据苗情追肥。移栽前 3～4 天每平方米秧床施 15 g 尿素作为送嫁肥。

3. 稻田耕整

（1）翻耕

前作收获后及时泡水、翻耕、耙细、整平后施底肥，再耙一次后保留浅水。

（2）免耕

前作收获后及时泡水，不需翻耕，但要捶糊田坎防止漏水。移栽前 5～7 天，在晴天用国家允许使用的高效、低毒化学除草剂进行化学除草。然后灌水泡田、施底肥，待水层自然落干成浅水或花花水时抛秧。

（3）免耕秸秆留茬还田

免耕条件下，前作麦秆留茬 25～30 cm，油菜秆适当高些，留茬后割下的秸秆先堆放在田边或在田间呈走道式堆放，等秧苗成活扎根立苗后再撒于田间。其余操作同免耕。

4. 抛栽

（1）抛栽秧龄

早熟蔬菜（油菜）田或冬水（闲）田，秧龄 30～40 天、叶龄 4～6。小麦（油菜）田或冬水（闲）田，秧龄 40～55 天、叶龄 6～8。

（2）带土拔（起）秧

带药抛栽。起秧前一天将苗床浇透水。秧龄 40～55 天、叶龄 6～8 带土拔（起）秧，单穴 1～2 株，秧龄越长带土越多，翻耕田单穴带土 20～50 g，免耕田单穴带土 50～100 g。

（3）密度

土壤肥力或施肥水平中等的稻田，密度为 21 万～24 万穴/hm²。土壤肥力或施肥水平较高的稻田，密度为 18 万～21 万穴/hm²。秧龄 40 天以内，基本苗为 45 万～60 万株/hm²；秧龄 40 天以上，基本苗为 75 万～105 万株/hm²。

（4）定抛

开厢定距抛栽。按包沟宽 2.0～2.1 m 开厢，沟宽 20～30 cm，沟深 10 cm。每厢抛栽 7～8 行，行距为 25～30 cm；按秧绳标记确定穴距，穴距 16～20 cm。

分厢定距抛栽。按厢面宽 1.7～1.8 m，厢沟宽 0.3 m，用秧绳分厢，每个厢面抛 7～8 行，目测抛栽穴距，穴距控制为 16～20 cm。

5. 本田管理

（1）水分管理

抛秧后 5～7 天保持田面湿润或花花水以利于立苗。分蘖前期湿润或浅水湿润交替灌溉促进分蘖早生快发；分蘖后期够苗晒田，即当全田总苗数达到 240 万～270 万株/hm² 时排水晒田，反复多次晒田至田中裂小口。

中期（穗分化至抽穗扬花），2 cm 左右浅水层或湿润灌溉促大穗。

后期（灌浆结实期），干湿交替灌溉，养根保叶促灌浆，不宜过早断水。

（2）平衡施肥

视稻田肥力而定，一般视土壤施纯氮 150～180 kg/hm^2，氮、磷、钾配比为 2∶1∶1.6，氮肥中基肥、分蘖肥、穗肥比例为 5∶3∶2，或基蘖肥氮∶穗肥氮＝6∶4，施用钾肥比例为 5∶0∶5。

（3）防治病虫害

坚持预防为主、综合防治。根据病虫监测预报结果，实行达标防治和预防。

6. 收获

当全田 95%以上的稻谷黄熟时，及时抢晴天收割。

四、麦（油）-稻水旱轮作模式周年高产高效栽培技术规程

（一）范围

本标准规定了麦（油）-稻水旱轮作周年高产高效栽培模式的茬口衔接、品种选择、耕地与整地、播期安排、种植规格、肥水管理、病虫草害防治、收获等田间操作技术。

本标准适用于四川等西南麦（油）-稻两熟区域，适用于水源基本有保证、排灌方便、耕层深厚、保水保肥力强的稻田。

（二）术语和定义

1. 麦-稻种植模式

麦-稻种植模式是一种稻田水旱轮作多熟种植制度，即小麦收后种水稻，达到一年两熟。

2. 油-稻种植模式

油-稻种植模式是一种稻田水旱轮作多熟种植制度，即油菜收后种水稻，达到一年两熟。

3. 水旱轮作

水旱轮作是指在稻田上，一年内种植一季水稻和一季及以上旱地作物的轮作方式。

（三）周年高产高效技术经济指标

1. 麦-稻模式

小麦有效穗数 20 万～30 万穗/667 m^2，每穗实粒数 35～40，千粒重 42～52 g，

产量 400 kg/667 m² 以上；水稻有效穗数 12 万～16 万穗/667 m²，每穗实粒数 150～180，千粒重 27～32 g，产量 600 kg/667 m² 以上。模式周年粮食产量 1000 kg 以上，纯收益比大面积提高 100～200 元/667 m²。

2. 油-稻模式

直播油菜单株有效角果数 300～350 个，每角实粒数 16～18，千粒重 3.5～4.0 g，每 667 m² 角果数 300 万～350 万个，籽粒产量 170 kg 以上；育苗移栽油菜单株有效角果数 500～550 个，每角实粒数 15～17，千粒重 3.3～3.8 g，每 667 m² 角果数 330 万～350 万个，籽粒产量 170 kg 以上。水稻有效穗数 13 万～17 万穗/667 m²，每穗实粒数 150～180，千粒重 27～32 g，产量 650 kg/667 m² 以上。模式纯收益比大面积提高 150～250 元/667 m²。

（四）麦-稻模式栽培技术

1. 茬口安排

（1）品种选择

适合该模式的小麦品种宜选用高抗条锈病、抗白粉病、耐肥抗倒、丰产性好的中熟品种，水稻宜选用高产、优质、多抗的大穗型品种，机插水稻选择生育期为 130～140 天的中早熟高产优质水稻品种。播前晒种，根据区域内病虫害发生情况进行小麦种子处理。

（2）茬口衔接

小麦的生长时段为 10 月下旬至翌年 5 月中下旬，水稻生长时段为 3～9 月，其中秧田期为 30～55 天。小麦高产播期为 10 月 25 日～11 月 5 日，在此范围内春性较强的品种应适当推迟，春性较弱、生育期相对较长的品种应适当提前；同时，川西北偏早，川东南偏迟。川南小麦翌年 5 月上旬收获，川北小麦翌年 5 月中旬收获，川中和川西平原小麦翌年 5 月中下旬收获。小麦收后即抢时栽秧，机插稻按栽插期提前 30 天播种，手插和定抛水稻各地在 3 月中旬至 4 月上旬播种。

（3）耕地与整地

水稻收获前 10 天排水，达到收获时脚踏无印。对于土壤黏重、湿度大的田块，种植小麦宜采用免耕栽培，水稻收获时应齐泥割稻，浅留稻桩，收后不需翻耕，但应及时开沟排湿，主沟宽、深均为 28～32 cm，背沟宽、深均为 23～27 cm，厢沟宽、深均为 18～22 cm，做到厢面宽 3～5 m，化学除草后可免耕种植小麦。对于质地偏砂（壤）、排水良好的稻茬田，可利用旋耕机将稻桩等旋入土壤，同时将地块整平、踏实。旋耕时注意选择适当时机，避免过湿耕作造成的板结。旋耕后开沟划厢，疏松土壤宜采用宽厢浅沟。

水稻在川西平原等有水源保证且土壤平整度较高的田块，可采用免耕。即小麦收获后不翻耕，秸秆可留茬与覆盖结合还田，捶糊田坎防止漏水，抢时灌水泡田、施底肥，待水层自然落干成浅水或花花水时抛栽或撬窝移栽秧苗。其余田块可采用翻耕方式，麦收后及时泡水、翻耕、耙细、整平后施底肥，再耙一次后保留浅水插秧。

2. 播种方式

（1）小麦

免耕露播稻草覆盖采用 2BJ-2 型简易人力播种机播种，露播后均匀覆盖稻草，每 667 m² 用干稻草 300～400 kg。对前作的要求是：水稻采用人工刈割、机器脱粒，水稻收后将稻草自然堆放，于小麦播前用刀具将其切碎，一分为三或一分为四。播前需要平整田面，铲填低凹处，割除过高稻桩。

半旋机播采用 2BFMDC-6、2BFMDC-8 型播种机，一次性完成半旋、播种、施肥、盖种、还草等工序。播种行距 22 cm，开沟宽度 5～6 cm，播种深度 3～5 cm。对前作的要求是：水稻收获前注意排水晾田，并用"久保田"半喂入式收割机收获水稻，将秸秆切成 6～8 cm 的小段，自然铺撒于田间。

全层旋耕播种在旋耕碎土基础上选择 2BJ-2 型简易人力播种机播种，或全层旋耕播种机播种，播种深度控制在 3～4 cm。

（2）水稻

水稻育秧方式推荐采用旱育秧和机插稻育秧技术，旱育秧每 667 m² 大田用种 1 kg 左右，培育秧龄 40～55 天、叶龄 6～8 的多蘖壮秧，机插稻育秧每 667 m² 大田用种 1.5 kg 左右，培育秧龄 30～35 天、叶龄 4～5 的矮健壮秧。

栽插方式有手插、定抛和机插秧三种，参照前述相应技术规程进行。

3. 种植密度

1）小麦密度为基本苗 12 万～16 万株/667 m²，大粒型品种（千粒重 45～50 g）播种量 9～11 kg，中小粒型品种（千粒重 45 g 以下）播种量 7～9 kg。

2）水稻手插按宽行窄株或宽窄行栽插，密度为 1.0 万～1.5 万穴/667 m²，基本苗达到 6 万～8 万株/667 m²；定抛行距 25～30 cm，穴距 16～20 cm，密度为基本苗达到 5 万～7 万株/667 m²；机插秧栽插密度为 1.3 万～1.5 万穴/667 m²，穴栽 2～4 苗。

4. 养分管理

1）施肥总量及分配：周年施纯氮 21～25 kg/667 m²，其中，小麦 10～12 kg/667 m²，水稻 11～13 kg/667 m²。小麦 N：P_2O_5：K_2O=2：1.2：1，氮肥底肥：拔节肥=6：4，磷钾肥全部用作底肥一次性施用，每 667 m² 可配施渣肥 1000～1500 kg，优质人畜粪水 2000～3000 kg。水稻 N：P_2O_5：K_2O=2：1：1.6，氮肥底

肥：分蘖肥：穗肥=4：2：4，钾肥底肥：穗肥=5：5。

2）施肥方法　小麦免耕播种底肥在播种之前撒施；半旋机播肥料放入种肥厢，肥料和种子一前一后、一深一浅进入旋耕土层，种肥分离；全层旋耕底肥在旋耕前撒施，随旋耕混入土壤。追肥结合灌拔节水进行，在灌水后 1 天、田中保有余水之时，进行撒施。水稻底肥在泡田时施用。

3）肥料种类　小麦机械化播种宜选择颗粒复合肥。追肥可用尿素、碳酸氢铵、磷铵等。

5. 水分管理

1）小麦在秋雨较多的年份，播种及出苗阶段水分管理的重点是排渍降湿，以免烂种；秋干年份，可在播前或刚播种之后灌一次"跑马水"。拔节前后灌一次拔节水；丘陵稻茬田在灌浆成熟阶段注意清沟排湿。

2）水稻分蘖前期湿润或浅水湿润交替灌溉促进分蘖早生快发；分蘖后期够苗晒田，即当全田总苗数达到 13 万～15 万株/667 m^2 时排水晒田，反复多次晒田至田中裂小口。在拔节期复浅水施穗肥，穗分化至抽穗扬花保持 2 cm 左右浅水层或湿润灌溉促大穗。灌浆结实期干湿交替灌溉，养根保叶促灌浆，不宜过早断水。

6. 病虫防治

（1）小麦

化学除草　免耕麦田应在播前 7～10 天选用灭生性除草剂除草，小麦苗期（12月上旬）再进行一次化学除草，选用选择性除草剂，重点防控麦麦草、棒头草、锯锯藤等杂草。

赤霉病防控　在小麦抽穗扬花阶段，如气温达到 15℃ 左右，气象预报连续 3天有雨，或 10 天内有 5 天以上是阴雨天气，或有大雾、重露时，应选择适宜的杀菌剂预防赤霉病，在齐穗-初花期（开花株率 10% 左右）喷药。在防治赤霉病时，若蚜虫达到了防治标准（田间蚜穗率 20%～30%），可加入灭蚜药剂，混合喷药。

后期"一喷多防"　在 4 月中下旬，每 667 m^2 用 100 g 磷酸二氢钾、20 g 10%的吡虫啉和 70 g 15%的粉锈宁可湿性粉剂，兑水 30 kg 混合喷雾。喷药后 5～7 天，查看药效。对蚜虫发生较重田块，视实际情况再单独防治一次，每 667 m^2 用 20～30 g 10%的吡虫啉，或 15～20 ml 溴氰菊酯乳油，兑水 30 kg 喷雾。

（2）水稻

坚持预防为主、综合防治。根据病虫监测预报结果，实行达标防治和预防。

7. 收获

小麦于蜡熟末期收获，提倡完熟初期用半喂入式收割机收获，收获过程中将麦秆切碎抛洒，利于秸秆还田操作和下茬水稻栽插。小麦收后应及时晾晒扬净，含水量低于 12.5% 时进仓储藏，预防霉烂。

当全田 95% 以上的稻谷黄熟时，及时抢晴天收割，提倡采用机械收割。

（五）油-稻模式栽培技术

1. 茬口安排

（1）品种选择

适合该模式的油菜品种宜选用优质、高产、多抗、适应性强的品种，全生育期在 225 天以内，播前晒种，针对当地病虫害可能发生的程度，选择 10%～15% 食盐水浸种 2～3 min（清除上浮的病种和菌核）、药剂拌种（5% 多菌灵或 70% 甲基托布津）或种子包衣处理，再进行播种。机插水稻选择全生育期为 140～150 天的中熟高产优质水稻品种。

（2）茬口衔接

油菜的生长时段为 9 月中下旬至翌年 5 月上中旬，水稻生长时段为 3～9 月，其中秧田期为 30～55 天。育苗移栽油菜高产播期一般在 9 月上中旬，直播油菜推迟 15～20 天，播期一般为 9 月下旬至 10 月初，在此范围内，中迟熟品种偏早，早熟品种偏晚，川北偏早，川南偏晚。川南油菜翌年 4 月中下旬收获，川西、川中和川北翌年 5 月上中旬收获。

（3）耕地与整地

水稻收获前 7～10 天排干田水，收获后适时翻耕晒垡，开好主沟和背沟，主沟深 40～45 cm、宽 25～30 cm，背沟深 30～35 cm、宽 25～30 cm，待栽植前 7 天内再耕耙 1～2 次，做到深、细、平、匀，然后作厢，厢面宽 1.5～3.0 m，厢沟宽、深均为 25～30 cm。对于免耕种植油菜地块，水稻生育期推行节水灌溉，收获前 7 天左右排干田水，选择土壤水分适宜时，直接划厢开沟，把沟土提到厢面上，整平耙碎后，在厢面上直播或移栽。对于排水较好的田块，开沟深度可稍浅，黏重土壤以深沟窄厢好，疏松土壤厢面宜采用宽厢浅沟。直播或移栽前 7 天，选用灭生性除草剂除草。水稻整田方式同麦-稻模式。

2. 播种方式及种植密度

（1）直播

可采取人工撒播或机械条播方式。种子用量 150～200 g/667 m^2，在此范围内，播期早，种子量宜少，播期偏晚，种子量适度增加。人工撒播时可将种子与炒熟的商品油菜籽 1 kg 或颗粒状尿素 5 kg 混合均匀，分成四等份，全田来回重复 4 次均匀撒播，或分厢定量均匀撒播。在油菜二至三叶期间苗、匀苗，五叶期定苗和补苗，撒播油菜定苗后的密度控制在 0.9 万～1.1 万株/667 m^2。

（2）育苗移栽

育苗选择土壤肥沃、质地疏松、地势平坦、排灌方便且 2～3 年内未种过油菜或十字花科植物的旱地做苗床，苗床与大田面积比按 1：（5～6），播前 7 天内耕整苗床，每 667 m² 用土杂肥 400～500 kg，加过磷酸钙 25～30 kg、硼砂 1.0 kg，肥与土充分混匀。每 667 m² 苗床播种量 0.5 kg。播前浇足底墒水，播后看墒情浇水 1～2 次，直至出苗。齐苗至第 1 片真叶时间苗，3 片真叶时定苗，苗间距 6～8 cm。定苗后每 667 m² 施腐熟人畜粪尿 250～500 kg，或用尿素 4～5 kg 兑水施用，结合喷施 150 mg/kg 多效唑或 20 mg/kg 烯效唑，培育矮壮苗。苗床期发现蚜虫、菜青虫为害应及时喷药防治，移栽前 5～7 天可每 667 m² 追施尿素 3 kg，做到带肥、带药、壮苗移栽。

秧龄 30 天左右移栽。移栽前 1 天应将苗床用水浇湿，取苗时多带土、少伤根。可采用撬窝或挖窝移栽，可采用宽窄行或等行距移栽，宽行 40～50 cm，窄行 20～25 cm，株距 20 cm，或等行距 40 cm×25 cm、33 cm×33 cm，每窝单株，移栽密度为 0.6 万株/667 m²，栽植后 7 天视成活情况进行补苗。水稻种植方式同麦-稻模式。

3. 养分管理

周年施纯氮 20～24 kg/667 m²，其中，油菜 10～12 kg/667 m²，水稻 10～12 kg/667 m²。油菜 N：P_2O_5：K_2O=2：1：1，另用硼砂 1.0～1.5 kg/667 m²，提倡施用有机肥，每 667 m² 可配施渣肥 1000～1500 kg、优质人畜粪水 2000～3000 kg。有机肥、磷肥、硼肥、60%～70% 的氮肥、50%～60% 钾肥作为基肥，在整地或播种时施用，生育期内追肥 2～3 次，做到早施苗肥，重施开盘肥或腊肥，酌情叶面喷施促花肥。直播油菜在定苗之后、移栽油菜在返青成活后及时施用苗肥，占氮肥总用量的 10%～15%；11 月底或 12 月中下旬施开盘肥，包括速效氮肥（占氮肥总用量的 15%～30%）和钾肥（占钾肥总用量的 40%～50%）；蕾薹后期到开花期可根据田间长势喷施叶面肥 1～2 次，每次 667 m² 用磷酸二氢钾 400～500 g 兑水 40～50 kg。水稻底追比例及时期同麦-稻模式。

4. 水分管理

油菜苗期如遇干旱，应及时引水沟灌，沟灌水面略低于厢面，如遇多雨天气，及时开沟排水。油菜移栽后浇定根水，保持土壤湿润，促进返青；进入蕾薹期后，应注意排水；大寒至立春干旱时可灌一次跑马水，严重干旱时应提前灌水；开春后雨水较多，应及时清理三沟，减轻渍害和冻害。水稻水分管理同麦-稻模式。

5. 病虫草害防治

油菜上主要防治菌核病、霜霉病和蚜虫、菜青虫等病虫害，菌核病防治可在油菜初花期后 7 天进行，抽薹期注意防治霜霉病，蚜虫主要在苗期、抽薹开花期、青荚期发生危害，川西平原还应注意防治根肿病。免耕栽培油菜注意播前进行化学除草，苗期化学除草时，应根据杂草种类选择相应的专用除草剂。水稻病虫草害防治同麦-稻模式。

6. 收获

油菜人工收割以黄熟期为宜，即全株有 2/3～4/5 的角果呈现黄绿至淡黄色，主轴基部角果呈枇杷黄色，种皮呈黑褐色时进行。油菜植株割倒或砍倒露晒后熟 5～7 天后，选晴天收打。直播油菜采用机械联合收获，宜在完熟期进行，此时叶片干枯脱落，全田 90% 以上油菜角果外观颜色全部变黄色或褐色，油菜籽种皮呈固有颜色。直播或移栽油菜均可采用分段二次机械脱粒，即人工割（砍）秆后熟 5～7 天后再利用油菜联合收割机脱粒，按要求安装油菜专用割台等，调整工作参数。

水稻收获适期为全田 95% 以上的稻谷黄熟时，提倡采用机械收割。

第二节　超级稻品种精确定量栽培技术

一、超级杂交稻 F 优 498 高产栽培技术

F 优 498 是四川农业大学水稻研究所以外引不育系江育 F32A 为母本，以恢复系蜀恢 498 为父本杂交组配而成的籼型三系杂交稻组合，2011 年通过国家农作物品种审定委员会审定。据《农业部办公厅关于发布 2014 年超级稻确认品种的通知》（农办科〔2014〕12 号），该品种被确认为 2014 年超级稻品种。该品种全生育期比四川主推中籼迟熟杂交稻品种短 7～10 天，分蘖力中等，穗型大，机插产量高，适应多种种植制度和栽植方式，其精确定量高产栽培技术如下。

（一）培育壮秧

F 优 498 的分蘖能力为中等偏弱，培育适龄叶蘖同伸、移栽时主茎保持 4 片以上绿叶的壮秧十分重要。培育壮秧的关键是扩大播种面积，稀撒匀播，秧本比旱育秧为 1：（10～15），湿润育秧为 1：（8～12），机插秧为 1：80，确保在分蘖滞增期前移栽。秧床尽量与本田邻近，选择蔬菜地，或在本田留一定面积作秧床。手插或定抛在当地最适播种期播种，培育 5～8 叶龄的壮秧，机插则按移栽时间提前 30 天左右播种。手插或定抛每 667 m^2 用稻种 0.8～1.0 kg，机插用稻种 1.3～

1.5 kg。通过分次施肥、化控、病虫草害防治等措施确保秧苗健壮生长。对于长秧龄栽插，一叶一心期每平方米苗床用 0.5 mg/L 多效唑药液 0.15～0.30 kg 喷苗确保矮健多蘖。视苗情在二叶一心期追施"断奶肥"，用尿素 10～15 g/m² 兑水 3～5 kg/m² 喷施，施后喷清水洗苗，防止肥害。移栽前 4～7 天施尿素 8 kg/667 m² 作送嫁肥。

（二）适时移栽，栽足基本苗

由于 F 优 498 分蘖力偏弱，叶片较长大，后期容易披垂，因此有效穗数不宜太高，近几年高产田有效穗数通常在 13 万～16 万穗/667 m²，手插略低，机插和定抛略高。每 667 m² 需栽适龄带蘖秧苗 1.5 万～2.0 万株才能达到上述有效穗数。人工移栽时采用宽行大穴方式，按行距 33.3 cm、穴距 20.0～26.7 cm 进行浅插或定抛，每 667 m² 栽 0.75 万～1 万穴，穴栽（抛）基本符合叶蘖同伸的壮秧 2 株。在浅（薄）水时栽秧，出手要轻，栽插要浅。定抛要确保秧苗带土，保证分蘖节入土或半入土，以利成活和抗倒伏。机插行距为 30 cm，穴距为 18～25 cm，每穴苗数 3～4，将漏苗率控制在 5% 以内。

（三）氮肥后移，钾肥中移，确保大穗

要保证 F 优 498 高产，穗大粒多是主要途径。近几年 700 kg 以上的高产示范田，每穗颖花数通常在 180 以上，高的达到了 230 以上，结实率也多在 90%，要达到上述高颖花数目标，施肥是最关键的环节。在高产栽培条件下，每 667 m² 需施纯氮 11～14 kg，N : P_2O_5 : K_2O 为 1 : 0.5 : 0.8，施磷肥折 P_2O_5 为 5.5～7 kg，施钾肥折 K_2O 为 9～11 kg。基蘖肥氮 : 穗肥氮为 6 : 4 或 5 : 5，其中，基蘖肥按基肥氮 : 分蘖肥氮为 7 : 3，穗肥按促花肥氮 : 保花肥氮为 6 : 4 的比例施用。钾肥分基肥和促花肥 2 次施用，各占 50%。分蘖肥在返青后立即施用，促花肥在主茎拔节期施用，保花肥在叶龄余数为 1.5 时施用。

（四）有氧灌溉，防衰抗倒

由于 F 优 498 在高产条件下抗倒伏能力不是很强，加之后期叶片易早衰，因此，需要通过灌溉增强其防衰抗倒伏能力。移栽后水分管理的关键是促进扎根，采用干湿交替灌溉，两次灌水之间，自然落干通气。在主茎叶龄为 10 左右时，或群体茎蘖数达到预定有效穗数的 80% 时开始晒田，直至拔节后幼穗开始分化，分次晒田，先轻后重。第一次轻晒田，晒至田面不裂缝、不陷脚时复水，水层深度 3～4 cm。经历 5～7 天水分自然落干后，进行第二次重晒田，晒田程度达到田边发白、中间不发白、田面泛白根为止。第二次晒田后，可视情况再进行多次轻晒田。从幼穗开始分化到抽穗后 25 天浅水勤灌，以浅水层和湿润为主，切忌长期保持水层，避免使土壤再次恢复到陷脚状态。若在幼穗分化前的晒田期间遇阴雨，田面未晒板实，到幼穗开始分化时还陷脚，可继续进行多次轻晾田，直到叶龄余数为 2.5 时停止晾田，再实行浅水勤灌。抽穗后 25 天到成熟，以湿润为主，养根保叶。

（五）防治病虫草害

根据当地病虫测报和田间观察调查，及时防治螟虫、稻苞虫、稻飞虱、稻瘟病、稻纹枯病、稻曲病和杂草等，坚持预防为主、综合防治。

二、超级杂交稻宜香优 2115 高产提质栽培技术

宜香优 2115 是四川农业大学、四川省绿丹种业有限责任公司等以宜香 1A 为母本，以雅恢 2115 为父本杂交组配而成的籼型三系杂交稻组合，2012 年通过国家农作物品种审定委员会审定。该品种 2014 年、2015 年连续 2 年被农业部遴选为主导品种。据《农业部办公厅关于发布 2015 年超级稻确认品种的通知》（农办科〔2015〕16 号），该品种被确认为 2015 年超级稻品种。近年来，依托国家粮食丰产科技工程、农业部公益性行业科研专项、优质稻米现代产业链关键技术集成研究与产业化示范等项目，按精确定量栽培的原理，围绕宜香优 2115 的高产提质栽培进行了系统研究与示范，取得了产量、品质和效益的协同提升，现对宜香优 2115 高产提质栽培技术总结如下，以期为该品种的大面积推广提供参考。

（一）适应生产经营主体需要，采取多样化栽植方式

近年来，我国家庭农场、"龙头企业+合作社+基地+农户""合作社+基地+农户"、"合作社+基地+家庭农场"等新型农业经营体系得到快速发展，水稻生产专业化、机械化和规模化进程加快。截至 2013 年，四川省发展农民合作组织 3.7 万个，覆盖了全省 56% 左右的行政村，发展家庭农场 5513 家。宜香优 2115 因产量潜力较高且稳定、稻米品质好、抗病能力强和生育期适中而受到规模化生产与经营主体的青睐，许多生产经营公司将宜香优 2115 作为打造优质大米名优品牌如"四川长粒香"、"福临门之宜香优 2115"、"彝海情"等的优选品种。新型规模化经营主体的适宜栽植方式为机械秧。而传统的分散农户种植，可采取旱育秧手插或抛栽，也可采用湿润育秧手插。

（二）精细播种，培育适栽健康秧苗

宜香优 2115 F_1 代种子千粒重大，为 27.0～28.0 g，需要精细播种，适当稀播匀播。机插秧按秧本比 1∶80 准备秧田，采用全自动播种流水线完成铺底土、洒水、播种、盖土等工序。播种量为 60～80 g/盘，播种均匀度≥90%。成苗 1.0～1.5 株/cm^2，秧苗群体质量均衡，无明显弱苗、病株和虫害，根系盘结牢固，盘根

带土厚薄一致，秧苗韧性强、弹性好，秧块柔软能卷成筒，提起不断、不散，底面布满白根，形如毯状。

旱育秧按秧本比 1∶（10～15），湿润育秧按 1∶（8～12）培育 5～8 叶龄的壮秧，通过分次施肥、化控、病虫草害防治等措施确保秧苗健壮生长。一叶一心期每平方米苗床用 0.5 mg/L 多效唑药液 0.15～0.30 kg 喷苗确保矮健多蘖。视苗情在二叶一心期追施"断奶肥"，用尿素 10～15 g/m² 兑水 3～5 kg/m² 喷施，施后喷清水洗苗，防止肥害。秧苗在分蘖滞增期前移栽，栽前 4～7 天施尿素 10～15 g/m² 作送嫁肥。

（三）适时早播早栽，确保足穗高产

从高产优质协调来看，抽穗至灌浆结实期的日均气温以 23～27℃为宜，结合气象资料与各地高产实践来看，在四川盆地宜香优 2115 产量品质俱佳的抽穗期在 7 月中旬至 8 月上旬，因此，适宜播种期则为 3 月下旬至 4 月中旬，机插秧龄以 25～30 天为宜。从机械育插秧的播栽期试验也可得到证明，在 4 月 10 日前播种，5 月 11 日前栽插，均达到了高产；在 4 月 20 日播种，5 月 21 日栽插，能稳产；但在此之后迟播迟栽产量会急剧下降，最主要原因在于结实率降低，籽粒灌浆充实不良，也影响碾米和外观品质。

宜香优 2115 穗型较大，但着粒密度稀，穗粒数并不高，同时其叶片较宽大，后期容易披垂，因此必须在协调好穗粒矛盾的基础上，走足穗高产的道路。近几年高产示范田的有效穗数大多为 217.5 万～262.5 万穗/hm²。手插按行距 33 cm、穴距 20 cm 进行浅插，穴栽壮秧 2 株。定抛要确保秧苗带土，保证分蘖节入土或半入土，以利成活和抗倒伏，抛栽 18.0 万～22.5 万穴/hm²，每穴视秧苗素质 1～2 苗。机插规格为 30 cm×（15～17）cm，以栽 20.0 万～22 万穴/hm² 为宜，穴插 2～3 苗，将漏苗率控制在 5%以内。

（四）氮肥后移，钾肥中移

宜香优 2115 为氮高效品种，全生育期叶片宽大且颜色偏淡，一次施氮不宜过高，以免造成叶片披垂，同时其千粒重大，后期易早衰。氮肥后移既可提高分蘖成穗率和结实率，促进灌浆结实而高产，也可进一步提高氮肥利用率。在高产栽培条件下，需施纯氮 150～195 kg/hm²，基蘖肥氮∶穗肥氮为 6∶4 或 5.5∶4.5，其中，基蘖肥按基肥氮∶分蘖肥氮为 7∶3，穗肥按促花肥氮∶保花肥氮为 6∶4 的比例施用。氮肥后移配合浅湿交替灌溉有利于该品种良好株型塑造。分蘖肥在返青后立即施用，促花肥在晒田至主茎拔节期灌浅水施用，保花肥在叶龄余数为 1.5 时施用。

四川等地生产中钾肥常常在晒田复水时，即拔节后 7～10 天施用。此时水稻基部节间已伸长，钾肥发挥强秆抗倒作用已迟。宜香优 2115 高产栽培时施钾适期为主茎拔节期，比传统施钾时间向生育中期前移 7～10 天，即全田 50%稻株主茎

的第一节间伸长 1 cm 左右时施用，施用量为 K_2O 75～105 kg/hm^2。在超高产栽培时，整田时将 75 kg/hm^2 的钾肥（K_2O）作基肥配施；在一般大面积高产栽培中，只在主茎拔节期施用钾肥，既能高产抗倒伏，又能降低成本。水稻生育期间氮磷肥配合施用，在超高产栽培条件下 N：P_2O_5：K_2O 为 2：1：1.6；在大面积高产栽培条件下 N：P_2O_5：K_2O 为 2：1：1。

（五）干湿交替有氧灌溉，防衰抗倒提质

宜香优 2115 叶片宽大，水肥配合不当易导致叶片披垂，后期抗倒伏能力减弱，因此，需要通过灌溉塑造良好株型，增强后期防衰抗倒伏能力，促进籽粒灌浆而增产提质。移栽后采用干湿交替灌溉，两次灌水之间，自然落干通气。在主茎叶龄 11 时，或群体茎蘖数达到预定有效穗数的 80%～90% 时开始晒田，拔节时复浅水施促花肥，之后继续晒田至二次枝梗原基分化。

从幼穗颖花原基分化期到抽穗后 25 天左右以浅湿交替灌溉为主，既不能长期干旱，也不要长期保持水层，避免土壤再次恢复到陷脚状态。若在幼穗分化前的晒田期间遇阴雨，田面未晒板实，到幼穗开始分化时还陷脚，可继续进行多次轻晾田，直到叶龄余数为 1.5～2.0 时停止晾田，再灌浅水施保花肥。抽穗后 25 天到成熟，以湿润为主，养根保叶，确保产量、品质协同提高。

（六）针对性的防治病虫害

宜香优 2115 抗稻瘟病和稻曲病，在大面积种植中可减少农药施用。生产中，根据当地病虫测报和田间观测调查，及时防治螟虫、稻纹枯病和杂草等，坚持预防为主、综合防治。

（七）效益比较

从高产示范片和大面积生产来看，宜香优 2115 高产提质栽培技术可增产 10% 以上，加上机械化生产、节水灌溉、养分高效利用、农药减施等技术，极大地提高了水稻种植效益，比其他品种及配套栽培技术田块可多赢利 3000 元/hm^2，并能通过优质稻产业化开发进一步增加附加值。

第三节　四川精确定量超高产栽培典型案例

一、攀西高海拔地区超高产示范

（一）F 优 498 超高产示范

2013 年，在四川省攀西高海拔地区的典型代表点汉源县九襄镇刘家村 4 组建立了以精确定量（宽行手插）栽培和优化定抛精确定量栽培为核心的集成技术示范片，示范片面积为 7.33 hm²。品种为 F 优 498，3 月 19～22 日播种，旱育秧，4 月 22～27 日移栽。精确定量（宽行手插）栽插行穴距为 33.3 cm×16.7 cm，每 667 m² 栽 1.2 万丛，每丛栽插 2.0 株种子苗。优化定抛精确定量按包沟宽 2.1 m 开厢，厢沟宽 15～20 cm，沟深 15 cm。每厢抛栽 8 行，行距约为 26 cm，窝距为 17 cm，每 667 m² 抛 1.5 万穴，抛栽时窝距拉秧绳确定，每穴视秧苗带蘖情况抛栽单株或双株。每 667 m² 施 N 15～17 kg，按基蘖肥氮：穗肥氮=5：5 比例施用，N：P_2O_5：K_2O 按 2：1：2 的比例施用。

示范片 8 月下旬成熟，田间生长较平衡，目测生长势强，有效穗数较多，穗大粒多，结实率高，成熟落色好，田间病虫危害轻。2013 年 8 月 27 日，受农业部委托，四川省农业厅组织省内外水稻科研、管理和推广专家，对四川农业大学在汉源县九襄镇刘家村 4 组示范的杂交稻 F 优 498 精确定量（宽行手插）栽培与优化定抛精确定量栽培技术超高产示范片进行了田间现场验收。

专家组随机抽取精确定量（宽行手插）栽培技术 2 块田，第一块田实收面积 506.91 m²，实收毛谷 836.05 kg，取样晒干、去杂，折率为 95.95%，水分为 22.3%，换算成 13.5%标准含水量后每 666.7 m² 实收干谷 948.1 kg；第二块田实收面积 509.5 m²，实收毛谷 752.85 kg，取样晒干、去杂，折率为 94.78%，水分为 21.47%，换算成 13.5%标准含水量后每 666.7 m² 实收干谷 847.7 kg。

抽取优化定抛精确定量栽培技术 1 块田，实收面积 629.39 m²，实收毛谷 1022.6 kg，取样晒干、去杂，折率为 94.39%，水分为 20.63%，换算成 13.5%标准含水量后每 666.7 m² 实收干谷 938.0 kg。

验收结果表明，该示范区平均每 666.7 m² 达到了 911.27 kg 的产量，创造了四川省水稻 666.7 m² 高产方产量纪录。

（二）宜香优 2115 超高产示范

2014 年宜香优 2115 示范片也位于汉源县九襄镇刘家村 4 组，面积为 10 hm²。3 月 18～22 日播种，旱育秧，4 月 20～25 日精确定量手插，行穴距为 33.3 cm×16.7 cm，栽 18 万丛/hm²，每丛栽插 2.0 株种子苗。施纯 N 225～270 kg/hm²，N：P_2O_5：K_2O 为 2：1：2。按基蘖肥氮：穗肥氮为 5.5：4.5 比例施用氮肥，其中，基肥：分蘖肥为 7：3，促花肥：保花肥为 6：4。磷肥全作基肥，钾肥分基肥和拔节肥各 50%施用。

2014 年 9 月 17 日，受农业部委托，四川省农业厅组织省内外专家，按《超级稻品种确认办法》对示范片进行了现场实收测产验收，平均产量为 921.0 kg/667 m²，再次刷新了四川省水稻 666.7 m² 高产方产量纪录。

示范片的产量构成因素为：有效穗数 235.5 万穗/hm²，每穗颖花数 184.9，结实率 90.0%，千粒重 36.02 g。高产的原因在于后期株型优良，抽穗后叶片长度依次为倒二叶（73.06 cm）>倒三叶（69.38 cm）>倒四叶（61.93 cm）≈剑叶（59.51 cm）>倒五叶（43.97 cm），且叶片厚而内卷，上挺直立，后期根叶不早衰，结实率和千粒重高，灌浆充实良好，稻米品质也相应得到改善。

二、川西平原区超高产示范

（一）优化定抛精确定量高产示范

从 2008 年开始，将创新的优化定抛栽培的核心技术与引进的精确定量栽培的关键技术进行集成配套，形成了以优化定抛为核心，集高产高效为一体的技术体系。应用技术体系，在郫县、都江堰、彭山等地结合高产创建建立了长期高产示范方，通过高产示范方，完善了适应各生态区的技术参数，为该技术在全省范围内推广奠定了基础，也进一步验证了该技术的稳定性、重演性和高产稳定性。郫县长期定位示范方（表 7-1）表明，优化定抛精确定量栽培技术在保证较高有效穗数的基础上，分蘖成穗率由大面积生产的 50% 提高到了 61.4%～72.0%，结实率由 75%～85% 提高到了 85.83%～96.89%，从而实现了穗多、穗大、结实率高，每 667 m² 产量稳定在 700 kg 以上，高的达到了 800 kg 以上。

表 7-1　郫县优化定抛栽培技术体系高产定位示范方的产量构成

年份	品种	有效穗数（万穗/667 m²）	分蘖成穗率（%）	每穗颖花数	结实率（%）	每穗实粒数	千粒重（g）	理论产量（kg/667 m²）
2008	II优 498	18.44	65.3	161.1	95.9	154.5	30.62	872.1
	川香 9838	18.39	61.4	174.3	85.83	149.6	29.94	823.7
2009	II优 498	17.20	66.5	157.7	93.13	146.9	30.34	766.6
	川农优 498	18.04	62.7	155.3	86.4	134.2	30.31	733.8
2010	II优 498	16.26	67.8	166.3	95.14	158.2	30.22	777.4
	F优 498	14.56	70.4	198.2	86.97	172.7	30.14	757.9
2011	II优 498	17.28	65.9	153.6	96.89	148.8	30.42	782.2
	F优 498	14.14	72.0	196.8	89.15	175.4	31.05	770.1
2012	F优 498	16.51	71.1	178.2	90.82	161.81	30.07	803.3
	宜香优 2115	14.71	64.2	169.7	89.61	152.1	32.9	736.1

表 7-2 是部分超高产田的验收结果，单产均在 740 kg/667 m² 以上，而且表现出了较好的超高产稳定性和重演性。其中的典型是 2008 年郫县古城镇花牌村超高产田（品种为 II优 498），经省级专家现场验收，单产达到了 847.4 kg/667 m²，比成都市产量原纪录 788 kg 提高了 59.4 kg，表明了该技术体系既具有轻简高效的特

点，也具有挖掘区域资源潜力和品种产量潜力的特点，将高产和高效有机结合为一体。

表 7-2　部分优化定抛技术超高产田的验收结果

年份	验收地点	农场和公司	实收面积（667 m²）	实收方法	实收产量（kg/667 m²）	验收组织单位
2008	郫县古城镇	新型主体1	1.176	机械全田收割	847.4	四川省科学技术厅
2009	郫县古城镇	新型主体2	1.06	机械全田收割	760.5	四川省农业厅
2010	郫县德源镇	新型主体3	0.133	人工挖方	798.0	四川省科学技术厅
2012	郫县古城镇	新型主体4	1.00	机械全田收割	794.2	四川省科学技术厅
	都江堰天马镇	新型主体5	2.55	机械全田收割	740.4	成都市统筹城乡和农业委员会
2013	郫县古城镇	新型主体6	0.90	机械全田收割	778.7	四川省科学技术厅
2014	郫县三道堰镇	新型主体7	1.07	机械全田收割	782.0	四川省科学技术厅

（二）机插精确定量高产示范

从 2009 年开始，将精确定量与机插栽培进行了结合，在郫县的古城、德源和三道堰等乡镇开展了杂交稻机插精确定量栽培的高产示范，示范品种包括 II 优 498、F 优 498、宜香优 2115 等 8 个（表 7-3），这些品种中，既有穗数型品种，又有穗重型品种；既有全生育期短于 150 天的品种，又有全生育期长于 155 天的品种；既有高产品种，又有优质品种；大多数为三系杂交组合，川两优 600 则为两系杂交组合。

表 7-3　高产示范品种

年份	地点	品种
2009	古城镇	II 优 498、川农优 498、冈优 188
2010	德源镇	II 优 498、F 优 498
2011	古城镇	F 优 498、II 优 498、川农优 498
2012	古城镇	F 优 498
2013	古城镇	F 优 498、宜香优 2115
2014	三道堰镇	F 优 498、宜香优 2115、旌优 127、内香 6 优 498
2015	三道堰镇	F 优 498、宜香优 2115、川两优 600

示范田块前茬作物主要为蔬菜和马铃薯，土壤属灰棕冲积土母质发育而成的水稻土，质地为轻壤土。播种期为 3 月下旬，移栽期为 4 月上旬至 5 月初，秧龄 32～37 天（表 7-4）。前期采用双膜旱育秧，人工铺土、撒种、浇水和盖土，后期则采用塑盘旱育秧，用播种量可控的全自动水稻育秧播种流水线进行播种。用高速乘坐式水稻插秧机插秧，栽插行距为 30 cm，穴距除 2015 年为 22～25 cm

外，其他为 15～20 cm，每穴苗数除 2015 年为 3～5 外，其他为 2～3 或 2～4。施 N 15kg/667 m²，氮肥运筹方面，经历了从重施基蘖肥至重施穗肥的发展，N：P₂O₅：K₂O 从 2：1：2 回归到了 2：1：1.8。磷肥作基肥一次性施用，钾肥按基肥：穗肥（促花肥）=5：5 施用。整个生育期以浅湿交替灌溉为主，两次灌水之间，自然落干通气，在主茎叶龄为 10～11 时，或茎蘖数达到预定穗数的 80% 时自然落干晒田，直至拔节后 1 周，分次晒田，先轻后重。抽穗后 25 天到成熟，以湿润为主，养根保叶。

表 7-4　示范田关键栽培技术

年份	秧龄 （天）	栽插规格 （cm×cm）	每穴 苗数	施肥		
				纯 N（kg/667 m²）	基蘖肥 N：穗肥 N	N：P₂O₅：K₂O
2009	35	30×（18～20）	2～4	15.0	7：3	2：1：2
2010	37	30×（15～17）	2～3	15.0	6：4	2：1：2
2011	34	30×（17～19）	2～4	15.0	6：4	2：1：1.8
2012	32	30×（17～19）	2～4	15.0	5.5：4.5	2：1：1.8
2013	35	30×（15～17）	2～3	15.0	5.5：4.5	2：1：1.8
2014	34	30×（17～19）	2～4	15.0	5.5：4.5	2：1：1.8
2015	33	30×（22～25）	3～5	15.0	5.5：4.5	2：1：1.8

郫县高产示范方部分田块的产量构成如表 7-5 所示。2009 年，理论产量为 724.7 kg/667 m² 水平。2010～2012 年，保持了多穗和大穗的协调发展，结实率达到了 90% 左右，千粒重也稳定在 30 g 左右，从而使理论产量突破了 800 kg/667 m² 大关，最高达到了 859.4 kg/667 m²。2013 年因在穗分化期遭遇持续阴雨寡照天气，穗小粒少，产量较低。2009～2013 年，高产示范田均有不同程度倒伏的田块，因此，2014～2015 年进一步探索了通过降低栽插穴数、提高每穴苗数，稳定有效穗数在 15 万穗/667 m² 左右，将每穗颖花数提高到 200 左右，结实率提高到 90% 以上，从而实现了产量达 800 kg/667 m² 以上，群体结构也更加合理，倒伏风险减少。

表 7-5　郫县机插秧示范田部分品种的产量构成

年份	品种	有效穗数 （万穗/667 m²）	每穗 颖花数	结实率 （%）	每穗 实粒数	千粒重 （g）	理论产量 （kg/667 m²）
2009	冈优 188	15.49	176.9	87.3	154.4	30.3	724.7
2010	II 优 498	16.66	184.8	89.6	165.6	29.7	819.4
2011	F 优 498	17.28	183.0	89.4	163.6	30.4	859.4
2012	F 优 498	16.60	182.7	90.8	165.9	30.1	828.9
2013	F 优 498	16.95	153.2	91.4	140.0	30.6	726.1
2014	F 优 498	15.54	193.7	92.3	178.8	29.5	819.7
2015	F 优 498	14.62	200.2	92.5	185.2	30.3	820.4

表 7-6 是郫县部分机插稻高产田的验收结果。2009 年，验收产量稳定在 700 kg/667 m² 左右。2010～2012 年，验收产量已能稳定在 800 kg/667 m² 左右，其中的典型是 2011 年古城镇花牌村超高产田（品种为 F 优 498），经四川省科学技术厅组织的专家组现场机械收割，单产达到了 835.2 kg/667 m²。2013 年因气候原因，验收产量回落到了 750 kg/667 m² 以下。2014 年组织验收时机插秧尚未成熟，验收田块选择的手插和定抛田块。2015 年的验收产量又回到了 800 kg/667 m² 左右，表明研究形成的技术体系具有超高产稳定性和重演性。

表 7-6　郫县部分机插秧示范田的验收结果

年份	地点	农场和公司	实收面积（667 m²）	实收方法	实收产量（kg/667 m²）	验收组织单位
2009	郫县古城镇	新型主体 1	1.19	机械收割	699.7	成都市科学技术局
2010	郫县德源镇	新型主体 2	0.14	人工挖方	808.5	四川省科学技术厅
2011	郫县古城镇	新型主体 3	1.02	机械收割	835.2	四川省科学技术厅
2012	郫县古城镇	新型主体 4	1.05	机械收割	796.2	四川省科学技术厅
2013	郫县古城镇	新型主体 5	1.19	机械收割	743.4	四川省科学技术厅
2015	郫县三道堰镇	新型主体 6	1.00	机械收割	798.9	四川省科学技术厅

三、川中丘陵区高产示范

从 2011 年开始，在四川盆地中部丘陵区射洪县建立了精确定量高产栽培示范点。射洪县云多雾重、冬暖春旱、无霜期长，多夏旱伏旱，且秋季多绵雨，属于典型的丘陵地貌。2011～2014 年，实施地点在射洪县青岗镇放马村，种植制度为冬闲（水）-水稻，示范片品种以 F 优 498 为主，播种期为 3 月 15 日～20 日，采用旱育秧，精确计算秧床面积，稀撒匀播，秧本比 1∶20，培育 4～5 叶龄的壮秧。因射洪县土壤 pH 偏高，所以采用了壮秧剂拌土或旱育保姆拌种。精确施用肥料，氮肥后移，提高氮肥利用率和产量。精确栽插基本苗，在 4 月 15 日～20 日栽插，宽行大穴稀植，按生育进程实施有氧灌溉和病虫草害综合防治等措施，确保秧苗健壮生长和高产高效。在实施过程中，不断试验并调整了栽插规格、肥料种类、生育期肥料配比等参数（表 7-7）。

2015～2016 年示范点位于射洪县渠河乡新华村，前茬作物为油菜。由射洪县大桥农机专业合作社采用机耕、机插、机防、机收全过程机械化手段，整片实施超市化水稻种植服务，做到了时间集中、劳力集中、品种统一、技术统一、标准统一。示范片品种选用 F 优 498，于 4 月 18～20 日播种，采用塑盘湿润育秧方式。5 月 18～22 日采用手扶式插秧机栽插，行穴距为 30 cm×（18～22）cm，实栽密度在 1.2 万穴/667 m² 左右，每穴苗数 3 左右。每 667 m² 施 13 kg 纯 N，按基蘖肥

表 7-7　示范田关键栽培技术

年份	尿素类型	栽插方式	栽插规格（cm×cm）	每穴苗数	施N			
					纯N（kg/667 m²）	基蘖肥N：穗肥N	保花肥N：保花肥N	
2011	普通	手插	33.3×20	2	14.0	5：5	5：5	
2012	普通	手插	33.3×20	2	14.0	5：5	6：4	
2013	普通	手插	33.3×16.7	2	14.0	5：5	6：4	
	多肽	手插	33.3×16.7	2	14.0	5：5	6：4	
2014	普通	手插	33.3×16.7	2	14.5	5：5	6：4	
	混配	手插	33.3×16.7	2	14.5	6：4	10：0	
2015	普通	机插	30×（18～22）	2～4	13.0	6：4	6：4	
2016	多肽	机插	30×（18～22）	2～4	13.0	6：4	6：4	

注：混配为 50%普通尿素+50%多肽尿素，仅作为基肥和促花肥 2 次施用

氮：穗肥氮=6：4 比例施用，其中，基肥氮：分蘖肥氮=7：3，穗肥氮中促花肥氮：保花肥氮=6：4。按 N：P_2O_5：K_2O=2：1：1.8 的比例施用磷钾肥。磷肥全作基肥，钾肥分基肥和拔节肥各 50%施用。

连续 6 年均由四川省科学技术厅主持并邀请有关专家，对示范片进行了现场机械全田实收测产验收，高产田产量除 2012 年和 2013 年的普通尿素处理外，其他均达到了 730 kg/667 m² 以上，特别值得一提的是，2015～2016 年油菜茬口下的迟播迟栽迟收机插田块，产量高达 780 kg/667 m² 以上（表 7-8）。示范片的产量构成因素为：有效穗数 11 万～14 万穗/667 m²，每穗颖花数 200～260，结实率 85%～90%，千粒重 28～29 g。高产的原因在于后期株型优良，抽穗后叶片长度依次为倒二叶>倒三叶>剑叶≈倒四叶>倒五叶，且叶片厚而内卷，上挺直立，后期根叶不早衰，穗大粒多，结实率较高，灌浆充实良好。

表 7-8　射洪部分示范田的验收结果

年份	尿素类型	农场和公司	实收面积（667 m²）	实收方法	实收产量（kg/667 m²）	验收组织单位
2011	普通	新型主体 1	0.57	机械收割	793.6	四川省科学技术厅
2012	普通	新型主体 2	0.98	机械收割	690.2	四川省科学技术厅
2013	普通	新型主体 3	0.47	机械收割	693.6	四川省科学技术厅
	多肽	新型主体 4	1.63	机械收割	732.6	四川省科学技术厅
2014	混配	新型主体 5	0.47	机械收割	769.8	四川省科学技术厅
2015	普通	新型主体 6	0.65	机械收割	785.5	四川省科学技术厅
2016	普通	新型主体 7	0.88	机械收割	788.0	四川省科学技术厅

注：混配为 50%普通尿素+50%多肽尿素，仅作为基肥和促花肥 2 次施用

第四节 四川杂交稻精确定量栽培技术推广

在完成关键技术参数的研究后，通过建立标准化技术体系促进推广应用。省农业厅和各市、县、镇（乡）将杂交稻精确定量栽培关键技术编入政府作物年度生产意见与技术要点，从而使该成果既解决了关键技术问题，又能接地气，满足水稻生产和农民的需求，为农村经济做出了实实在在的贡献。由精确定量栽培关键技术支撑的杂交稻机械化育插秧技术、水稻优化定抛技术等被遴选为四川省农业主推技术，同时是国家粮食丰产科技工程四川项目区主推技术和高产创建主推技术，还入选了成都市、眉山市、乐山市、德阳市、遂宁市、广元市等地市的农业主推技术。

杂交稻精确定量栽培技术不仅发掘出了II优498、F优498、川农优498、冈优188、宜香优2115和川香9838等杂交稻品种的产量潜力，推动这些品种成为国家或四川省的主导品种，而且作为这些主推品种的配套高产栽培技术，又随主导品种的推广得到了大面积应用。

围绕以上主推技术和主导品种，构建了适合栽培技术和农村现状的"两主三协同"推广模式。首先，充分利用两主（主推技术、主导品种）对项目、资金、人员和社会力量的集聚效应；其次，建立"农-科-教-企、产-学-研-推、田-方-片-区"三协同研究推广平台和工作机制。通过"农-科-教-企"、"产-学-研-推"紧密结合的平台，在各推广县区以超高产攻关田、百公顷示范方、千公顷示范片、万公顷推广区为主线形成"田-方-片-区"四圈层推广网络，实现创新与转化无缝对接，确保技术成果实现了大面积、大范围的推广应用。

2008年以来，全省建立杂交稻精确定量栽培技术超高产攻关田、百公顷示范方、千公顷示范片等核心示范样板基地500余个，全省大面积应用该技术的增产、增收效果显著而稳定，已经成为我省杂交稻生产水平不断提升的关键保障技术。

参 考 文 献

邓飞，王丽，刘利，等. 2012a. 不同生态条件下栽培方式对水稻干物质生产和产量的影响[J]. 作物学报，38(10): 1930-1942.

邓飞，王丽，叶德成，等. 2012b. 生态条件及栽培方式对稻米RVA谱特性及蛋白质含量的影响[J]. 作物学报，38(4): 717-724.

黄富，林纲，岳元文，等. 2012. 宜香优2115的特征特性及高产栽培技术[J]. 四川农业科技，(7): 14.

黄庆宇，李刚华，杨从党，等. 2006. 高产环境下水稻精确定量栽培技术初探[J]. 西南农业学报，19(9): 162-165.

雷小龙，刘利，刘波，等. 2014a. 杂交籼稻机械化种植的分蘖特性[J]. 作物学报，40(6): 1044-1055.

雷小龙, 刘利, 刘波, 等. 2014b. 机械化种植对杂交籼稻 F 优 498 产量构成与株型特征的影响[J]. 作物学报, 40(4): 719-730.

凌启鸿. 2007. 水稻精确定量栽培理论与技术[M]. 北京: 中国农业出版社.

马鹏, 陶诗顺, 吴霞, 等. 2014. 四川盆地不同水稻品种稻米品质分析鉴定[J]. 安徽农业科学, 42(28): 9936-9937, 9941.

任万军, 胡晓玲, 杨万全, 等. 2008. 水稻优化定抛的增产机理与关键技术[J]. 中国稻米, (3): 54-56.

任万军, 刘代银, 刘基敏, 等. 2010. 水稻中大苗精确定量栽培技术[J]. 四川农业科技, (7): 19.

任万军, 王玉平, 王旭. 2013. 杂交稻新品种 F 优 498 超高产栽培技术[J]. 中国种业, (1): 66.

沈新莲, 蒋祖明, 刁粉保, 等. 2010. 早熟晚粳机插秧 700 kg/667 m² 精确定量栽培技术规程[J]. 中国稻米, 16(4): 42-44.

吴建国, 杨云娣, 顾丽, 等. 2011. 水稻机插简易工厂化育秧及其设施的高效利用技术[J]. 江苏农业科学, 39(3): 114-115.

谢勇, 梁迎暖, 周超. 2012. 水稻机插秧工厂化流水线播种及集中育秧的实践与体会[J]. 上海农业科技, (3): 20, 41.

尹国庆. 2013. 南方地区水稻工厂化育秧技术设计与应用[J]. 现代农机, (1): 24-27.